(三级)

心理咨询师十年真题

南京市江宁区心理学会 组织编写

陈沛然 主编

10年20次考试

4600余道考题

本书涵盖

2005–2011年考试
真题及答案
扫码即可获得

中国石化出版社
HTTP://WWW.SINOPEC-PRESS.COM
教·育·出·版·中·心

图书在版编目(CIP)数据

心理咨询师(三级)十年真题 / 陈沛然主编；南京市江宁区心理学会组织编写. —北京：中国石化出版社，2017. 2
ISBN 978-7-5114-4031-0

Ⅰ. ①心… Ⅱ. ①陈… ②南… Ⅲ. ①心理咨询-资格考试-题解 Ⅳ. ①B849. 1-44

中国版本图书馆 CIP 数据核字(2017)第 037628 号

中国石化出版社出版发行
地址:北京市朝阳区吉市口路 9 号
邮编:100020 电话:(010)59964500
发行部电话:(010)59964526
http://www.sinopec-press.com
E-mail:press@sinopec.com
北京富泰印刷有限责任公司印刷
全国各地新华书店经销
*
787×1092 毫米 16 开本 15 印张 367 千字
2017 年 3 月第 1 版 2017 年 3 月第 1 次印刷
定价:48.00 元

编审委员会

主　审：刘穿石（南京师范大学）

郑爱明（南京医科大学）

主　编：陈沛然（南京市江宁区心理学会）

编　委：（按姓氏笔画排序，排名不分先后）

王　珠（南京航空航天大学金城学院）

石　静（南京城市职业学院）

朱姗姗（海南师范大学）

刘　雪（南京工业大学浦江学院）

刘建锋（南京广播电视大学）

吴亚子（南京航空航天大学金城学院）

汪娟娟（南京航空航天大学）

陆　美（南京师范大学）

陈　艳（江苏海事职业技术学院）

赵　坤（中国传媒大学南广学院）

赵锴文（正德职业技术学院）

索鑫玥（中国药科大学）

徐　町（三江学院）

高艳玲（中国药科大学）

韩　雪（南京交通职业技术学院）

廖　伟（河海大学）

戴明月（金肯职业技术学院）

前言

心理咨询师是运用专业的心理咨询技术来帮助来访者解除心理问题的专业人员。在郭念峰教授等老一辈心理学专家们的鼎力推动下，2001年国家劳动和社会保障部(现人力资源和社会保障部)职业技能鉴定中心颁布了《心理咨询师国家职业标准(试行)》，心理咨询师被纳入了国家职业化轨道。自2002年心理咨询师考试国家统一鉴定认证至今，已经培养出了一大批合格的心理咨询工作者，尤其是在汶川大地震、塘沽大爆炸等救援工作中更是发挥了积极的、不可替代的作用。

心理咨询师职业资格证书，一方面重在“资格”二字，具有其鲜明的职业特点，注重考查申请者在心理咨询专业领域的理论素养和职业技能；另一方面心理咨询在当代社会交往、家庭生活、亲子关系、学校教育等方面的作用也越来越突出。心理咨询师证书已不仅仅是一张职业准入证，更凝聚着一代又一代人渴望提升生命品质、促进社会和谐发展的思考和感悟。

根据国家职业标准，心理咨询师共设三个等级，分别为：三级心理咨询师(国家职业资格高级)、二级心理咨询师(国家职业资格技师级)、一级心理咨询师(国家职业资格高级技师级，暂缓开放)。凡鉴定合格者，由国家人力资源和社会保障部颁发相应等级的全国通用的职业资格证书，并统一编号、登记管理，联网可查。

为了更好地帮助和推动心理咨询师职业技能鉴定工作的开展，南京市江宁区心理学会组织专家根据最新修订的《心理咨询师国家职业标准》和《心理咨询师国家职业资格培训教程》，以及近10年来心理咨询师考试真题，精心组织编写了《心理咨询师(三级)十年真题》。2005～2011年考试真题及答案扫码即可查看。由于时间仓促，作者水平有限，虽经反复修改，疏漏和不当之处在所难免，敬请读者指正。南京市江宁区心理学会秘书处信箱：njsjnqxlxh@qq.com。

编者

2017年1月

目　录

2012年5月三级心理咨询师鉴定真题

（卷册一：职业道德与理论知识部分）

第一部分　职业道德

（第1~25题，共25道题）

一、职业道德基础理论与知识部分(1~16题)

答题指导：

1. 该部分均为选择题，每题均有四个备选项。其中，单项选择题只有一个选项是正确的，多项选择题有两个或两个以上选项是正确的。

2. 请根据题意的内容和要求答题，并在答题卡上将所选答案的相应字母涂黑。

3. 错选、少选、多选，则该题均不得分。

(一)单项选择题(1~8题)

1. 下述范畴中，属于道德评价的是____。

(A)“正常”与“不正常”　　(B)“应该”与“不应该”

(C)“明白”与“不明白”　　(D)“满意”与“不满意”

2. 职业道德具有“利益相关性”特征，其根本含义是____。

(A) 没有个人利益，就无所谓的职业道德

(B) 把个人利益放在首位，职业道德才有存在的现实可能性

(C) 职业道德体现的是从业人员责、权、利的有机统一

(D) 从业人员个人利益越大，职业道德的精神内涵就越加丰富

3. 我国社会主义职业道德的核心是____。

(A) 爱岗敬业　　(B) 童叟无欺　　(C) 开拓创新　　(D) 为人民服务

4. 社会主义职业道德反对享乐主义的基本根据是____。

(A) 快乐不是社会主义社会所倡导的人生追求

(B) 享乐与幸福层次不同，我们主张追求幸福但不是享乐

(C) 享乐主义把握了人的感官属性，忽略了人的社会属性和责任

(D) 享乐主义只图个人之乐，忽视他人之乐

5. 在职业道德内在的道德准则中，“忠诚”的含义是____。

(A) 认真担负职责，寻求实现职责最优效果的强烈态度和意向

(B) 从不欺骗自己，内心是怎样想的就要怎样行动

(C) 在企业内部，企业怎样要求职工，职工就应该怎样行动
(D) 从不违背老板的意愿和要求是忠诚的最高境界
6. 从业人员坚持“信誉至上”，需要践行的职业要求是____。
(A) 理智信任、积淀个人信誉、维护职业集体的荣誉
(B) 充分信任、积淀个人信誉、庇护职业集体的荣誉
(C) 理智信任、淡化个人信誉、突出职业集体的荣誉
(D) 半信半疑、彰显个人信誉、增强职业集体的荣誉
7. 下列做法中，符合“诚信”作为职业道德规范的“智慧性”要求的是____。
(A) 没有点子和智慧，任何人是难以做到真正的诚信的
(B) 在诚实前提下，说话办事可以采用适当的方式和策略
(C) 诚信是人生的大智慧，但往往在现实生活中碰壁
(D) 把双方合作事宜事先以法律文书形式规定清楚、明白
8. 关于“公道”的理解中，正确的是____。
(A) 付多少钱，办多少事
(B) 对所有服务对象按照同一标准给予服务
(C) 给每个人以应得的服务
(D) 扶弱抑强是公道的本质

(二) 多项选择题(9~16 题)

9. 社会主义核心价值体系包括____。
(A) 马克思主义指导思想
(B) 中国特色社会主义共同理想
(C) 以爱国主义为核心的民族精神
(D) 以反对邪教为核心的科学精神
10.《公民道德建设实施纲要》提出的从业人员应该遵循的职业道德要求包括____。
(A) 以人为本　(B) 诚实守信　(C) 保护环境　(D) 奉献社会
11. 从业人员在职业技能上“勇于进取”的品质要求包括____。
(A) 树立远大的奋斗目标　(B) 自信坚定、持之以恒
(C) 勇于创新　(D) 抛弃书本知识和权威
12. 下列说法中，符合比尔 · 盖茨 10 大优秀员工准则的是____。
(A) 对公司的产品具有寻根究底的好奇心
(B) 以传教士般的热情和执着打动客户
(C) 乐于思考，让客户更加贴近自己的产品
(D) 跟随上司的目标，把握自己努力的方向
13. 关于“职业纪律”，正确的说法是____。
(A) 严格执行职业纪律有助于职业道德水准不断提高
(B) 防得了君子防不了小人，职业纪律只对遵守它的人才起作用
(C) 所有从业人员都能遵守职业纪律，职业纪律就失去了存在价值
(D) 职业纪律不仅关系到企业形象，也关系到员工个人发展

14. 关于作为职业道德规范的“节约”，理解正确的是____。

（A）任何人、事、物形成浪费的，均属于不道德行为

（B）小气、吝啬与节约是一对不可调和的矛盾

（C）时代发展对节约提出了不同的要求，是节约的时代表征性

（D）价值差异性并不否定节约的社会规定性要求

15. 作为职业道德规范，“合作”的特征包括____。

（A）单边性　　（B）社会性　　（C）互利性　　（D）平等性

16. 关于“奉献”，正确的认识是____。

（A）奉献是自愿行为，当权者无权要求员工奉献

（B）他人是否奉献不是决定“我”是否奉献的依据

（C）在假冒坑蒙现象普遍存在的条件下，不宜提倡奉献

（D）努力奉献的人获得了比他人更多的锻炼成长机会

二、职业道德个人表现部分（17～25题）

答题指导：

1. 该部分均为选择题，每题均有四个备选项，您只能根据自己的实际状况选择其中一个选项作为您的答案。

2. 请在答题卡上将所选择答案的相应字母涂黑。

17. W是某市职业道德标兵，他以厂为家的事迹一直广为流传。最近，有消息说W“大奸似忠”，过去的一切都是装出来的。对于这样的说法，你会____。

（A）不相信，也不传播

（B）大家都在谈论，自己会注意观察

（C）当前这个社会什么事情都可能发生，估计是真的

（D）有点相信，因为这年头好人越来越少了

18. 来自甲、乙、丙、丁四个地方的四个人在一起交谈，对于他们的谈话，你能认可的观点是____。

（A）甲：“领导叫我们发家致富，不管啥法子能挣到钱就是有本事”

（B）乙：“钱多钱少没关系，只要生活过得去就行了”

（C）丙：“有钱好办事，没有钱啥事儿都办不成”

（D）丁：“只要能够多给钱，叫干啥都成”

19. 隔壁大嫂没工作，嗓门大，爱吵嚷，影响周围人休息，你也觉得别扭。对此，你会____。

（A）当面告诉她，希望她改掉毛病

（B）找机会跟她聊聊天，委婉地劝一劝她

（C）既然周围的邻居们没人理会，自己只好忍受了

（D）与几个邻居一起去提醒、劝说

20. 你跟一个同事约好了下班后去看电影。临近下班，工会主席跑过来拉你去见上司，说上司要他找几个职工谈谈心。你会____。

（A）向工会主席说明情况，和同事一起去看电影

（B）告诉同事情况有变化，不能一起去看电影了

（C）向工会主席说自己家里有要紧事情做，请个假

（D）虽不愿意但也无奈，只得去参加谈心会

21. 某大学毕业生来到公司，三年期间连升四级，从一个普通员工一直坐上了分公司经理的位置。这在公司的历史上是绝无仅有的，然而，对他的表现却是众说纷纭、评价迥异。你对这个年轻人的看法是____。

（A）他和高层决策者可能有着难以对外公开的特殊关系

（B）年轻人潜力巨大，这是出于培养年轻人的需要

（C）不管怎样，希望他珍惜机会

（D）这样的年轻人难以服众，估计干不长

22. 公司明天要开全体员工大会，假如你只负责印刷材料，材料印刷完毕，马上就要分发下去。这时你无意中发现，材料中的某个地方可能存在严重错误。对此，你会____。

（A）按计划分发　　（B）寻思可能自己弄错了，按计划分发

（C）向相关负责人汇报　　（D）按照自己认为对的方式，重新印刷

23. 关于学雷锋，你的看法是____。

（A）雷锋已经“死”了　　（B）人间处处有雷锋

（C）学雷锋有风险　　（D）每个人都可以成为雷锋

24. 现实生活中员工之间要想赢得彼此好感，你认为通常最有效的方式是____。

（A）经常送礼

（B）多说一些赞美的话

（C）做好分内之事，也多对同事的成绩表示肯定

（D）多在一起搞一些活动

25. 对于某些员工的说法，你能够认同的是____。

（A）“天下老板一般黑，如果自己有钱了，一定做个好老板”

（B）“要想当老板，一定要心肠黑”

（C）“老板不一定都想黑，但不黑赚不到钱”

（D）“黑心的老板终究会良心不安的”

第二部分　理论知识

（第26~125题，共100道题，满分为100分）

一、单项选择题（26~85题，每题1分，共60分。每小题只有一个最恰当的答案，请在答题卡上将所选答案的相应字母涂黑）

26. 脑对客观事物个别属性的反映是____。

（A）知觉　　（B）感觉　　（C）直觉　　（D）错觉

27. 从生物进化的角度来看，脑最早形成和完善的部位是____。

（A）小脑　　（B）脊髓　　（C）丘脑　　（D）脑干

28. 全色盲的人似乎也能辨认颜色，他们依据的线索是____。

（A）色调　　（B）明度　　（C）波长　　（D）饱和度

29. 威尔尼克中枢所指的是____中枢。

（A）视觉性言语　　（B）言语运动　　（C）书写性言语　　（D）言语听觉

30. 自制力有缺陷的人会出现____。

（A）任性　　（B）草率　　（C）武断　　（D）执拗

31. 根据脑电波的变化，非快速眼动睡眠期有 ____个阶段。

（A）3　　（B）4　　（C）5　　（D）6

32. 声音的特性不包括____。

（A）频率　　（B）响度　　（C）音调　　（D）音色

33. 痛觉是____。

（A）外部感觉　　（B）最易适应的感觉

（C）内部感觉　　（D）最难适应的感觉

34. 可以被意识到的记忆系统是____。

（A）情境记忆　　（B）长时记忆　　（C）瞬时记忆　　（D）短时记忆

35. 根据印度学者古普塔的研究，由爱情而结合的夫妻婚后____年，彼此爱的情感开始不断减少。

（A）3　　（B）5　　（C）7　　（D）9

36.“男女搭配，干活不累”是一种____现象。

（A）社会懈怠　　（B）优势反应强化　　（C）结伴效应　　（D）社会促进

37.“随大流”是一种____现象。

（A）服从　　（B）从众　　（C）参照　　（D）模仿

38. 态度测量一般使用____的方法。

（A）实验　　（B）间接　　（C）观察　　（D）直接

39. 喜欢与交往频率的关系是____。

（A）线性曲线　　（B）双曲线　　（C）倒 U 曲线　　（D）U 曲线

40. 一般来说，个体自我意识水平降低时，侵犯性会____。

（A）迅速下降　　（B）提高　　（C）缓慢下降　　（D）不变

41. 有才的人偶尔犯点小错误，反而会增加其对周围人的吸引力，其原因是____。

（A）让人觉得与其相似

（B）对他易形成良好的人格品质评价

（C）让人觉得与其互补

（D）对他人的社会比较压力减小

42. 一般来说，最强烈的人际吸引形式是____。

（A）友谊　　（B）爱情　　（C）喜欢　　（D）亲情

43. 心理咨询师与求助者之间的人际距离应该是____。

（A）公众距离　　（B）个人距离　　（C）社交距离　　（D）亲密距离

44. 第一逆反期的出现是____。

（A）儿童心理发展中的正常现象　　（B）由早期挫折造成的

（C）儿童心理发展中的异常现象　　（D）人格异常的一种表现

45. 一般来说，中年期的工作满意度____。
(A) 进入人生的低谷　(B) 达到人生的最高峰
(C) 比青年期要低　(D) 起伏变化较大
46. 一般来说，老年期退行性变化出现最早的心理过程是____。
(A) 感知觉　(B) 注意　(C) 思维　(D) 记忆
47. 关于人的心理活动，下列陈述中正确的是____。
(A) 有正常和异常心理活动两个方面　(B) 心理健康水平不高就属于心理异常
(C) 精神障碍者的心理活动是完全异常的　(D) 正常和异常心理活动之间无法转换
48. 关于"力比多"，符合弗洛伊德观点的陈述是____。
(A) 自出生起到发展结束有不确定的发展阶段　(B) 是心理活动的动力
(C) 不一定是人类的生物本能　(D) 是人格结构的核心
49. 判断正常心理与异常心理的心理学原则不包括____。
(A) 主客观世界统一原则　(B) 心理活动的内在协调性原则
(C) 个人需求与社会需求一致性原则　(D) 人格的相对稳定性原则
50. 老年期记忆障碍的主要表现是____。
(A) 再认能力和回忆能力日渐衰退
(B) 记忆广度迅速增加
(C) 编码储存过程障碍和信息提取困难
(D) 机械记忆明显衰退
51. 幼儿期儿童的主导活动是____。
(A) 学习　(B) 户外运动　(C) 游戏　(D) 语言训练
52. 老年期人格的变化特点是____。
(A) 容易回忆往事　(B) 孤独感降低
(C) 安全感增加　(D) 趋于激进
53. 心理咨询师掌握心理异常症状，是为了____。
(A) 诊断精神障碍和进行治疗　(B) 鉴别精神障碍和非精神障碍
(C) 对精神病患者进行心理咨询　(D) 对人格障碍进行有效的咨询
54. 个体对他人的要求做出完全相反的动作称为____。
(A) 被动性违拗　(B) 被动性服从　(C) 主动性违拗　(D) 主动性服从
55. 思维内容障碍不包含____。
(A) 强迫观念　(B) 音联义联　(C) 妄想　(D) 超价观念
56. 随机号码表法是____。
(A) 简单随机抽样　(B) 系统抽样　(C) 分组抽样　(D) 分层抽样
57. 解释心理测验分数的参照基础是____。
(A) 常模分数　(B) 常模　(C) 导出分数　(D) 分数
58. 量表中首先使用智力年龄概念的是____。
(A) 比奈—西蒙　(B) 韦克斯勒　(C) 斯坦福—比纳　(D) 瑞文
59. 一般来说，较难的项目对高水平的受测者区分度____。
(A) 中等　(B) 一般　(C) 较高　(D) 较低

60. 测量的效度除了受随机误差影响外，还受____的影响。
（A）随机效应　（B）测量理论　（C）系统误差　（D）相关系数
61. 最简单的表示常模的方法是____。
（A）转换表　（B）分布表　（C）对照表　（D）细目表
62. 常模样本量的大小，一般不小于____。
（A）100 或 500　（B）800 或 1000　（C）20 或 25　（D）30 或 100
63.“心理发展的最大威胁，莫过于安全感得不到满足”，这说的是____。
（A）3~6 岁的幼儿　（B）6~12 岁的儿童　（C）0~3 岁的婴儿　（D）青春期的少年
64. 在弗洛伊德人格结构说中，自我遵循____原则。
（A）满意　（B）道德　（C）现实　（D）快乐
65. 对释义的正确理解是____。
（A）它是控制会谈和转换话题中不大常用的技巧
（B）使用释义技巧时没必要先征得求助者的同意
（C）指重复并评价对方话题后顺便提出另一个新的问题
（D）使求助者感到咨询师听懂了问题并完全接纳了自己
66. 修饰性反问引起的不良后果是____。
（A）使求助者无法回答　（B）使求助者自我探索过多
（C）使求助者过分依赖　（D）使求助者谈话内容太具体
67. 对求助者心理与行为问题的关键点，理解正确的是____。
（A）它在个体中持久存在不随环境变化而改变自身形式
（B）它是个别临床表现的原因或与表现有联系
（C）该因素无论形式如何改变，其本身性质不变
（D）该因素对临床诊断技能的训练至关重要
68. 初诊接待中向求助者介绍心理咨询时，正确的说法是____。
（A）心理咨询按照求助者的要求解决问题
（B）心理咨询不能够解决求助者的全部问题
（C）没有必要告知求助者什么是心理咨询
（D）求助者不必了解心理咨询过程如何进行
69. 谈话中不恰当的提问方式是____。
（A）开放式提问　（B）解释性提问　（C）引导性提问　（D）间接性提问
70. 控制谈话方向应把握的要点是____。
（A）控制会谈内容对咨询师非常重要　（B）运用技巧随心所欲地转换话题
（C）涉及问题时要有计划性和目的性　（D）应该按照求助者的意愿来进行
71. 对求助者的尊重，不包含____。
（A）对求助者一视同仁　（B）完全信任求助者
（C）不得讨论与咨询密切相关的隐私　（D）接纳求助者错误的价值观
72. 真诚是指咨询师在咨询过程中____。
（A）按照例行程序公事公办　（B）没有防御式伪装

(C) 把自己藏在专业角色后面　　(D) 以“职业的我”出现

73. 共情对于咨询活动而言，最重要的意义在于____。

(A) 有利于咨询师收集材料　　(B) 建立积极的咨询关系

(C) 有利于求助者自我表达　　(D) 可使求助者感到满足

74. 情感反应最有效的做法是____。

(A) 针对求助者过去的情感　　(B) 针对求助者现在的情感

(C) 引发求助者的矛盾情绪　　(D) 忽略求助者的矛盾情绪

75. 面质技术的含义是____。

(A) 当面质问求助者　　(B) 求助者对咨询师质疑

(C) 指出求助者身上存在的矛盾　　(D) 咨询双方当面对质

76. 阳性强化法属于____。

(A) 精神分析疗法　(B) 现实疗法　(C) 完形疗法　(D) 行为疗法

77. 收集求助者资料时围绕的七个问题中最重要的是____。

(A) who(谁)　(B) what(什么)　(C) why(为什么)　(D) how(怎样)

78. 心理咨询的终极目标的含义是____。

(A) 多层次统一　　(B) 目标积极有效

(C) 近期目标与远期目标的整合　　(D) 完善求助者的人格

79. 倾听时的鼓励性回应技巧中最常用、最简便的是____。

(A) 点头　(B) 目光注视　(C) 手势　(D) 言语表达

80. 在合理情绪疗法修通阶段最常用的技术方法是____。

(A) 与不合理信念辩论　　(B) 家庭作业

(C) 合理情绪想象技术　　(D) 行为技术

81. 按照中国常模结果，SDS 的标准分在____为中度抑郁。

(A) 53~62 分　(B) 63~72 分　(C) 73~82 分　(D) 82 分以上

82. MMPI 是采用____编制的客观化测验。

(A) 因素分析法　(B) 经验效标法　(C) 总加评定法　(D) 理论推演法

83. 在 WAIS-RC 的实施中，只按反应的质量记分的测验是____。

(A) 数字符号　(B) 图片排列　(C) 图形拼凑　(D) 数字广度

84. 一位受测者在 EPQ 的 N 量表上的 T 分为 60 分，则其情绪特点为____。

(A) 典型情绪稳定　　(B) 典型情绪不稳定

(C) 倾向情绪稳定　　(D) 倾向情绪不稳定

85. 在完成 SDS 评定时，要求受测者仔细阅读每一条，然后根据最近____的实际感觉，在适当的数字上划“√”表示。

(A) 一周　(B) 一个月　(C) 二周　(D) 一年

二、多项选择题(86~125 题，每题 1 分，共 40 分。每题有多个答案正确，请在答题卡上将所选答案的相应字母涂黑。错选、少选、多选，均不得分)

86. 社会需要包括____。

(A) 赞许需要　(B) 沟通需要　(C) 休息需要　(D) 饮食需要

87. 意志品质包括____。
(A) 整体性 (B) 果断性 (C) 坚韧性 (D) 稳定性
88. 错觉的特点包括____。
(A) 是一种歪曲知觉
(B) 具有固定的倾向
(C) 是无对象知觉
(D) 很难克服
89. 影响时间知觉准确性的主要因素包括____。
(A) 感觉通道
(B) 活动内容
(C) 活动过程
(D) 对活动的态度
90. 激情的特点包括____。
(A) 持续时间较短 (B) 强烈的 (C) 只有消极作用 (D) 爆发式的
91. 强烈和持久的应激反应会____。
(A) 损害人的工作效能
(B) 提高个体免疫力
(C) 激发人的热情
(D) 导致个体易感疾病
92. 嫉妒的特点包括____。
(A) 针对性 (B) 普遍性 (C) 对抗性 (D) 短暂性
93. 态度的成分包括____。
(A) 行为 (B) 情感 (C) 认知 (D) 行为倾向
94. 农民属于____。
(A) 功利性角色 (B) 成就角色 (C) 表现性角色 (D) 先赋角色
95. G·奥尔波特认为影响人们思想、情感和行为的社会存在形式包括____。
(A) 隐含的 (B) 现实的 (C) 想象的 (D) 抽象的
96. 下列陈述中正确的包括____。
(A) 移情能力与利他倾向呈负相关
(B) 个体心境良好时，利他倾向会增加
(C) 个体做错了事感到内疚时，倾向于做些好事加以补偿
(D) 遇到困难的人，旁边的人越多，他(她)得到帮助的可能性越大
97. 下列陈述中正确的包括____。
(A) 成功几率大的活动会激发个体高水平的成就动机
(B) 成就动机越强的人抱负水平越高
(C) 个体的施展才华的机会越多，成就动机就越强
(D) 失败的体验会降低个体的抱负水平
98. 幼儿记忆发展的特点是____。
(A) 无意识记忆为主，有意识记忆发展较迅速
(B) 形象记忆为主，词语记忆逐渐发展
(C) 机械记忆和意义记忆同时发展并相互作用
(D) 五岁以前运用记忆策略有明显进步
99. 童年期思维形式的发展包括____的发展。
(A) 概括能力 (B) 辩证思维 (C) 推理能力 (D) 语词概念
100. 关于强迫动作，下列陈述中正确的包括____。

（A）个体感到痛苦但又无法摆脱　　　　　　（B）多见于强迫性神经症
（C）是违反本人意愿反复出现的动作　　　　（D）多见于精神分裂症

101. 健康心理咨询主要针对那些____进行。
（A）有精神疾病的人　　　　　　　　　　（B）心理健康状况欠佳的人
（C）没有精神疾病的人　　　　　　　　　（D）心理健康的人

102. 小学阶段儿童学习的一般特点包括____。
（A）学习是主导活动　　　　　　　　　　（B）学习是师生互动的过程
（C）逐渐转向以掌握间接经验为主　　　　（D）学习促进儿童心理积极发展

103. 影响青少年辩证逻辑思维的因素包括____。
（A）掌握知识的程度　　　　　　　　　　（B）形式逻辑的发展水平
（C）社会性发展水平　　　　　　　　　　（D）个体思维品质

104. 一般心理问题的特点包括____。
（A）不良情绪持续一个月或间断地持续两个月仍不能自行化解
（B）产生内心冲突，并因此而体验到不良情绪
（C）始终能保持行为不失常态
（D）不良情绪的激发因素仅局限于最初事件

105. 强大自然灾害后的心理反应可称为____。
（A）灾难征候群　　　　　　　　　　　　（B）兴奋性行为
（C）破坏性行为　　　　　　　　　　　　（D）创伤后应激障碍

106. 在分数量表上，相对于某一百分等级的分数点可称为____。
（A）百分等级　　（B）四分位数　　（C）百分点　　（D）百分位数

107. 在评估测验的效度时，必须考虑测验的____。
（A）信度　　（B）目的　　（C）功能　　（D）长度

108. 关于精神分裂症，下列陈述中正确的包括____。
（A）是一组器质性障碍征候群
（B）患病期的个体基本丧失自知力
（C）个体的情绪、情感以及行为脱离现实
（D）自己的内部世界与外部客观世界一致

109. 正确的测验观包括____。
（A）心理测验是重要的心理学研究方法之一，是决策的辅助工具
（B）做心理测验时态度要正确
（C）心理测验作为研究方法和测量工具尚不完善
（D）心理测验的结果可以非常准确地反映人的特点

110. 获得标准分数的途径包括____。
（A）线性转换　　（B）非线性转换　　（C）矢量计算　　（D）坐标变化

111. 百分位常模包括____。
（A）百分等级　　（B）百分点　　（C）四分位数　　（D）十分位数

112. 初诊接待时应该____。
（A）避免紧张情绪　　　　　　　　　　　（B）避免使用影响交流的方言

（C）遵守保密原则　　（D）禁用专业术语

113. 在摄入性会谈中转换话题的技巧包括____。

（A）自然随意地倾听　　（B）情感反射

（C）要随时打断谈话　　（D）引导

114. 儿童期性心理咨询的对象包括____。

（A）有性心理问题的儿童　　（B）问题儿童的家长

（C）问题儿童的同学　　（D）问题儿童的老师

115. 影响老年人性生活的心理因素主要包括____。

（A）认知偏差　　（B）对衰老的恐惧

（C）性兴趣下降　　（D）记忆力减退

116. 验证临床资料的可靠性时采用的方法包括____。

（A）反复追问　　（B）补充提问

（C）心理测验　　（D）比较资料的不同来源

117. 对求医行为的正确理解包括____。

（A）由家属陪同的求助者求治愿望不强烈

（B）有神经症性问题的人常常有强烈的求治愿望

（C）神经症儿童反复向家长诉说痛苦

（D）有精神病性问题的人很少主动求医

118. 咨询中，咨询师自我暴露的主要形式包括____。

（A）咨询师把对求助者的体验感受告诉求助者

（B）求助者把对咨询师的体验感受告诉咨询师

（C）咨询师暴露与求助者所谈内容有关的个人经验

（D）求助者公开自己的个人经历及感受

119. 咨询转介的正确做法包括____。

（A）由咨询师个人根据需要决定　　（B）对新咨询师详细介绍情况

（C）对新咨询师提供自己的分析　　（D）继续参加新咨询师的咨询活动

120. 正确的咨询态度包括____。

（A）尊重　　（B）热情　　（C）积极关注　　（D）共情

121. 共情的同义词包括____。

（A）同理心　　（B）神入　　（C）通情达理　　（D）移情

122. 16PF 测量的人格因素包括____。

（A）耐受性　　（B）敏感性　　（C）忧虑性　　（D）紧张性

123. 关于 SDS 量表，下列说法中正确的包括____。

（A）评定焦虑症状　　（B）属于他评量表

（C）评定抑郁症状　　（D）属于自评量表

124. 关于 LES 的使用范围，下列说法中正确的包括____。

（A）适用于 14 岁以上的正常人　　（B）适用于 16 岁以上的正常人

（C）适用于各种精神病患者　　（D）适用于神经症患者

125. 应对方式问卷的应用价值包括____。

（A）可作为不同群体的应对行为研究的标准化工具
（B）为心理障碍者的心理治疗和康复治疗提供指导
（C）可以考察求助者偏好使用的自我防御机制倾向
（D）可以为心理健康和心理保健工作提供参考依据

（卷册二：技能选择与案例问答部分）

第一部分　技能选择题

（第1~100题，共100道题）

本部分由十一个案例组成。请分别根据案例回答1~100题，共100道题。每题1分，满分100分。每小题有一个或多个答案正确，请在答题卡上将所选答案的相应字母涂黑。错选、少选、多选，则该题均不得分。

案例一

一般资料：求助者，男性，61岁，教师。

案例介绍：求助者因冠心病住院治疗，目前病情已经稳定。一周前，同病房一患者因心脏病救治无效去世。求助者当晚自感病情加重，胸闷、心慌，开始出现入睡困难、经常惊醒的现象。经一周的持续心脏监护，并未发现明显加重迹象。求助者还是觉得自己病情加重了，只是未查出来。因而情绪低落，愁眉不展，茶饭不思，睡眠越来越差。反复和家属交待身后事宜，但又不甘心就这样死去。求助者家属要求医院心理科协助治疗。

多选：1. 该求助者的躯体症状包括____。

（A）心慌　（B）长期失眠　（C）胸闷　（D）愁眉不展

单选：2. 该求助者的情绪症状主要是____。

（A）失眠　（B）情感脆弱　（C）焦虑　（D）自杀观念

单选：3. 该求助者心理问题的关键点是____。

（A）冠心病　（B）担心病情恶化
（C）失眠症　（D）存在疑病妄想

单选：4. 该求助者心理冲突的性质是____。

（A）常形　（B）精神病性　（C）变形　（D）神经症性

多选：5. 心理咨询师在初诊接待中应重点询问该求助者的内容包括____。

（A）婚姻史　（B）冠心病检查结果
（C）成长史　（D）对冠心病的体验

单选：6. 该案例最可能的初步诊断是____。

（A）一般心理问题　（B）抑郁神经症
（C）严重心理问题　（D）疑病神经症

多选：7. 形成以上初步诊断的依据包括____。

（A）心理问题关键点　　（B）刺激事件强度
（C）冠心病严重程度　　（D）病程时间长短

多选：8. 心理咨询师在本案例中应该注意的问题包括____。

（A）关注求助者的隐私内容　　（B）与相关医生保持适当联系
（C）密切关注求助者的情绪　　（D）随时调整求助者服药剂量

案例二

一般资料：求助者，女性，35岁，企业高级管理人员。

案例介绍：求助者在某企业工作数年，业绩优良。一次，由于工作失误给公司造成经济损失，公司缩小了求助者负责的业务范围。求助者觉得老板已经不再那么信任自己了，倍感挫折。从此，工作中提心吊胆，生怕出错，感觉身心疲惫，主动前来咨询。

求助者朋友反映：求助者平时严谨，认真，计划性强，与人交往讲信用，人际关系良好。

多选：9. 通过案例介绍可以获得的该求助者的资料包括____。

（A）家庭背景　　（B）工作情况　　（C）身体素质　　（D）人格特点

单选：10. 该求助者的情绪症状是____。

（A）无助感　　（B）焦虑　　（C）疲惫感　　（D）恐惧

多选：11. 为了形成初步诊断，心理咨询师还需了解的求助者资料包括____。

（A）成长经历　　（B）婚姻状况　　（C）家庭背景　　（D）病程长短

多选：12. 对该求助者可选择的心理测验包括____。

（A）LES　　（B）CRT　　（C）SAS　　（D）EPQ

单选：13. 该求助者出现心理问题的关键点是____。

（A）缺少挫折经历　　（B）工作挫折
（C）过分追求完美　　（D）身心疲惫

单选：14. 该求助者面临的压力性质是____。

（A）单一生活压力　　（B）叠加性压力
（C）精神性压力源　　（D）灾难性压力

单选：15. 根据案例介绍，该求助者心理问题的人格背景可能是____。

（A）追求完美　　（B）随和　　（C）办事认真　　（D）谦虚

多选：16. 本案例中合理的近期咨询目标包括____。

（A）增加挫折经历　　（B）调整认知
（C）降低无助体验　　（D）完善人格

案例三

一般资料：求助者，女性，36岁，博士，研究员。

案例介绍：求助者留学归来进入某科研单位成为学术带头人，业务能力强，好胜。半年前在内部网络上看到了其他同事对自己的批评意见，感到很生气，认为别人不应该与自己计较说话的态度和方式，大家应该以科研为重。因此，想到国外实验室工作。但是，求助者丈夫不愿出国，家庭开始出现矛盾，求助者内心痛苦、情绪不好，虽然还能维持日常工作，但效率下降。常独自借酒消愁，不仅体重下降了，还感到浑身发紧。无奈之下，寻求心理咨询师的帮助。

心理咨询师了解到的情况：求助者天资聪颖，勤奋好学，成绩优秀。以前夫妻关系良好，育有一子。经体检没有发现器质性病变。

单选：17. 该求助者的行为症状表现是____。

（A）做事不注意方式　　（B）回避工作

（C）忙工作不顾家庭　　（D）借酒消愁

多选：18. 该求助者的躯体症状包括____。

（A）头晕　　（B）肢体疼痛　　（C）消瘦　　（D）全身发紧

单选：19. 该求助者的病程约____。

（A）半年　　（B）一个月　　（C）一年　　（D）三个月

多选：20. 该求助者心理冲突的类型包括____。

（A）变形　　（B）趋避式　　（C）常形　　（D）双趋式

单选：21. 为了确定情绪泛化程度，心理咨询师还应该了解的资料是____。

（A）既往业绩　　（B）婚姻史　　（C）人际关系　　（D）家族史

单选：22. 对该求助者最可能的初步诊断是____。

（A）一般心理问题　　（B）可疑神经症　　（C）严重心理问题　　（D）情感障碍

多选：23. 对该求助者，可以排除的初步诊断包括____。

（A）器质性病变　　（B）抑郁神经症　　（C）精神病性问题　　（D）焦虑神经症

单选：24. 该求助者的非理性观念的主要特征是____。

（A）过分概括化　　（B）糟糕至极　　（C）绝对化要求　　（D）追求完美

单选：25. 该求助者认为“应该以科研为重”，而现在工作没有积极性，这可能说明其____。

（A）工作态度良好　　（B）违背合理原则

（C）社会功能受损　　（D）违背黄金规则

单选：26. 若该求助者请求咨询师劝说其丈夫一起出国，咨询师应该____。

（A）断然拒绝　　（B）帮助求助者自己面对

（C）欣然同意　　（D）直接告诉她怎么去做

单选：27. 针对求助者借酒消愁的行为，如果使用阳性强化法应该____。

（A）惩罚喝酒的行为　　（B）学会适当缓解情绪

（C）奖励不喝酒行为　　（D）树立理性处世观念

多选：28. 引发该求助者心理问题的原因包括____。

（A）身体状况　　（B）人格特点　　（C）家庭矛盾　　（D）职业特点

以下是一段咨询谈话：

心理咨询师：您的基本情况我知道了。下面说说您最想解决的问题是什么？

求助者：我就想劝我丈夫跟我一起出国，一切我都安排好了。

心理咨询师：您非得出国不可吗？难道就不能在国内工作吗？

求助者：是的。

心理咨询师：为什么？

求助者：我们单位的人谁也不从科研出发，没有科研气氛和环境。

心理咨询师：那么，在您看来，大家都应该从科研出发考虑问题，而不应该计较您的态度？

求助者：是的。

心理咨询师：您认为只要从科研出发一切问题就都解决了？

求助者：是的。

心理咨询师：您认为别人应该从科研出发不计较态度，可似乎您很在意别人对您的态度，这怎么解释呢？

求助者：（没有立即回答，停顿一会）

心理咨询师：您觉得自己的做法是对的吗？

求助者：（沉默）

心理咨询师：您为什么不说话了？

……

多选：29.“您最想解决的问题是什么？”这个提问属于____。

（A）间接询问　（B）封闭式提问　（C）直接逼问　（D）开放式提问

多选：30.“您非得出国不可吗？”咨询师提问的目的和方式包括____。

（A）开放式提问　（B）确认　（C）封闭式提问　（D）赞同

多选：31. 心理咨询师多次使用了“为什么”，可能产生的问题包括____。

（A）表示同情　（B）易引起自我辩解

（C）引起掩饰　（D）易引起自我保护

单选：32. 心理咨询师说：“您认为别人应该从科研出发不计较态度，可似乎您很在意别人对您的态度，这怎么解释呢？”使用的技术是____。

（A）释义　（B）解释　（C）面质　（D）指导

多选：33. 心理咨询师多次使用封闭式提问，其目的可能包括____。

（A）展开讨论　（B）说明观点　（C）澄清事实　（D）获取重点

单选：34. 求助者的沉默最可能是因为____。

（A）反省　（B）移情　（C）关注　（D）阻抗

多选：35. 求助者第一次出现停顿，与咨询师有关的原因可能包括____。

（A）咨询关系不良　（B）打断求助者思维

（C）面质时机不当　（D）过分的积极关注

多选：36. 根据凯利对临床交谈提问性质的分类，该咨询师的错误提问包括____。

（A）多重性提问　（B）解释性问题　（C）修饰性反问　（D）责备性问题

单选：37. 该咨询师在进行面质后出现的错误是____。

（A）个人的发泄　（B）缺乏事实根据

（C）责备求助者　（D）时机把握不准

案例四

一般资料：求助者，男性，21岁，大学三年级学生，因担心毕业找不到工作而痛苦。以下是心理咨询师与求助者的咨询谈话。

求助者：我现在头痛、失眠、心慌，担心没有家庭背景，找不到好工作。

心理咨询师：能先告诉我你对毕业找工作的具体想法吗？

求助者：没想到找工作这样难啊。两个月前，我表姐因大学毕业后没找到工作自杀了，引起轰动。我父母一再叮嘱我抓紧时间找工作。

心理咨询师：你的学习成绩怎样呢？

求助者：一直挺好的，总是名列前茅。现在表姐因工作问题自杀了，我很害怕，成绩变差了，成绩差我就更担心找不到好工作了。找不到工作我也对不起父母啊，您说我该怎么办呀？

心理咨询师：放心吧，我会帮你解决问题，保证你能找到一个好工作。

求助者：那太好了，我就指望您了。

心理咨询师：心理咨询就是帮助大家排忧解难，我不仅会帮你解决问题，还会为你绝对保密，别人不会知道的。以后别忘记多联系。

多选：38. 该求助者的主要躯体症状包括____。

（A）头痛　（B）恶心　（C）失眠　（D）心慌

单选：39. 该求助者的主要情绪症状是____。

（A）恐惧　（B）学习困难　（C）焦虑　（D）就业困难

多选：40. 该求助者面临的主要压力事件包括____。

（A）就业困难　（B）表姐自杀　（C）生活困难　（D）父母期待

单选：41. 该求助者心理痛苦程度可能是____。

（A）极重　（B）轻中度　（C）极轻度　（D）中重度

单选：42. 该求助者学习成绩下降表明其____。

（A）学习能力变化　（B）出现性格缺陷

（C）社会功能受损　（D）情绪严重泛化

多选：43.“能先告诉我你对毕业找工作的具体想法吗？”心理咨询师使用的提问方式与技术包括____。

（A）开放式提问　（B）影响性技术　（C）封闭式提问　（D）具体化技术

单选：44. 心理咨询师使用上述技术的原因是____。

（A）心理咨询师要实施指导　（B）求助者过分概括

（C）心理咨询师要说明问题　（D）求助者观念模糊

单选：45.“放心吧，保证你能找到一个好工作。”表明心理咨询师____。

（A）咨询技术错误　（B）咨询目标明确

（C）咨询理念错误　（D）咨询态度热情

多选：46. 该求助者说：“那太好了，就指望您了。”说明他产生了____。

（A）对心理咨询性质的误解　（B）尊敬

（C）对心理咨询师的信任感　（D）依赖

单选：47.“心理咨询就是帮助大家排忧解难。”说明心理咨询师____。

（A）正确表述了心理咨询的性质　（B）扩大了心理咨询的范围

（C）混淆了不同性质的心理问题　（D）遵循了心理咨询的原则

多选：48. 心理咨询师最后的一段话中出现的错误包括____。

（A）没注意处理移情　　　　　　　　　　（B）滥用保密原则

（C）没避免双重关系　　　　　　　　　　（D）缺少积极关注

单选：49. 该求助者心理问题持续的时间是____。

（A）约一个月　　（B）两个月左右　　（C）约一学期　　（D）四个月左右

单选：50. 对该求助者最可能的初步诊断是____。

（A）急性应激障碍　　　　　　　　　　（B）严重心理问题

（C）一般心理问题　　　　　　　　　　（D）学习适应不良

以下是一段咨询谈话：

心理咨询师：你的看法是，没有家庭背景没有好成绩，就找不到好工作。你的父母和你都很着急。表姐的自杀也把你吓着了。是这样吗？

求助者：没错，就是。我该怎么办呀？

心理咨询师：别着急，我先针对你的问题制定咨询目标，咨询目标分近期和远期的。对于你，近期目标就是提高学习成绩，远期目标就是找到一个好工作，就这样吧。为了实现这些目标，我觉得合理情绪疗法最适合你。下面咱们就开始吧。

单选：51. 本案例中，比较恰当的近期目标应该是____。

（A）提高学习成绩　　　　　　　　　　（B）缓解紧张情绪

（C）能够找到工作　　　　　　　　　　（D）取得父母谅解

多选：52. 本案例中，比较恰当的远期目标应该包括____。

（A）完善人格　　　　　　　　　　　　（B）培养情绪调节能力

（C）完善技能　　　　　　　　　　　　（D）能够找到好的工作

多选：53. 该咨询师在制定咨询目标时所出现的错误包括____。

（A）缺少了理论依据　　　　　　　　　（B）没有与求助者协商

（C）不是心理学目标　　　　　　　　　（D）目标无法进行评估

多选：54. 该咨询师出现的严重错误是缺乏____。

（A）有效咨询目标　　　　　　　　　　（B）具体咨询方法

（C）恰当评估手段　　　　　　　　　　（D）完整咨询方案

单选：55. 该咨询师说："你的看法是，没有家庭背景没有好成绩，就找不到好工作。你的父母和你都很着急。表姐的自杀也把你吓着了。是这样吗？"使用了____。

（A）参与性概述　　（B）情感表达　　（C）影响性概述　　（D）自我开放

单选：56. 引发该求助者心理问题的认知因素是____。

（A）认知偏差　　（B）认知调控　　（C）认知风格　　（D）认知水平

多选：57. 该求助者的非理性观念的主要特征包括____。

（A）绝对要求　　（B）非此即彼　　（C）以偏概全　　（D）糟糕至极

多选：58. 该求助者的非理性观念主要包括____。

（A）没有好成绩就没有好工作　　　　　（B）没有好工作就会自杀

（C）没有好工作就对不起父母　　　　　（D）没有好工作就没前途

多选：59. 对该求助者比较恰当的咨询方法包括____。

（A）阳性强化疗法　　　　　　　　　　（B）药物治疗

（C）合理情绪疗法　　　　　　　　　　（D）自我管理

案例五

一般资料：求助者，男性，23 岁，大学本科毕业。

案例介绍：求助者大学毕业后从事销售工作，刚开始热情高，业绩良好。近半年来，越来越不喜欢这个工作，心情越来越不好，但是觉得能找到现在的工作已经很不容易了，每天上班前都要挣扎好久。无奈之下，寻求心理咨询帮助。

下面是心理咨询师和求助者的一段咨询谈话：

求助者：我现在真的是度日如年，很难受。

心理咨询师：你的这种感受是怎样产生的呢？

求助者：现在做生意，经常要喝酒应酬。喝酒本来是一件享受的事情，现在跟钱扯在了一起，结果越喝越恶心。现在连和家人一起喝酒也烦。这份工作太没意思了。

心理咨询师：有一种心理学观点认为，引起你对酒的反感情绪的不是因为喝酒这件事，也不是因为酒桌上谈生意这件事，更不是这个工作有什么不好，而是你自己对这些事情的主观评价。

求助者：您的意思是说，我的想法错了？

心理咨询师：倒不是你的想法错了，有时候我也会像你一样想，但是，这其中可能有一些逻辑上问题。比如，你会不会因为开过来一辆车溅了自己一身水而讨厌所有车？你也肯定知道孩子与洗澡水的说法吧。

求助者：您的意思是，我不应该因为酒和生意连在了一起就讨厌酒，并且，进而讨厌这个工作？

心理咨询师：酒还是那个酒，就看我们怎样理解了。

求助者：好像是这么个理，您再让我自己想想，怎么能把这个关系搞清楚。谢谢您了，给我开了个好头。下回咱们边喝边聊，我请客。

单选：60. 对该求助者最可能的初步诊断是____。

(A) 一般心理问题　　(B) 严重心理问题

(C) 神经症性问题　　(D) 精神病性问题

多选：61. 做出上述诊断的依据包括____。

(A) 心理冲突的性质　　(B) 自知力的完整程度

(C) 情绪泛化的程度　　(D) 社会功能受损程度

单选：62. 该求助者心理问题的关键点是____。

(A) 推销工作要喝酒　　(B) 情绪反应

(C) 酒越喝越恶心　　(D) 心理冲突

单选：63. 该求助者自诉“现在连和家人一起喝酒也烦”说明其____。

(A) 情绪充分泛化　　(B) 自知力不完整

(C) 心理冲突变形　　(D) 社会功能丧失

单选：64. “有一种心理学观点……”，这是心理咨询师在____。

(A) 展示知识建立关系　　(B) 情感表达

(C) 介绍心理咨询原理　　(D) 内容反应

多选：65. “有时候我也会像你一样想”咨询师使用的技术包括____。

(A) 影响性技术　　(B) 自我开放　　(C) 参与性技术　　(D) 情感反应

单选：66. 应用上述技术时咨询工作的着重点应该是____。

(A) 心理咨询师自己　　(B) 自知力

(C) 情感的具体性质　　(D) 求助者

多选：67. 如果使用合理情绪疗法，这段对话可能包含了____。

(A) 诊断阶段　　(B) 领悟阶段　　(C) 巩固阶段　　(D) 修通阶段

单选：68. 心理咨询师提到"孩子与洗澡水"时，可能是在使用____技术。

(A) 解释　　(B) 面质　　(C) 释义　　(D) 鼓励

多选：69. 该求助者最后的话可能说明其____。

(A) 完全没有领悟　　(B) 出现了阻抗　　(C) 有一定的领悟　　(D) 表现出移情

单选：70. 该求助者的非理性观念的特征是____。

(A) 糟糕至极　　(B) 绝对化要求　　(C) 以偏概全　　(D) 反黄金规则

案例六

一般资料：求助者，女性，22岁，大学生。

案例介绍：求助者最近总用尺子量腿，变得爱发脾气，自感心情烦躁，不想见人，不想上学。由老师陪同前来求助。

老师反映：该求助者的母亲是舞蹈演员，自幼注意求助者的身材，希望女儿长大后继承母业。求助者自己也从小喜爱舞蹈，现在长大了虽然没有上舞蹈学校，但是仍然每天练舞，希望保持好身材。但是，近一年来，求助者觉得身体日益沉重，体重也真长了两斤。别人都说这是青春期发胖，还会再胖。因此，她每天关注自己的身体变化，觉得腿真的越来越粗，尽管经常用尺子量并没有发现明显变化，仍然坚持测量，不听劝说。最近总感觉别人在议论自己腿的变化，并常因此对别人发脾气，事后也觉得别人有议论的自由，没必要发脾气，但就是控制不住。求助者一贯要强、上进、学习成绩好，喜欢别人称赞，在乎他人评价。

单选：71. 该求助者的行为症状是____。

(A) 爱发脾气　　(B) 不断买尺子　　(C) 提出辍学　　(D) 经常测量腿

单选：72. 该求助者的情绪症状是____。

(A) 烦躁　　(B) 抑郁　　(C) 要强　　(D) 恐惧

多选：73. 该求助者的人格特征包括____。

(A) 要强　　(B) 爱发脾气　　(C) 上进　　(D) 在乎他人评价

单选：74. 该求助者的人格变化表现在____。

(A) 心情烦躁　　(B) 爱发脾气　　(C) 喜欢赞扬　　(D) 骄傲自大

单选：75. 该求助者主观和客观的不一致具体表现是____。

(A) 喜爱舞蹈　　(B) 认为自己的腿变粗

(C) 一贯要强　　(D) 觉得别人议论自己

单选：76. 该求助者的自知力完整程度是____。

(A) 完全受损　　(B) 部分受损　　(C) 保持完整　　(D) 无法确定

多选：77. 该求助者经常用尺子量腿的行为表明她可能会有____。

(A) 偏执　　(B) 过敏　　(C) 强迫　　(D) 抑郁

多选：78. 该求助者控制不住要发脾气表明她可能会有____。

（A）易激惹　（B）人格障碍　（C）易疲劳　（D）情绪障碍

多选：79. 对该求助者做出诊断时需考虑的因素包括____。

（A）血型　（B）国籍　（C）年龄　（D）性别

单选：80. 该求助者变得爱发脾气，表明她可能出现了____。

（A）情绪泛化　（B）人格稳定性的改变

（C）变形冲突　（D）主观与客观不统一

案例七

一般资料：求助者，男性，24岁，硕士研究生。

求助者自述：我即将研究生毕业，可是屡次求职找不到合适的工作，后来相恋三年的女朋友又提出分手。我真是倒霉透了，内心非常痛苦。研究生是国家的人才，一定能找到待遇丰厚专业对口的理想工作，可为什么我却不能如愿？我为她付出了很多，对她那么好，为什么就换不来她的真心？很多老师同学劝我，失恋是很正常的事，将来说不定能找到比她更好的。工作可以慢慢找，期望不要太高。其实，我也明白这个道理，可总是难以从痛苦中走出来。最近，白天想出去找工作，可是总打不起精神，想睡觉。晚上觉得自己很累了，可是脑海里又常会出现女友的笑貌，怎么也睡不着。为此，经常心慌、心悸、胸口闷。

心理咨询师观察了解到的情况：求助者衣着整洁，仪表端庄，性格温和。南方人，家境很好，家庭教育使其养成了自我要求严格、做事讲究规则的习惯。

单选：81. 该求助者面临的压力属于____。

（A）一般单一生活压力　（B）同时性叠加压力

（C）继时性叠加压力　（D）破坏性压力

单选：82. 该求助者心理活动的性质和状态是____。

（A）心理正常且健康　（B）精神病性问题

（C）心理正常且不健康　（D）神经症性问题

多选：83. 该求助者说："我为她付出了很多，对她那么好，为什么就换不来她的真心?"这个想法的特征包括____。

（A）绝对化要求　（B）以偏概全　（C）反黄金规则　（D）黄金规则

单选：84. 对于该求助者，最恰当的咨询和治疗方法是____。

（A）药物疗法　（B）冲击疗法　（C）合理情绪疗法　（D）阳性强化法

多选：85. 本案例中，如果布置家庭作业帮助其改变不合理信念，可以选择____。

（A）RSA 自我分析报告　（B）情绪性家庭作业

（C）RET 自助表　（D）行为性家庭作业

单选：86. 心理咨询的基本阶段不包括____。

（A）巩固阶段　（B）测验阶段　（C）咨询阶段　（D）诊断阶段

单选：87. 针对本案例评估咨询效果时，应围绕____进行。

（A）求助者意见　（B）咨询目标　（C）咨询师意见　（D）双方意见

多选：88. 针对本案例制定咨询方案，咨询方案中属于心理诊断阶段的任务包括____。

（A）建立咨询关系　（B）确立咨询目标

（C）收集相关信息　　　　　　　　　　（D）制定实施方案

单选：89. 该求助者负性情绪泛化程度是____。

（A）充分泛化　　（B）中度泛化　　（C）尚未泛化　　（D）轻度泛化

单选：90. 如果咨询师需要了解该求助者的人格类型，应选用的心理测验是____。

（A）MMPI　　（B）16PF　　（C）EPQ　　（D）LES

案例八

下面是某求助者的 WAIS-RC 的测验结果：

	言语测验							操作测验							言语	操作	总分
	知识	领悟	算术	相似	数广	词汇	合计	数符	填图	积木	图排	拼图	合计				
原始分	11	23	18	11	18	37		54	10	32	18	33		量表分	70	52	122
量表分	7	14	16	8	17	8	70	12	8	10	9	13	52	智商	110	98	106

多选：91. 在 WAIS-RC 的操作测验部分中，有代表性的分测验包括____。

（A）拼图　　（B）填图　　（C）数字符号　　（D）图片排列

单选：92. 该求助者测验成绩恰好处于全国常模平均水平的分测验是____。

（A）知识　　（B）领悟　　（C）积木　　（D）拼图

单选：93. 根据该求助者的 VIQ 成绩，可以判断其相应的智力等级属于____。

（A）超常　　（B）高于平常　　（C）平常　　（D）低于平常

案例九

下面是某求助者的 MMPI 测验结果：

量表	Q	L	F	K	Hs	D	Hy	Pd	Mf	Pa	Pt	Sc	Ma	Si
原始分	11	2	22	12	19	35	26	25	35	16	22	31	16	45
K 校正分					?			?			?	?	?	
T 分	50	35	61	47	70	68	57	61	41	58	55	58	48	63

单选：94. 该求助者 Hs 量表的 K 校正分是____。

（A）24　　（B）25　　（C）29　　（D）31

单选：95. 该求助者效度量表得分表明____。

（A）有诈病倾向　　（B）有说谎倾向　　（C）结果不可信　　（D）症状较明显

多选：96. 反映该求助者可能有病理性异常表现的临床量表包括____。

（A）抑郁量表　　　　　　　　　　（B）癔病量表

（C）精神衰弱量表　　　　　　　　（D）社会内向量表

单选：97. 该求助者艾森克人格问卷的 T 分结果是：P 量表 55，E 量表 70，N 量表 65，L 量表 30，其气质类型为____。

（A）胆汁质　　　　（B）多血质　　　　（C）黏液质　　　　（D）抑郁质

单选：98. 该求助者 SDS 标准分 65，表明其____。

（A）出现轻度抑郁　　　　　　　　（B）出现中度抑郁

（C）出现重度抑郁　　　　　　　　（D）未出现抑郁症状

多选：99. 某求助者 SCL一90 各因子结果：躯体化 2.7，强迫症状 1.9，人际关系敏感 1.8，抑郁 3.4，焦虑 2.5，敌对 1.6，恐怖 1.9，偏执 1.5，精神病性 1.9，其他 2.7，该求助者可能存在____。

（A）主观的躯体不适感　　　　　　（B）不自在感和自卑感

（C）悲观苦闷和兴趣退减　　　　　（D）睡眠饮食方面问题

多选：100. 社会支持评定量表的维度，包括____。

（A）总分　　　　　　　　　　　　（B）客观支持

（C）主观支持　　　　　　　　　　（D）对社会支持的利用度

第二部分　案例问答题

本部分采取专家阅卷，1~4 题，满分 100 分。请在答题纸上写明题号，用钢笔、圆珠笔按要求作答。

一般资料：求助者，男性，23 岁，设计师。

案例介绍：求助者 1 岁时父母离异，随祖父母长大。从高中起偏爱语文，不爱学英语、数学。高考时，自己本想报文科，但因母亲坚持报了工科。为不让母亲生气，也没明确反对。大学期间，多门功课不及格，只得肄业。半年前，来到母亲所在城市，现在的工作是母亲帮助找的，虽不喜欢，怕母亲生气，也将就着干了。另外，母亲还一再帮着张罗找女朋友，求助者根本没兴趣。他觉得事事都受母亲控制，但知道母亲也不容易，用心良苦，又怕违背她，伤了她的心。可总觉得别扭，长此下去，就没有一点自己的生活空间了。他心情不好，做事更没兴趣，心中苦闷，希望得到心理咨询师的帮助。

请依据以上案例，回答下列问题：

一、本案例中，求助者出现了哪些认知上的错误？（20 分）

二、本案例中，最恰当的近期咨询目标是什么？（30 分）

三、该求助者比较内向，若在咨询中出现内向型沉默应如何处理？（25 分）

四、对求助者表达真诚应注意什么？（25 分）

参考答案

卷册一：职业道德与理论知识部分

题号	1	2	3	4	5	6	7	8		
答案	B	C	D	C	A	A	B	C		
题号	9	10	11	12	13	14	15	16		
答案	ABC	BD	ABC	AB	AD	ACD	BCD	BD		
题号	17	18	19	20	21	22	23	24	25	
答案	——									
题号	26	27	28	29	30	31	32	33	34	35
答案	B	D	B	D	A	B	A	D	D	B
题号	36	37	38	39	40	41	42	43	44	45
答案	D	B	B	C	B	D	B	C	A	B
题号	46	47	48	49	50	51	52	53	54	55
答案	A	A	B	C	C	C	A	B	C	B
题号	56	57	58	59	60	61	62	63	64	65
答案	A	B	A	C	C	A	D	C	C	B
题号	66	67	68	69	70	71	72	73	74	75
答案	A	C	B	B	C	C	B	B	B	C
题号	76	77	78	79	80	81	82	83	84	85
答案	D	A	D	A	A	B	B	D	D	A
题号	86	87	88	89	90	91	92	93	94	95
答案	AB	BC	ABD	ABD	ABD	AD	ABC	BCD	AB	ABC
题号	96	97	98	99	100	101	102	103	104	105
答案	BC	BCD	ABC	ACD	ABC	BC	ABCD	ABD	ABCD	AD
题号	106	107	108	109	110	111	112	113	114	115
答案	CD	BC	BC	AC	AB	ABCD	ABC	BD	AB	ABC

题号	116	117	118	119	120	121	122	123	124	125
答案	BCD	BCD	AC	BC	ABCD	ABC	BCD	CD	BD	ABD

卷册二：技能选择与案例问答部分

题号	1	2	3	4	5	6	7	8	9	10
答案	AC	C	B	A	ACD	A	ABD	BC	BD	B
题号	11	12	13	14	15	16	17	18	19	20
答案	ACD	ACD	C	B	A	BC	D	CD	A	BC
题号	21	22	23	24	25	26	27	28	29	30
答案	C	C	ABCD	C	C	B	C	BCD	AD	BC
题号	31	32	33	34	35	36	37	38	39	40
答案	BCD	C	CD	D	AC	AD	C	ACD	C	ABD
题号	41	42	43	44	45	46	47	48	49	50
答案	B	C	AD	B	C	ACD	B	BC	B	C
题号	51	52	53	54	55	56	57	58	59	60
答案	B	AB	BC	ACD	A	A	CD	AC	AC	B
题号	61	62	63	64	65	66	67	68	69	70
答案	ABCD	D	A	C	AB	D	ABD	A	BC	C
题号	71	72	73	74	75	76	77	78	79	80
答案	D	A	ACD	B	B	B	AB	AD	CD	B
题号	81	82	83	84	85	86	87	88	89	90
答案	C	C	AC	C	ABCD	B	B	AC	C	C
题号	91	92	93	94	95	96	97	98	99	100
答案	BD	C	B	B	D	AD	A	B	ACD	BCD

一、(20 分)

（1）“事事都受母亲控制”，为不合理信念，特征是以偏概全。

（2）“长此以往下去就没有一点自己的生活空间了”，为不合理信念，特征是糟糕至极。

（3）认知偏差：不按母亲要求做，她就会生气。

二、（30分）

（1）帮助求助者改变不合理和认知变差：第一，将“事事都受母亲控制”改变为“在一些重大问题上受到母亲影响”；第二，将“长此以往下去就没有一点自己的生活空间了”改变为“长此以往下去自己的生活空间变小，要学会表达自己”；第三，逐步明确母亲并非一定总会生气。

（2）帮助求助者学会自我表达，掌握适当的沟通方式。

三、（25分）

（1）咨询师应以极大的热情和耐心加以引导；
（2）多用倾听技巧；
（3）多做鼓励性反应；
（4）切不可急躁、不耐烦，否则求助者可能会更萎缩、更沉默。

四、（25分）

（1）真诚不等于实话实说；
（2）真诚不是自我发泄；
（3）真诚应实事求是；
（4）真诚应适度；
（5）真诚还要体现在非语言交流上；
（6）真诚应考虑时间因素。

2012年11月三级心理咨询师鉴定真题

（卷册一：职业道德与理论知识部分）

第一部分　职业道德

（第1~25题，共25道题）

一、职业道德基础理论与知识部分（1~16题）

答题指导：

1. 该部分均为选择题，每题均有四个备选项。其中，单项选择题只有一个选项是正确的，多项选择题有两个或两个以上选项是正确的。

2. 请根据题意的内容和要求答题，并在答题卡上将所选答案的相应字母涂黑。

3. 错选、少选、多选，则该题均不得分。

（一）单项选择题（1~8题）

1. 根据马克思主义基本原理，决定道德发展状况的根本因素是____。

（A）社会舆论　　（B）风俗习惯　　（C）经济关系　　（D）领导示范

2. 从职业道德的角度看，关于职业本质的说法中正确的是____。

（A）职业是从业人员责任、权利、利益的有机统一

（B）职业是从业人员实现个人发展愿望的事业平台

（C）职业是从业人员牟取生活资料的重要手段

（D）职业是从业人员进行劳动价值交换的主要渠道

3. 决定职业荣誉感的主要因素应该是____。

（A）收入状况　　（B）社会舆论　　（C）个人好恶　　（D）群众需要

4. 中国古代《庖丁解牛》的故事所反映的职业道德精神是____。

（A）敬业　　（B）勇敢　　（C）诚信　　（D）守纪

5. 社会主义职业道德建设的核心是____。

（A）企业和谐发展　　（B）为人民服务

（C）员工职业理想的实现　　（D）技术创新

6. 职业道德建设是先进性与广泛性的统一，其要求是____。

（A）倡导"先进"，但要给"落后"留取空间

（B）不以先进性的标准要求广大员工

（C）依据广大员工的现实状况确定职业道德的具体要求

(D) 从实际出发，以先进性要求引导员工整体进步

7. 根据职业活动内在的道德准则，关于“忠诚”含义的理解正确的是____。

(A) 听话是“忠诚”的根本要求

(B) 忠于职责并圆满完成自己的职责

(C) 忠诚于自己的内心需要

(D) 始终站在老板或企业的立场上思考问题

8.《公民道德建设实施纲要》对从业人员提出的要求包括爱岗敬业、诚实守信、服务群众、奉献社会和____。

(A) 技术创新　　(B) 办事公道　　(C) 科学发展　　(D) 仁爱和谐

(二) 多项选择题(9~16 题)

9. 职业化是按照职业道德要求以实现工作状态的____。

(A) 标准化　　(B) 规范化　　(C) 制度化　　(D) 人性化

10. 影响职业技能发展的主要因素包括____。

(A) 职业知识　　(B) 职业技术　　(C) 职业能力　　(D) 职业道德

11. 通用电气总裁杰克・韦尔奇认为，“任何一家想竞争取胜的公司必须设法使每个员工敬业。”下列说法中，与韦尔奇的观点相符合的是____。

(A) 只有员工高度敬业的企业才会充满希望

(B) 企业管理的重要任务之是推动每一个员工努力工作

(C) 员工的敬业精神是由企业管理者决定的

(D) 非竞争性企业无需塑造员工的敬业精神

12. 关于职业纪律的强制性，理解正确的是____。

(A) 在制度上，职业纪律代表了企业管理者的意志

(B) 在观念上，不管员工认同与否都要接受

(C) 在执行上，员工对职业纪律没有讨价还价的余地

(D) 在处理上，违反职业纪律的行为需受到相应处罚

13. 关于践行“诚信”职业规范——“尊重事实”的要求，员工要努力做到____。

(A) 坚持正确原则，不为个人利害关系左右　(B) 澄清事实，主持公道

(C) 主动担当，不自保推责　　(D) 敢于在任何场合有一说一，有二说二

14. 下列做法中，符合“坚持原则”要求的是____。

(A) 立场坚定　　(B) 方法灵活　　(C) 以德服人　　(D) 不近人情

15. 关于职业道德规范“节约”的说法中，正确的是____。

(A) 节约是小气、吝啬　　(B) 节约是不该花的钱不花

(C) 节约是合理使用资源　　(D) 节约是积累财富的一种方式

16. 关于从业人员律己宽人、融入团队，正确的观念是____。

(A) 凡事不计较，不拿原则约束同事关系

(B) 要严格要求自己，也要同样严格要求他人

(C) 与人为善，热心帮助他人

(D) 善于与同事沟通交流，努力向先进模范学习

二、职业道德个人表现部分(17~25题)

答题指导：

1. 该部分均为选择题，每题均有四个备选项，您只能根据自己的实际状况选择其中一个选项作为您的答案。

2. 请在答题卡上将所选择答案的相应字母涂黑。

17. 公司经理派你参加兄弟公司举办的庆祝活动，活动结束时，离下班时间还有2小时。如果你这时回家，无人知道。如果赶回公司，估计路途要花费30分钟。这时，你会____。

(A) 直接回家　　(B) 赶回公司

(C) 请示经理　　(D) 附近转转，待到下班

18. 某生物制剂公司采取活熊取胆收集原材料，视频曝光后引起社会各界质疑和反对。该企业负责人回应说，企业乃合法经营，熊不疼痛，况且“人非熊，焉知熊之疼痛”。于是引起更加广泛的议论。对此，你的看法是____。

(A) 企业生产经营要考虑社会感受

(B) 法不禁止不为过，该企业无需过多考虑社会议论

(C) 该企业老板只是太张扬，才引起广泛议论

(D) 应该禁止在活熊身上取胆

19. 假如你喜欢某歌星，他在当地演出时你逢场必到。最近，他因为虚假广告、施暴等一系列行为而广受社会批评。过几天，他又要举办个人演唱会，你会____。

(A) 一如既往地支持他　　(B) 继续支持他，希望他改正

(C) 喜欢他的歌，但不认同他的为人　　(D) 不会再喜欢这样的人

20. 假如你的主管分派你完成一项任务，但是在完成这项任务的思路和想法上，主管与你的观点相去甚远，并且主管明确告知你要遵照执行，你会____。

(A) 严格按照主管的要求去做

(B) 因为想法差距较大，自己肯定会婉拒

(C) 找主管的上司汇报一下，听听他的意见后再作决定

(D) 局面无法改变，只好硬着头皮应对

21. 某同事爱拿其他同事开玩笑，甚至有戏谑成分，大多数员工觉得很好，活跃了气氛，但也有少数人难以接受。如果你是这位爱开玩笑的同事，你会____。

(A) 一如既往　　(B) 就此打住

(C) 注意把握对象　　(D) 玩笑过后，及时和对方沟通

22. 因经营状况不佳，公司单方面连续减少员工的工资和福利待遇。员工们私下多有怨言，但没有人提出抗议，也没有人向职能部门反映情况。即使这样，在这家公司的收入依然会比同类公司要略高一些。这时，你会____。

(A) 向工会等职能部门反映情况　　(B) 向公司领导反映情况，以期引起重视

(C) 联合员工一同商议应对办法　　(D) 自己不会出头处理这种情况

23. 员工们来此公司之前已经签署了职方协议，但后来发现，自己的工资比同类公司员工的工资低了许多，虽有怨言，却没有增加薪水的正当理由。假如你刚来这家公司，也已经

签署了职方协议，你会____。

（A）依照协议办事

（B）走一步说一步

（C）等协议到期，就会离开

（D）联合员工找公司经理协商涨工资的事情

24. 假如你去应聘，你的理想职位是企划工作，你中意的那家公司决定跟你签约。然而出现在招聘现场的另外一家公司认为，你更适合做销售，希望和你签约，而且收入会更高。这时，你会____。

（A）与做企划的公司签约　　（B）暂时先不签，考虑一两天再做决定

（C）与做销售的公司签约　　（D）找企划公司谈谈，希望提高待遇

25. 假如你的工作压力很大，每天忙忙碌碌，感觉不到快乐。这时，你会____。

（A）换一份新工作　　（B）找几个朋友宣泄一下

（C）想办法多充充电　　（D）没办法，以后再说

第二部分　理论知识

（第 26~125 题，共 100 道题，满分为 100 分）

一、单项选择题（26~85 题，每题 1 分，共 60 分。每小题只有一个最恰当的答案，请在答题卡上将所选答案的相应字母涂黑）

26. 属于心理学“感觉”范畴的是____。

（A）到旅游胜地游览，对风景感觉良好　　（B）领导感觉小王是个有前途的青年

（C）白天进电影院，眼前感觉一片漆黑　　（D）初恋的感觉很美好

27. 属于人本主义心理学研究范畴的是____。

（A）心理的结构和功能　　（B）无意识心理

（C）刺激—反应的关系　　（D）需要和动机

28. 某人听说正常，但不能识别文字，这可能是脑内____出现损伤。

（A）布洛卡区　　（B）角回　　（C）威尔尼克区　　（D）中央前回

29. 色觉异常的人辨别颜色的线索是____。

（A）色调　　（B）频率　　（C）明度　　（D）波长

30. 视觉的适宜刺激是____。

（A）波长在 380~780 纳米的电磁波　　（B）波长在 16~20000 纳米的电磁波

（C）紫外线　　（D）红外线

31. 对调节内脏系统活动起重要作用的中枢是____。

（A）底丘脑　　（B）中脑　　（C）下丘脑　　（D）中央后回

32. 关于感觉阈限和感受性的关系，正确的说法是____。

（A）感觉阈限用感受性大小来衡量　　（B）感受性用感觉阈限大小来衡量

（C）感受性越高感觉阈限越高　　（D）感受性和感觉阈限的关系并不确定

33. 记忆过程的基本环节有____个。

（A）2　　（B）3　　（C）4　　（D）5

34. 麦独孤用以解释人类社会行为的主要概念是____。

（A）模仿　　（B）社会学习　　（C）强化　　（D）本能

35. 继续社会化指个体从____一直到老年的社会化过程。

（A）出生　　（B）青春期　　（C）幼儿　　（D）成年

36. 亲和倾向起源于婴儿期的____。

（A）恐惧　　（B）依恋　　（C）焦虑　　（D）孤独

37. 当态度的成分不协调时，占主导地位的成分是____。

（A）价值观　　（B）认知　　（C）行为倾向　　（D）情感

38. 人们往往会倾向于把过去很久的事情解释为____的原因。

（A）图像　　（B）行为主体　　（C）背景　　（D）刺激客体

39. 按照 G. W. 奥尔波特的观点，影响个体思想、情感和行为的社会存在形式不包括____。

（A）想象的　　（B）现实的　　（C）隐含的　　（D）表象的

40. 人际交往中，第一印象很重要，这是因为存在____。

（A）近因效应　　（B）刻板印象　　（C）光环效应　　（D）首因效应

41. 关于人性的争论，最早出现在社会心理学发展的____阶段。

（A）经验描述　　（B）哲学思辨　　（C）实证分析　　（D）正式确立

42. 心理发展的不平衡性是指____。

（A）个体心理经常出现波动

（B）个体一生的心理发展并不随年龄匀速发展

（C）心理发展过程中会出现阴阳失调

（D）心理发展和行为发展不协调

43. “抑制欲望的即时满足，学会等待”，是指儿童自我控制能力中的 ____。

（A）自我调整　　（B）自主满足　　（C）延迟满足　　（D）自我约束

44. 行为主义创始人华生关于心理发展的代表观点是____。

（A）通过社会学习获得行为发展　　（B）环境因素决定心理发展

（C）遗传与环境共同决定心理发展　　（D）遗传因素决定心理发展

45. 皮亚杰认为心理起源于____。

（A）心理的成熟　　（B）经验　　（C）身体的成熟　　（D）动作

46. 前运算阶段的年龄是____。

（A）0~2 岁　　（B）2~7 岁　　（C）6~12 岁　　（D）12 岁以后

47. 幼儿的主导活动是____。

（A）学习　　（B）游戏　　（C）运动　　（D）模仿

48. 弗洛伊德认为，心理异常的原因可能是____。

（A）固着　　（B）存在焦虑　　（C）投射　　（D）基本焦虑

49. 变态心理学强调心理异常的____。

（A）诊断　　（B）治疗　　（C）转归　　（D）机制

50. 坚信脑内有人命令自己奔跑，这种症状最可能是____。

（A）内感性不适　（B）假性幻觉　（C）内脏性幻觉　（D）真性幻觉

51. 在意识清晰的情况下出现语词杂拌，这种症状最可能是____。

（A）思维不连贯　（B）思维中断　（C）破裂性思维　（D）思维松弛

52. 急性应激障碍的主要症状之一是____。

（A）思维迟缓　（B）幻觉　（C）意识狭窄　（D）妄想

53. 灾难症候群分为____个阶段。

（A）2　（B）3　（C）4　（D）5

54. “认识—领悟疗法”的创立者是____。

（A）郭念锋　（B）许又新　（C）钟友彬　（D）丁瓒

55. 中程心理咨询的时间范围是____。

（A）1~3 个月　（B）6~12 个月　（C）3~6 个月　（D）12 个月以上

56. 在心理测验的发展史上，编制世界上第一个正式心理测验的是法国心理学家____。

（A）高尔登　（B）卡特尔　（C）比内　（D）韦克斯勒

57. 抽取样本一般不小于____。

（A）30 或 100 个　（B）100 或 500 个

（C）300 或 1000 个　（D）2000 或 3000 个

58. 先将目标总体分成若干层次，再从各层次中随机抽取若干被试的方法是____。

（A）简单随机抽样　（B）系统抽样　（C）分组抽样　（D）分层抽样

59. 标准十分的平均数为 5.5，标准差为____。

（A）3　（B）2　（C）1.5　（D）1

60. 难度是指项目的难易程度，P 值越大，难度越____。

（A）高　（B）低　（C）大　（D）小

61. 一般来说，____会提高能力倾向测验的成绩。

（A）较低的焦虑　（B）较高的焦虑　（C）一点也不焦虑　（D）适度的焦虑

62. 初诊接待应该向求助者说明心理咨询的性质是协助求助者____。

（A）解决心理问题　（B）治疗精神疾病

（C）解决生活困扰　（D）提高活动水平

63. 刺激求助者并借此控制会谈方向，这种方法是____。

（A）中断　（B）情感反射　（C）释义　（D）情感引导

64. 心理咨询师提问过多的可能原因是____。

（A）没有掌握好必要的理论　（B）会谈类型选择错误

（C）没有理解求助者的问题　（D）会谈目标制定错误

65. 摄入性会谈的目的是____。

（A）收集资料　（B）治疗　（C）防止意外　（D）诊断

66. 一般来说，涉及青年人前途问题的事件属于____。

（A）常形冲突　（B）微弱刺激　（C）变形冲突　（D）强烈刺激

67. 与实际处境不相符合的内心纠结属于____。

（A）常形的心理冲突　（B）认知障碍

（C）变形的心理冲突　（D）情绪障碍

68. 共情又称为____。

(A) 同情 (B) 投情 (C) 移情 (D) 情感表达

69. 各种心理咨询流派咨询目标的特点是____。

(A) 完全不相容的 (B) 根本对立的 (C) 互相排斥的 (D) 侧重点不同

70. 心理咨询过程中，最重要的阶段是____。

(A) 评估阶段 (B) 诊断阶段 (C) 咨询阶段 (D) 巩固阶段

71. 重复技术的作用在于____。

(A) 加重语气 (B) 表达情感 (C) 解释原理 (D) 澄清事实

72. 对求助者影响力最明显的咨询技术是____。

(A) 指导 (B) 解释 (C) 释义 (D) 面质

73. 通过训练求助者有意识地控制自身的心理生理活动，降低唤醒水平，改善机体紊乱的心理咨询方法是____。

(A) 合理情绪疗法 (B) 放松训练 (C) 自我管理程序 (D) 阳性强化法

74. 合理情绪疗法的人性观认为____。

(A) 人是理性的 (B) 人是非理性的

(C) 人是悟性的 (D) 人既是理性的，又是非理性的

75. 精神分析理论认为阻抗的意义在于____。

(A) 保护个体的自我认识与自尊 (B) 增强个体的自我防御

(C) 对行为矫正的不服从 (D) 对自我暴露的抵抗

76. 对咨询效果的评估应围绕____展开。

(A) 咨询目标 (B) 求助者的自我体验

(C) 心理测量的结果 (D) 咨询师的观察与评定

77. WAIS-RC 的言语部分共包括____个分测验。

(A) 4 (B) 5 (C) 6 (D) 7

78. 在 WAIS-RC 中，各分测验粗分换算成量表分时使用的记分方法是 ____。

(A) 标准九分 (B) T 分数 (C) 标准十分 (D) 标准二十分

79. 我国修订的 CRT 测验是____的合并本。

(A) 标准型与彩色型 (B) 标准型与高级型

(C) 彩色型与高级型 (D) 标准型与儿童型

80. 按照中国常模标准，MMPI 的 T 分在____分以上便可视为有病理性异常表现。

(A) 55 (B) 60 (C) 65 (D) 70

81. 在 MMPI 的临床量表中，英文缩写 Ma 指的是____量表。

(A) 抑郁 (B) 精神分裂症 (C) 疑病 (D) 轻躁狂

82. 在下列人格测验中，采用因素分析法编制的是____。

(A) 爱德华个人偏好量表 (B) 明尼苏达多项人格测验

(C) 卡特尔 16 种人格因素测验 (D) 杰克逊人格问卷

83. 按照 EPQ 中国常模标准，属于典型神经质的 N 量表划界分的范围为 T 分____。

(A) >61.5 (B) 56.7~61.5 (C) 38.5~43.3 (D) ≤38.5

84. SCL-90 的统计指标主要有两项，即总分和____。

（A）阳性项目数　（B）阳性项目均分　（C）阴性项目数　（D）因子分

85. 关于 SDS 的记分方法，下列说法正确的是____。

（A）按症状出现的频度分为 5 级评分　（B）各项目分数相加得到总粗分

（C）各项目均采用正向计分法　（D）有 5 个项目采用反向计分法

二、多项选择题（86～125 题，每题 1 分，共 40 分。每题有多个答案正确，请在答题卡上将所选答案的相应字母涂黑。错选、少选、多选，均不得分）

86. 无意注意和有意注意的主要区别包括____。

（A）指向性　（B）意志努力　（C）目的性　（D）集中程度

87. 意志行动的基本特征包括____。

（A）有意识　（B）与克服困难相联系

（C）有目的　（D）受无意识支配

88. 能力发展的个体差异表现在____。

（A）能力水平　（B）获得知识的快慢

（C）能力类型　（D）发展早晚

89. 感觉反映的是____。

（A）过去作用于感觉器官的事物　（B）客观事物的个别属性

（C）直接作用于感觉器官的事物　（D）客观事物的整体属性

90. 神经细胞的组成包括____。

（A）树突　（B）细胞体　（C）轴突　（D）突触

91. 根据马斯洛的需要层次理论，不断完善自己，发挥最大潜能的需要属于 ____。

（A）原始需要　（B）生长性需要　（C）高级需要　（D）缺失性需要

92. 测量态度的间接方法包括____。

（A）内省法　（B）投射法　（C）行为反应测量法　（D）量表法

93. 霍夫兰德的态度转变模型包括的要素包括____。

（A）情境　（B）接受者　（C）反馈　（D）传递者

94. 关于亲和，正确的说法包括____。

（A）压力越大，亲和倾向越强　（B）高焦虑者亲和倾向较强

（C）出生顺序影响个体亲和倾向　（D）恐惧时，亲和倾向会增强

95. 一个人要变成“社会人”，不可或缺的条件包括____。

（A）较强的能力　（B）必要的遗传因素

（C）较高的情商　（D）较长的生活依附

96. 爱情与喜欢的主要区别点包括____。

（A）利他　（B）依恋　（C）亲密　（D）表情

97. 塔尔德提出的模仿律包括____。

（A）下降律　（B）几何级数律　（C）接近律　（D）先外后内律

98. 第二逆反期的表现包括____。

（A）观念上的碰撞　（B）追求独立自主

（C）经济上的自主　（D）追求平等的社会地位

99. 巴斯把婴儿气质分为____。
(A) 活动性 (B) 情绪性 (C) 冲动性 (D) 自我性
100. 小学生最基本的学习任务是____。
(A) 参加奥数学习 (B) 学会合理安排和分配时间
(C) 学会思考 (D) 学会学习的规则和方法
101. 童年期儿童概括水平可以分为____。
(A) 直观形象水平 (B) 形象抽象水平
(C) 本质抽象水平 (D) 初步本质抽象水平
102. 巴甫洛夫认为，心理异常的原因包括____。
(A) 心理防御 (B) 两种基本神经过程的艰难相遇
(C) 强烈刺激 (D) 高级神经过程欠缺灵活性
103. 判断求助者主客观是否统一，可分析其____。
(A) 现实检验能力 (B) 自知力
(C) 情绪调节能力 (D) 快感度
104. 压力按其性质可以分为____压力。
(A) 社会环境性 (B) 社会性 (C) 一般单一性 (D) 叠加性
105. 从动态的角度看，健康心理活动____。
(A) 是一种稳定的心理状态 (B) 始终能发挥自身功能
(C) 有利于个体生存与发展 (D) 可围绕常模上下波动
106. 效度具有相对性，因此在评估测验的效度时，必须考虑测验的 ____。
(A) 信度 (B) 目的 (C) 功能 (D) 长度
107. 关于心理测验，正确的说法包括____。
(A) 心理测验是心理学研究方法之一
(B) “一考定终身”说明心理测验很重要
(C) 测验为宿命论和种族歧视提供了心理学依据
(D) 心理测验作为研究方法和测量工具尚不完善
108. 在信度的估计方法中，内部一致性信度包括____。
(A) 评分者信度 (B) 分半信度 (C) 复本信度 (D) 同质性信度
109. 心理测验的目标分析因测验不同而异，一般可以分为____。
(A) 工作分析 (B) 对特定的概念下定义
(C) 项目分析 (D) 确定测验的具体内容
110. 心理咨询中属于保密内容的包括____。
(A) 心理咨询过程 (B) 心理健康评估标准
(C) 心理咨询理念 (D) 心理健康评估结果
111. 摄入性会谈中提问过多容易使求助者____。
(A) 转移责任 (B) 减少自我探索
(C) 形成依赖 (D) 社会交往下降
112. 心理诊断过程包括针对求助者____。
(A) 制定咨询目标 (B) 进行心理健康水平评估

(C) 制定咨询方案　　　　　　　　　　(D) 询问既往医学治疗历史

113. 许又新评估求助者心理健康水平的标准包括____。

(A) 发展标准　　(B) 操作标准　　(C) 体验标准　　(D) 统计标准

114. 心理咨询师的____对咨询关系的建立与维护有至关重要的影响。

(A) 咨询理念　　(B) 咨询理论　　(C) 个性特征　　(D) 咨询态度

115. 有效的咨询目标应该具备的特征包括____。

(A) 积极、可行的　　　　　　　　(B) 双方接受的

(C) 具体、量化的　　　　　　　　(D) 属于医学范畴的

116. 关于阳性强化法，正确的说法包括____。

(A) 奖励正常行为，惩罚异常行为

(B) 阳性强化使用正强化

(C) 阳性强化应该适时、适当

(D) 目标行为固化为习惯后，最终可以撤销强化物

117. 合理情绪疗法，适用于____的求助者。

(A) 较年轻　　　　　　　　　　　(B) 智力水平较高

(C) 领悟力较强　　　　　　　　　(D) 文化水平较高

118. 求助者对心理咨询师产生依赖的可能原因包括____。

(A) 求助者不理解心理咨询的实质　　(B) 求助者养成依赖的个性特征

(C) 求助者对心理咨询师有抵触情绪　(D) 求助者不愿承受抉择的痛苦

119. 心理咨询的效果可视为____三者的函数。

(A) 咨询师　　(B) 咨询方法　　(C) 求助者　　(D) 咨询目标

120. 在 WAIS-RC 中，属于言语分测验的包括____。

(A) 数字广度　　(B) 领悟　　(C) 数字符号　　(D) 知识

121. 幼儿及弱智者在进行 CRT 测验时，如果 C 单元连续三题不通过，正确的做法包括____。

(A) 停止该单元　　　　　　　　　(B) 继续该单元

(C) 停止整个测验　　　　　　　　(D) 继续下一单元

122. 关于 MMPI，下列说法正确的包括____。

(A) 适用于 16 岁以上的受测者　　　(B) 包括卡片式和手册式施测方式

(C) 包括十个临床量表和四个效度量表　(D) 采用 T 分数记分

123. 艾森克人格结构的基本维度主要包括____。

(A) 神经质　　(B) 精神质　　(C) 内外向　　(D) 掩饰性

124. 按照 SCL-90 的中国常模标准，可考虑筛选阳性的情况包括____。

(A) 总分超过 160 分　　　　　　　(B) 阳性项目数超过 47 项

(C) 任一因子分超过 2 分　　　　　(D) 阴性项目数低于 47 项

125. 由于 SCL-90 缺乏“情感高涨”和“思维飘忽”等项目，使其在____中的应用受到了一定限制。

(A) 躁狂症患者　　　　　　　　　(B) 神经症患者

(C) 精神分裂症患者　　　　　　　(D) 正常人

（卷册二：技能选择与案例问答部分）

第一部分　技能选择题

（第 1～100 题，共 100 道题）

本部分由十二个案例组成。请分别根据案例回答 1～100 题，共 100 道题。每题 1 分，满分 100 分。每小题有一个或多个答案正确，请在答题卡上将所选答案的相应字母涂黑。错选、少选、多选，则该题均不得分。

案例一

一般资料：求助者，女性，28 岁，中学教师。

案例介绍：求助者由于与丈夫发生矛盾，烦躁、失眠三个多月。

下面是心理咨询师与求助者之间的一段咨询对话：

咨询师：您好！请问我能为您提供什么帮助呢？

求助者：我最近心情不好，烦躁。

咨询师：您能谈谈是什么事情让您心情不好吗？

求助者：还不是因为我丈夫异想天开，非要辞职创业！他是个公务员，单位待遇不错，工作也不累，一切都挺好的。一年前他突然和我说想辞职创业。我以为他开玩笑，也没在意。半年前，他又和我提起这事，还说正和几个大学同学商议投资什么项目，一旦确定下来就正式辞职。我一听就急了，创业不仅辛苦而且风险大，万一有个损失，我们这个家怎么办！可我劝了他好久，他就是不听，一意孤行，还说我不支持他干事业！他根本就不尊重我这个当妻子的，也不为我们这个家考虑！万一有什么闪失，我和孩子怎么办？最近几个月，一想到这事，我就特别生气，也很伤心，心里烦，饭也吃不下，觉也睡不好，头疼得厉害，连工作都受到了影响。

咨询师：听了您的叙述，我非常理解您的心情。您的丈夫不顾您的劝说，执意要辞职创业，这让您觉得他不够尊重您，不把这个家放在心上，这让您感到生气、伤心，甚至还为此影响了工作，对吗？

求助者：是啊，他要是真的尊重我，真的把这个家放在心上，就应该接受我的意见。

咨询师：除了这件事，还有其他事让您觉得您的丈夫不够尊重您吗？

求助者：没有，他以前一直很尊重我。但是，他现在不肯接受我的意见，就是不尊重我。

咨询师：那您在任何事情上都接受您丈夫的意见吗？

求助者：那倒没有，有些事情我也不听他的。

咨询师：那您的丈夫有没有觉得您不尊重他呢？

求助者：没有。他说他尊重我的选择，也支持我追求事业。

咨询师：那当您的丈夫为了追求事业而没有接受您的意见时，是什么原因让您觉得一向尊重您的丈夫不尊重您呢？

求助者：……（沉默）因为我不希望他辞掉工作，这不是我规划中的生活。我设想的生活应该是他在机关，我在学校，两个人都有稳定的工作，这才是我们应该有的生活。

咨询师：您是希望事情全部按照您的设想发展，对吗？

求助者：是啊，难道我这样想错了吗？

咨询师：您的愿望是美好的，但你的想法中有一些不合理的成分，这些不合理的成分导致了您现在的问题。

多选：1. 该求助者的情绪症状包括____。

（A）烦躁　（B）伤心　（C）愤怒　（D）抑郁

多选：2. 该求助者的躯体症状包括____。

（A）头疼　（B）睡眠问题　（C）头晕　（D）食欲下降

多选：3. 该求助者心理问题的特点包括____。

（A）人格障碍明显　（B）负性情绪明显

（C）社会功能受损　（D）存在认知错误

单选：4. 该求助者的病程是____。

（A）一年　（B）三个月　（C）半年　（D）一个月

单选：5. 按照合理情绪疗法的 ABC 理论，该求助者的 B 是____。

（A）丈夫准备辞职创业　（B）与丈夫吵架

（C）认为丈夫不尊重自己　（D）丈夫不听劝告

多选：6. 该求助者不合理信念的特征包括____。

（A）乱贴标签　（B）绝对化要求　（C）个人化　（D）过分概括化

单选：7. 对该求助者的初步诊断最可能是____。

（A）一般心理问题　（B）严重心理问题

（C）神经症性问题　（D）精神病性问题

多选：8. 在咨询过程中，心理咨询师使用的提问方式包括____。

（A）直接逼问　（B）开放式提问　（C）间接询问　（D）封闭式提问

多选：9. 在咨询过程中，心理咨询师使用的技术包括____。

（A）倾听　（B）具体化　（C）说明　（D）内容表达

单选：10. 在本案例中，心理咨询师接下来最可能做的事情是____。

（A）向求助者解说 ABC 理论　（B）与求助者的不合理信念进行辩论

（C）给求助者布置家庭作业　（D）对求助者进行技能训练

多选：11. 在本案例中，心理咨询师制定的咨询目标是改善求助者的情绪，这个目标属于____。

（A）具体目标　（B）完美目标　（C）终极目标　（D）不完美目标

多选：12. 关于合理信念，正确的说法包括____。

（A）能使人保护自己，努力使自己生活愉快　（B）能使人更快地达到自己的目标

（C）能使人阻止或很快消除情绪困扰　（D）能使人主动介入他人的麻烦

案例二

一般资料：求助者，男性，36 岁，公司职工。

案例介绍：求助者由于女儿的问题前来咨询。

下面是心理咨询师与求助者之间的一段咨询对话：

求助者：我女儿今年四岁半了。按理说，这个年龄的孩子早应该用水杯喝水了。可是她还一直用奶瓶，要是强迫她用杯子喝水，她就大哭大闭，我和她妈妈怎么劝说都不听。她在幼儿园也要闹着用奶瓶喝水。有时候我气急了，就打她几巴掌，也没什么效果。后来，她妈妈为了改掉她这个毛病，和她约定，只要她用杯子喝水，就奖励她一块钱。开始几天还真管用，可是很快就没用了。我现在一看见孩子用奶瓶喝水，就急得不行。

心理咨询师：您女儿四岁半了，还在用奶瓶喝水，针对这个问题您和您妻子尝试了很多方法，但都不奏效，这让您很焦虑，对吗？

求助者：是啊！我现在就是干着急，您一定要帮帮我。

心理咨询师：我也有孩子，我的孩子也出现过类似的问题。所以，我非常理解您的这种心情，也替您感到着急。既然您和您妻子所用的方法都不奏效，那您愿意尝试一下新方法吗？

求助者：当然愿意，什么方法啊？

心理咨询师：在介绍这个新方法之前，您要告诉我，您女儿最喜欢什么或者最喜欢做什么？

求助者：她最喜欢我给她讲故事，每天晚上都缠着我给她讲故事。

心理咨询师：那您每天都给她讲故事吗？

求助者：我有时间就给她讲一两个，没有时间就不讲了。

心理咨询师：我明白了，您现在可以抓住您女儿爱听故事的特点，和您的女儿约定：只要她用杯子喝一杯水，就奖励她一张动物贴纸，但如果她用奶瓶喝水，每喝一次就要扣掉一张贴纸。每天晚上您和女儿一起计算一下女儿获得贴纸的数目，有几张贴纸，您就给女儿讲几个故事。

单选：13. 在本案例中，求助者女儿的问题主要是____。

（A）焦虑　（B）多动　（C）缄默　（D）用奶瓶喝水

单选：14. 针对女儿的问题，求助者曾采取的方法属于____。

（A）增强法　（B）惩罚法　（C）消退法　（D）代币管制法

单选：15. 针对女儿的问题，求助者妻子曾采取的方法属于____。

（A）增强法　（B）惩罚法　（C）消退法　（D）代币管制法

多选：16. 在咨询过程巾，心理咨询师使用的参与性技术包括____。

（A）释义　（B）开放式提问　（C）情感反应　（D）封闭式提问

多选：17. 在咨询过程中，心理咨询师使用的影响性技术包括____。

（A）解释　（B）情感表达　（C）指导　（D）自我开放

单选：18. 在本案例中，心理咨询师建议求助者尝试的新方法属于____。

（A）惩罚法　（B）阳性强化法　（C）消退法　（D）代币管制法

多选：19. 在本案例中，适用于解决求助者女儿的问题的心理咨询方法包括 ____。

（A）阳性强化法　　（B）合理情绪疗法　　（C）代币管制法　　（D）放松训练

多选：20. 在本案例中，求助者如果请咨询师到家中对其女儿进行帮助，心理咨询师恰当的做法是____。

（A）应邀前往

（B）婉言拒绝

（C）请示上级咨询师

（D）促使求助者带女儿到咨询室来接受咨询

多选：21. 儿童期常见的行为障碍包括____。

（A）缄默　　（B）多余动作　　（C）退缩行为　　（D）攻击行为

多选：22. 行为疗法，又称为____。

（A）行为治疗　　（B）行为矫正疗法

（C）行为塑造技术　　（D）行为渐隐技术

案例三

一般资料：求助者，男性，33 岁，大学教师。

案例介绍：求助者博士毕业后，留校任教，由于工作出色，29 岁时就被破格评为副教授。求助者一直全心追求事业，无暇顾及个人问题。直到一年前才经人介绍结识了现在的女友。随着了解的加深，求助者觉得女友各方面都很优秀，于是在三个月前向女友正式求婚。谁知，女友要求求助者把自己的名字加在求助者所有住房的房产证上，否则就拒绝结婚。求助者觉得女友的要求太过分，拒绝了女友的要求，两人随即陷入冷战。正在求助者为感情问题烦恼的时候，又在职称评定中未能如愿评上教授，这让求助者心里非常不是滋味。三个多月来，求助者经常郁郁寡欢，烦躁，食欲下降，经常失眠，时有头痛、头晕，工作效率下降，甚至找借口不去参加大学毕业 10 周年的同学聚会。求助者的领导担心他一直这样消沉下去，劝说他来寻求帮助。

心理咨询师观察了解到的情况：求助者是家中长子，从小学习成绩优异，好强，追求完美。

多选：23. 该求助者的情绪症状包括____。

（A）强迫　　（B）恐惧　　（C）烦躁　　（D）情绪低落

多选：24. 该求助者的躯体症状包括____。

（A）头痛　　（B）食欲下降　　（C）头晕　　（D）睡眠问题

多选：25. 该求助者所遭遇的负性生活事件包括____。

（A）与女友冷战　　（B）工作效率下降

（C）未评上职称　　（D）无法参加同学聚会

单选：26. 该求助者承受的压力属于____。

（A）单一性生活压力　　（B）叠加性压力

（C）破坏性压力　　（D）精神性压力

多选：27. 引发该求助者心理问题的可能原因包括____。

（A）与女友冷战　　（B）未评上职称　　（C）人格特征　　（D）情绪困扰

多选：28. 心理咨询师还需要了解该求助者的资料包括____。

（A）人格特征　　（B）体检报告　　（C）病程长短　　（D）认知倾向

单选：29. 对该求助者的初步诊断最可能是____。

（A）一般心理问题　　（B）严重心理问题

（C）躯体性疾病　　（D）精神病性问题

多选：30. 评估该求助者临床症状的严重程度，可选用的心理测验包括____。

（A）EPQ　　（B）SCL-90　　（C）SAS　　（D）LES

单选：31. 在咨询过程中，该求助者认为自己现在的问题全部都是由女友过于看重物质条件和单位领导不公平造成的，这说明该求助者出现了阻抗，其阻抗的表现形式属于____。

（A）理论交谈　　（B）情绪发泄　　（C）假提问题　　（D）心理外归因

多选：32. 在本案例中，面对求助者的阻抗，心理咨询师应该____。

（A）通过建立良好的咨询关系解除求助者的戒备心理

（B）正确地进行心理诊断和分析

（C）以诚恳的态度帮助求助者正确地对待阻抗

（D）使用咨询技巧来突破阻抗

单选：33. 在本案例中，心理咨询师擅长用认知行为疗法来帮助求助者，但该求助者不相信此种疗法，这说明该求助者对于这位心理咨询师来说是不适宜的，这种不适宜属于____。

（A）欠缺型　　（B）忌讳型　　（C）冲突型　　（D）怀疑型

多选：34. 适宜的求助者应具备的条件包括____。

（A）受教育程度高　　（B）人格正常　　（C）信任度高　　（D）智力正常

案例四

一般资料：求助者，女性，26岁，外企职员。

案例介绍：几年前，求助者硕士毕业，进入一家世界500强的外资企业工作。求助者工作勤奋努力，深得上司的赏识和器重。半年前，求助者第一次作为项目负责人向国外客户进行项目介绍。在介绍之前，她反复告诫自己“千万不要紧张，千万不要紧张”。可没想到越是这样越紧张，在介绍中接连说错好几个单词，引得客户和同事哄堂大笑。让求助者感到非常尴尬。一个月前，求助者的上司让其负责一个新的项目，并嘱咐求助者“这个客户对我们非常重要，这次项目的介绍一定要做到完美”。求助者在写项目计划书时，头脑中突然闪念“这次项目介绍再出错怎么办?”，这种想法让求助者紧张，无法集中注意力工作。虽然她想使自己平静下来，集中注意力工作，但效果不明显。她愈加紧张不安，烦躁，只有不去想和工作有关的事情时，心情才会好些。求助者担心自己会得精神病，主动来寻求帮助。

心理咨询师观察了解到的情况：求助者自幼学习成绩优异，父母要求严格，性格内向，谨小慎微，追求完美。

单选：35. 该求助者的情绪状态主要是____。

（A）恐惧　　（B）抑郁　　（C）焦虑　　（D）强迫

多选：36. 该求助者的人格特征包括____。

（A）内向　　（B）争强好胜　　（C）追求完美　　（D）谨小慎微

单选：37. 该求助者在发言前反复告诫自己不要紧张，结果却使得自己更加紧张，这种现象属于____。

（A）强化　（B）暗示　（C）依赖　（D）多话

单选：38. 该求助者的求助行为表现为____。

（A）家人强迫　（B）医生转介　（C）被动求助　（D）主动求助

多选：39. 该求助者的心理状态属于____。

（A）心理正常　（B）心理异常　（C）心理健康　（D）心理不健康

单选：40. 对该求助者的初步诊断最可能是____。

（A）一般心理问题　（B）严重心理问题

（C）神经症性心理问题　（D）精神病性问题

多选：41. 引发该求助者心理问题的可能原因包括____。

（A）无法集中注意力　（B）工作中出现差错

（C）个性追求完美　（D）上司给予压力

多选：42. 对该求助者适用的心理测验包括____。

（A）SAS　（B）SCL-90　（C）EPQ　（D）SDS

单选：43. 在本案例中，恰当的咨询目标包括____。

（A）改善负性情绪　（B）在工作中做到完美

（C）提高工作效率　（D）任何时候不再紧张

单选：44. 在本案例中，心理咨询师如果需要对该求助者使用心理测验，应该在心理咨询的____进行。

（A）诊断阶段　（B）咨询阶段　（C）治疗阶段　（D）提高阶段

多选：45. 在本案例中，心理咨询师若采用放松训练，其操作步骤包括 ____。

（A）咨询师介绍放松训练的原理　（B）咨询师进行示范和指导

（C）明确阳性强化物　（D）安排求助者练习

多选：46. 实施咨询方案的策略与框架包括____。

（A）调动求助者的积极性　（B）对求助者进行启发、引导、支持和鼓励

（C）克服阻碍咨询的因素　（D）商定咨询目标

案例五

一般资料：赵某，女性，25 岁，硕士研究生。

案例介绍：赵某性格内向，学习认真努力，人际关系较好。一个多月前，赵某突然对同宿舍的同学说，自己是仙女，有着超凡的能力，还说学校里有许多男生爱慕她，想娶她为妻。与此同时，赵某每天呆坐在宿舍里自言自语，就连还没有完成的硕士论文都置之不理。同宿舍同学把赵某的情况反映给赵某的导师，其导师要求家长带赵某看病。

下面是心理咨询师与赵某的一段对话：

咨询师：你说你是仙女？

赵某：是啊，我是仙女！我还有超能力呢！

咨询师：你有什么超能力呢？

赵某：我的超能力很多啊！我能用目光开门关门，我拍一下手，电视就换个频道……

咨询师：你周围的人知道你有超能力吗？

赵某：知道啊！我们学校有好多男生都因为知道我是仙女有超能力而爱慕我。想要娶我呢。

咨询师：你是怎么知道他们爱慕你的？

赵某：我听到的啊。他们每天都在我耳边说如何爱我，真是烦死了，我不得不把耳朵堵起来，才能让自己清净一会儿。

咨询师：如果家长带你去医院做检查，你愿意去吗？

赵某：去医院干嘛，我又没病，我可是仙女！

单选：47. 赵某目前的心理状态属于____。

（A）心理健康　（B）心理不健康　（C）心理正常　（D）心理异常

多选：48. 赵某的主要症状包括____。

（A）幻觉　（B）感觉过敏　（C）妄想　（D）思维云集

单选：49. 赵某自认为具有超能力，提示其可能存在____。

（A）嫉妒妄想　（B）钟情妄想　（C）夸大妄想　（D）被害妄想

单选：50. 赵某听到很多男同学向她表达爱慕之情，提示其可能存在____。

（A）真性幻觉　（B）假性幻觉　（C）功能性幻听　（D）思维鸡响

多选：51. 赵某的特点包括____。

（A）主动求治　（B）自知力完整　（C）被动求治　（D）无自知力

单选：52. 赵某什么都不做，甚至都不完成硕士论文，可能是____。

（A）担心害怕　（B）社会功能受损

（C）情绪低落　（D）人际关系不良

单选：53. 对赵某的初步诊断最可能是____。

（A）一般心理问题　（B）严重心理问题

（C）神经症性心理问题　（D）精神病性问题

多选：54. 对赵某的情况，心理咨询师能做的工作包括____。

（A）收集资料　（B）选用心理测验

（C）系统治疗　（D）将赵某转诊

多选：55. 判断正常与异常心理活动的心理学原则包括____。

（A）心理活动的周期性原则　（B）主客观世界统一性原则

（C）精神活动的内在协调一致性原则　（D）人格的相对稳定性原则

多选：56. 下列说法中，正确的包括____。

（A）患有神经症的求助者往往主动求医

（B）出现精神病性问题的患者从不主动求医

（C）患有有神经症的求助者对自己的症状有自知力

（D）出现精神病性问题的患者对自己的症状没有自知力

案例六

一般资料：求助者，女性，22 岁，公司职员。

案例介绍：求助者毕后干过五六份工作，月薪都不到 2000 元，她认为这些低工资的工作没有价值，每份工作都只干 1 个多月，频繁辞职。前段时间因工作与主管产生冲突，一开始只是迎面遇见时低头不打招呼，逐渐变成不想再跟主管遇见，一旦遇见就有些紧张，好像有把柄被人抓住似的。每周例会上也不敢发言，当汇报工作进展时，感觉紧张、手心出汗，生怕主管或其他同事提问，近来担心他们认为自己的工作能力差，在谈工作时总是希望赶紧讲完，能不说的就不说。脾气也变得暴躁，看什么都不顺眼。难以入睡，有时半夜醒来，头痛、头晕、心烦，近来常找理由不参加公司周例会。

求助者有一次在茶水间听到同事聊天，提到刚来的一个新员工，一个同事说"她是大专毕业，没什么本事"，另一同事说"公司现在招人的水准越来越低了，以后找机会我也走了，再待下去自己也快没档次了"。求助者想到自己的大专文凭，发现在别人眼里学历依然被看重，觉得自己在人面前更抬不起头来，也更不愿意与人交流。

为此，求助者曾去过综合医院诊治，没有发现器质性疾病，医生建议去心理门诊，因此来做心理咨询，希望自己的纠结得到缓解。

多选：57. 该求助者的主要情绪问题包括____。

(A) 焦虑　(B) 抑郁　(C) 强迫　(D) 恐怖

多选：58. 该求助者的主要身体症状包括____。

(A) 失眠　(B) 头痛　(C) 出汗　(D) 心烦

多选：59. 该求助者心理问题的主要原因包括____。

(A) 频繁辞职　(B) 自卑　(C) 与主管争执　(D) 回避他人

多选：60. 该求助者心理冲突性质属于____。

(A) 常形　(B) 与现实相关　(C) 变形　(D) 与道德相关

单选：61. 对该求助者的社会功能的判定是____。

(A) 轻度受损　(B) 中度受损　(C) 重度受损　(D) 没有受损

单选：62. 对该求助者初步的诊断是____。

(A) 一般心理问题　(B) 神经症性心理问题

(C) 严重心理问题　(D) 精神病性问题

单选：63. 该求助者的压力包括____。

(A) 生物性压力　(B) 叠加性压力　(C) 精神性压力　(D) 社会性压力

多选：64. 该求助者的不合理信念包括____。

(A) 低工资的工作没任何价值　(B) 生怕主管和同事提问

(C) 别人肯定瞧不起自己学历低　(D) 别人总在议论自己

多选：65. 合理情绪疗法使用的技术包括____。

(A) 产婆术式辩论　(B) 合理情绪想象技术

(C) 家庭作业　(D) 自我管理程序

单选：66. 对该求助者频繁地更换工作，心理咨询师恰当的做法是____。

(A) 劝其增强意志品质　(B) 批评其不负责任

(C) 给其具体指导意见　(D) 接纳其行为表现

案例七

一般资料：求助者，女性，17 岁，高中二年级学生。

案例介绍：求助者一年多前，因严重的胃炎住院治疗，经历多种治疗，也为此耽误了学习，使求助者感到生病很可怕。求助者的母亲常常非常严肃地告诉她不认真洗手会得病的。以后，每次放学后，都要认真洗手。总要洗好几遍手，还是担心没洗干净。明知已经挺干净了，可仍然还是控制不住要再洗几遍，否则就心慌，总担心"万一手没洗干净呢？"。每次吃饭前，都要反复洗手，还要数洗了几遍。近来不吃饭时也要经常洗手，为此耽误了大量时间，自己知道其实没有必要，很想控制住自己，但就是控制不住，为此十分苦恼。以至于近来无法上学。担心自己是否会得精神病，时常情绪低落，失眠，经常头痛，反复看病就医，但是，又不愿吃医生开的药，因为说明书上说有很多副作用。父母觉得孩子没有精神病，不愿让她看精神科，为此陪她来咨询。

求助者父母反映：求助者是独生子女，家里管教很严，不许与其他小朋友玩，每天按时吃饭睡觉。上学后，学习根认真，各门功课都是优秀，很听父母的话，做事很认真，比较胆小，同学关系一般。情绪一度低落，睡眠不好。

多选：67. 求助者的症状主要包括____。

（A）焦虑情绪　（B）抑郁情绪　（C）强迫观念　（D）强迫行为

单选：68. 求助者没有出现的生理症状是____。

（A）心慌　（B）失眠　（C）头痛　（D）厌食

单选：69. 求助者的主要行为症状是____。

（A）反复洗手　（B）反复询问　（C）反复拒绝　（D）反复哭泣

单选：70. 求助者没有出现的情绪症状是____。

（A）担心害怕　（B）情绪低落　（C）经常头痛　（D）紧张恐怖

单选：71. 在该求助者身上没有体现出的特点是____。

（A）青年女性　（B）反复洗手　（C）个性偏执　（D）情绪低落

单选：72. 该求助者的心理特点是____。

（A）家教严格　（B）胆小怕事　（C）成绩下降　（D）头痛失眠

多选：73. 判断求助者心理是否正常的依据包括____。

（A）有自知力　（B）主动求医

（C）症状严重程度　（D）社会功能受损

单选：74. 求助者心理问题的原因不包括____。

（A）性格因素　（B）认知因素　（C）考试压力　（D）母亲的压力

多选：75. 求助者性格形成的因素可能包括____。

（A）父母管教　（B）独生子女　（C）学习环境　（D）成绩下降

多选：76. 求助者的性格特点不包括____。

（A）过分要求自己　（B）过分追求完美

（C）过分多愁善感　（D）过分自以为是

单选：77. 求助者心理问题的关键点是____。

（A）自卑和父母批评　（B）担心和害怕得病

（C）焦虑和要求过高　（D）抑郁和失去工作

多选：78. 影响求助者的生活事件包括____。

（A）住院治疗　（B）小时候不能单独玩

（C）耽误学业　（D）不洗手吃东西被训

单选：79. 排除求助者精神病性精神障碍的依据不包括____。

（A）无抑郁症状　（B）无幻觉症状　（C）无妄想症状　（D）无思维障碍

多选：80. 排除求助者抑郁症的依据包括____。

（A）病程特点　（B）无兴趣缺乏　（C）无食欲下降　（D）无自杀观念

多选：81. 对该求助者咨询时需关注的包括____。

（A）成绩改变　（B）行为改变　（C）情绪改变　（D）认知改变

案例八

一般资料：求助者，男性，18 岁，大学一年级学生。

案例介绍：求助者考入省外大学，开始独立生活。每天的学习都很紧张，还要料理自己的生活，有些手忙脚乱，疲惫，感到不适应，觉得自己不能独立生活，想家。有时睡不着，常常梦到父母。在街上、校园里听到的都是当地的口音，感觉自己是外乡人，有孤独感。上课经常走神，学习效率受影响，盼着早点放假回家。求助者与同学的关系一般，因生活琐事与宿舍室友关系紧张，想换宿舍学校没同意，心情不好，内心痛苦，经辅导员做工作后没有明显好转，在老乡的陪同下来心理咨询。

心理咨询师观察了解到的情况：求助者是独生子，性格内向，在家很受宠爱，自幼没有单独离开过家，上大学前很多生活琐事都由父母料理，连自己的衣服鞋袜都不用洗。

多选：82. 该求助者没有出现的躯体症状包括____。

（A）心慌　（B）失眠　（C）疲惫　（D）消瘦

单选：83. 该求助者的情绪症状是____。

（A）内心痛苦　（B）适应障碍　（C）想家失眠　（D）关系紧张

多选：84. 该求助者在学校遇到的生活事件包括____。

（A）感到孤独　（B）与室友关系紧张

（C）异地上大学　（D）盼望放假回家

多选：85. 该求助者产生心理问题的原因包括____。

（A）性格因素　（B）认知因素　（C）同乡较少　（D）高分入学

多选：86. 对该求助者进行初步诊断需排除____。

（A）精神病性问题　（B）一般心理问题

（C）神经症性问题　（D）器质性病变

多选：87. 对该求助者的提问不恰当的包括____。

（A）责备性提问　（B）开放式提问　（C）多重性提问　（D）封闭式提问

多选：88. 咨询师在本案例中可以使用的会谈法包括____。

（A）摄入性会谈　（B）指导性会谈　（C）治疗性会谈　（D）引导性会谈

多选：89. 在影响咨询关系的因素中，求助者方面的因素包括____。

（A）咨询动机　（B）咨询理论　（C）合作态度　（D）咨询理念

多选：90. 在本案例中的咨询方案应包括____。

（A）咨询目标　（B）咨询地点　（C）所用方法　（D）咨询时间

案例九

下面是某求助者的 WAIS-RC 的测验结果：

	言语测验							操作测验							言语	操作	总分
	知识	领悟	算术	相似	数广	词汇	合计	数符	填图	积木	图排	拼图	合计				
原始分	19	17	15	24	11	67	153	58	10	33	8	1	110	量表分	72	50	122
量表分	11	10	13	15	9	14	72	13	7	10	8	12	50	智商	112	96	105

单选：91. 根据测验结果，可以判断该求助者数字符号测验得分的百分等级是____。

（A）16　　（B）50　　（C）84　　（D）98

多选：92. 根据该求助者的词汇得分，可以判断其____。

（A）言语的理解能力较强　　（B）知识面较广

（C）抽象思维及概括能力较强　　（D）具有一定的特殊能力

多选：93. 以下说法正确的包括____。

（A）韦氏智力测验具有复杂的结构，能较好地反映一个人智力的全貌

（B）各分测验的项目难度完全适宜

（C）该求助者测验结果中 PIQ96 分是导出分数

（D）FIQ 是 PIQ 和 VIQ 的平均值

案例十

下面是某求助者的 MMPI 的测验结果：

量表	Q	L	F	K	Hs	D	Hy	Pd	Mf	Pa	Pt	Sc	Ma	Si
原始分	5	7	30	11	24	26	32	21	36	16	26	24	17	38
K 校正分							?	?			?	?	?	
T 分	45	55	86	47	78	84	66	54	39	58	60	50	49	51

单选：94. 精神衰弱量表的 K 校正分应当是____。

（A）28　　（B）30　　（C）32　　（D）37

多选：95. 以下说法正确的包括____。

（A）校正量表用于修正全部临床量表

（B）只做前 399 题，即可得到该测验结果

（C）该求助者可能符合某种神经症的临床诊断

（D）诈病量表得分较高可以判断该求助者伪装疾病

多选：96. 从测验结果来看，可以判断该求助者主要表现包括____。

（A）该求助者可能有躯体化障碍、情绪低落等症状

（B）可能有行动缓慢、淡漠、悲观等临床表现

（C）可能具有多疑、孤独以及过分敏感等特征

（D）表现外向、爱交际、富于表情

案例十一

下面是某求助者的 SCL-90 测验结果：

因子名	躯体化	强迫症状	人际关系敏感度	抑郁	焦虑	敌对	恐怖	偏执	精神病性	其他
因子分	4.3	3.7	2.1	1.6	4.5	1.7	3.6	1.6	3.5	3.9

多选：97. 从测验结果来看，该求助者可能存在____。

(A) 心境低落、悲观、失望　(B) 紧张、神经过敏

(C) 自卑、懊丧、不好相处　(D) 饮食、睡眠问题

单选：98. 通过计算，该求助者的阳性项目均分约为____。

(A) 4.7　(B) 4.1　(C) 3.5　(D) 2.8

案例十二

下面是某求助者的 EPQ 的测验结果：

	粗分	T 分		粗分	T 分
P	9	65	N	22	75
E	15	60	L	4	25

多选：99. 该求助者属于____。

(A) 多血质气质类型　(B) 胆汁质气质类型

(C) 倾向外向型　(D) 典型外向型

多选：100. 该求助者的 EPQ 测验得分高于常模平均数一个以上标准差的量表是____。

(A) P　(B) E　(C) N　(D) L

第二部分　案例问答题

本部分采取专家阅卷，1~4 题，满分 100 分。请在答题纸上写明题号，用钢笔、圆珠笔按要求作答。

般资料：求助者，女性，22 岁，未婚，大学毕业，几个月前进入工作单位习。

求助者主诉：近两个月来，心情烦躁，失眠，食欲差，考虑是否要另找工作。

求助者自述：我今年大学毕业后，本想继续读研，但觉得没什么合适的专业，同时也不想再依靠父母，因此便开始寻找工作。后进入了一家旅行社的签证部工作，我对工作很有热情，和同事之间相处也比较愉快，很受领导的喜爱。但由于缺乏旅游管理工作方面的专业知识，并且英语水平较差，进入实际工作后遇到了很多困难。可每当我向有经验的同事虚心请教时，都感觉大家在敷衍自己，觉得不被认可。我经常要加班到深夜，因此与男朋友相处的时间也大大减少，在一定程度上影响到了两人的感情。一个多月前，签证部部分职员外出受训，我们留下的人的工作量大大增加。我时常担心自己经手的签证表格出差错，因此每次都

要反复检查几遍才会上交。但在一次办理加急签证表格时，还是出现了错误，耽误了旅客的出行，被投诉，为此遭到了上司的批评，同事也嘲笑自己犯低级错误，使自己深受打击。自此之后，我有时感到自己很没用，考虑要不要离开现在的单位。工作和人际关系压力大，晚上入睡困难，胃口也不太好。我非常希望您能够帮我走出困境。

咨询师观察了解到的情况：求助者是独生女，从小被父母及祖辈宠爱，依赖性强。和男友相处四年，关系融洽，但男友在工作方面不能给予求助者所期望的帮助和支持。求助者神态正常、衣着整洁，讲话思路清晰、言语流利。谈到工作困难和与同事关系的问题时，显得烦恼和焦虑。

心理测验结果：

1. EPQ(T 分)：E 项得分 61，P 项得分 49，N 项得分 69，L 项得分 44。

2. SAS：标准分 54 分。

请根据案例回答以下问题：

一、请对该求助者做出初步诊断并说明诊断依据。(30 分)

二、简要分析求助者的心理测验结果。(25 分)

三、请根据合理情绪疗法的理论指出该案例中求助者存在的不合理信念及具体体现。(25 分)

四、心理咨询过程中经常出现依赖现象，请简述依赖现象的表现及对依赖的处理原则。(20 分)

参考答案

卷册一：职业道德与理论知识部分

题号	1	2	3	4	5	6	7	8		
答案	C	A	B	A	B	D	B	B		
题号	9	10	11	12	13	14	15	16		
答案	ABC	ABC	AB	BCD	ABC	ABC	BCD	CD		
题号	17	18	19	20	21	22	23	24	25	
答案	——									
题号	26	27	28	29	30	31	32	33	34	35
答案	C	D	B	C	A	C	B	B	D	D
题号	36	37	38	39	40	41	42	43	44	45
答案	B	D	C	D	D	B	B	C	B	D

题号	46	47	48	49	50	51	52	53	54	55
答案	B	B	A	D	B	C	C	B	C	A
题号	56	57	58	59	60	61	62	63	64	65
答案	C	A	D	C	B	D	A	B	C	A
题号	66	67	68	69	70	71	72	73	74	75
答案	D	C	B	D	C	D	A	B	D	B
题号	76	77	78	79	80	81	82	83	84	85
答案	A	C	D	A	B	D	C	A	D	B
题号	86	87	88	89	90	91	92	93	94	95
答案	BC	ABC	ACD	BC	ABC	BC	BCD	ABD	ACD	BD
题号	96	97	98	99	100	101	102	103	104	105
答案	ABC	AB	ABD	ABC	BCD	ABD	BC	AB	CD	CD
题号	106	107	108	109	110	111	112	113	114	115
答案	BC	AD	BD	ABD	AD	ABC	BD	ABC	ACD	ABC
题号	116	117	118	119	120	121	122	123	124	125
答案	BCD	ABCD	ABD	ABC	ABD	AD	ABCD	ABC	ACD	AC

卷册二：技能选择与案例问答部分

题号	1	2	3	4	5	6	7	8	9	10
答案	ABC	ABD	BCD	B	C	BD	B	BCD	ABCD	A
题号	11	12	13	14	15	16	17	18	19	20
答案	AD	ABC	D	B	A	ABCD	BCD	D	AC	BD
题号	21	22	23	24	25	26	27	28	29	30
答案	ABCD	AB	CD	ABCD	AC	B	ABC	BD	B	BC
题号	31	32	33	34	35	36	37	38	39	40
答案	D	ABCD	C	BCD	C	ACD	B	D	AD	A
题号	41	42	43	44	45	46	47	48	49	50
答案	BCD	ABCD	A	A	ABD	ABC	D	AC	C	A

题号	51	52	53	54	55	56	57	58	59	60
答案	CD	B	D	ABD	BCD	ACD	ABD	ABC	BC	ABD
题号	61	62	63	64	65	66	67	68	69	70
答案	B	C	B	AC	ABCD	D	ABCD	D	A	D
题号	71	72	73	74	75	76	77	78	79	80
答案	C	B	AB	C	AB	CD	B	ACD	A	ABD
题号	81	82	83	84	85	86	87	88	89	90
答案	BCD	AD	A	BC	AB	ACD	AC	AC	AC	ACD
题号	91	92	93	94	95	96	97	98	99	100
答案	C	ABC	AC	D	BC	AB	BCD	B	BC	AC

一、(30 分)

初步诊断为一般心理问题。诊断依据如下：

(1) 无明显器质性病变的证据，排除躯体疾病；

(2) 根据区分正常与异常的心理学原则，该求助者主客观世界统一，精神活动内在协调一致，人格相对稳定，可排除精神病；

(3) 症状由现实刺激引发，心理冲突为常形；

(4) 情绪无泛化，情绪问题仅局限于工作困难和同事关系，可排除严重心理问题；

(5) 内心痛苦，症状持续时间不超过两个月，社会功能轻度受损。

二、(25 分)

艾森克人格问卷各量表的 T 分处于 43. 3~56. 7 分之间，性格是介于内向和外向之间的中间型(略偏外向)；N 量表 69 分，大于 61. 5 分，气质不稳定。外向不稳定的气质类型为胆汁质。

SAS：标准分 54 分，介于 50~59 之间，属于轻度焦虑状态。

三、(25 分)

绝对化的要求：求助者工作中遇到了很多困难，每当她向有经验的同事虚心请教时，都感觉大家在敷衍她，觉得不被认可。求助者觉得自己虚心请教，同事就“应该”认真帮助她，这种“应该”的想法属于绝对化的要求。

以偏概全，糟糕至极：求助者因为一次工作失误受批评，就认定自己没有用，考虑离开现在的单位，这是一种以偏概全，且糟糕至极的不合理信念。

四、(20 分)

依赖的表现形式：不易察觉的形式；阻抗的形式；间接的形式；直接的形式。

对依赖的处理原则：

（1）务必向求助者讲清心理咨询的性质、发生效果的机制，使求助者对心理咨询有正确的认识，对咨询效果有理性的期待；

（2）对求助者的依赖要及时发现并处理，应鼓励求助者自己进行探索、自己努力来解决自己的问题；

（3）咨询师必须坚持正确的咨询理念，以促进求助者的心理成长为咨询的总目标，以促进求助者心理能力提高，视自己探索、解决问题为己任。

2013年5月三级心理咨询师鉴定真题

(卷册一：职业道德与理论知识部分)

第一部分　职业道德

(第1~25题，共25道题)

一、职业道德基础理论与知识部分(1~16题)

答题指导：

1. 该部分均为选择题，每题均有四个备选项。其中，单项选择题只有一个选项是正确的，多项选择题有两个或两个以上选项是正确的。

2. 请根据题意的内容和要求答题，并在答题卡上将所选答案的相应字母涂黑。

3. 错选、少选、多选，则该题均不得分。

(一)单项选择题(1~8题)

1. 马克思主义伦理学认为，道德属于____。

(A) 经济基础　(B) 上层建筑　(C) 管理体制　(D) 自发现象

2. 下列说法中，正确反映职业道德特征的是____。

(A) 全行业的共同性　(B) 利益无关性

(C) 表现形式的多样性　(D) 高度强制性

3. 社会主义职业道德建设的核心是____。

(A) 坚持以人为本　(B) 企业和谐发展

(C) 尊重员工意愿　(D) 为人民服务

4. 在职业活动内在的道德准则中，对“勤勉”的正确理解是____。

(A) 加班加点，放弃休息，努力工作

(B) 即使不情愿工作，也要服从上司的安排

(C) 集中精力做好本职工作，不三心二意

(D) 不计时间，不计成本的完成工作

5. 实施职业化管理靠的是____。

(A) 制度　(B) 直觉　(C) 灵活应变　(D) 领导示范

6. 下列关于职业技能层次性特点的理解，正确的是____。

(A) 实践中总是要求从业人员先学基础理论知识，后掌握技能

(B) 每一项技能操作总会有第一、第二的步骤和程序性要求

（C）只有按照层次性的要求去做，才能真正掌握出色技能

（D）同一职业领域因工种的级别要求和技术含量不同而存在差异性

7. 对于从业人员来说，“学习”的伦理意义在于____。

（A）学习是获得技能、赢得丰厚收入的手段

（B）学习是自我发展和企业发展的有效途径

（C）学习是树立个人形象的最佳手段

（D）学习是获得上司赏识的一种手段

8.《公民道德建设实施纲要》对从业人员提出的要求包括：爱岗敬业、诚实守信、办事公道、服务群众和____。

（A）奉献社会　（B）平等博爱　（C）爱国创新　（D）包容厚德

（二）多项选择题（9～16 题）

9. 关于职业化管理，正确的说法是____。

（A）通过职业化管理，使从业人员在职业道德上符合要求

（B）通过职业化管理，使工作流程和产品质量标准化

（C）虽然企业文化十分重要，但不能作为职业化管理的内容

（D）职业化管理还包含着标准化和规范化的特征

10. 关于爱岗与敬业的关系，正确的说法是____。

（A）即使不爱岗，也要坚持敬业　（B）如果不爱岗，就很难做到敬业

（C）把二者联系起来没有意义　（D）不敬业的人不可能做到爱岗

11. 下列属于“世界 500 强企业关于优秀员工的 12 条核心标准”的是____。

（A）建立良好的人际关系（B）了解工作的意义和目的，自动自发地工作

（C）对自己的行为负责，不找任何借口（D）无论企业如何经营都忠诚地站在企业一边

12. 我国传统道德中的“诚”的含义包括____。

（A）自然万物的客观实在性　（B）对“天道”的真实反映

（C）忠于本心的待人接物的态度　（D）言行一致的品行

13. 根据“关于禁止商业贿赂行为的暂行规定”，下列对“佣金”的理解，正确的是____。

（A）佣金及雇佣劳动所得，凡佣金皆为合理收入

（B）佣金有一定数额限度要求，只有较小数额的收入才可叫做佣金

（C）经营者购买、销售商品，可以以明示方式给中间人佣金

（D）经营者和中间人给予和接受佣金的，必须如实入账

14. 下列关于职业纪律的说法，正确的是____。

（A）职业纪律是必要的，但会扼杀创造力

（B）职业纪律关系到企业的生存和发展

（C）职业纪律适合自己就留下，反之则离开

（D）职业纪律在本质上有助于个人成长和发展

15. 下列关于“节约”的说法中，正确的是____。

（A）节约既是个人美德，也是职业道德

（B）有钱人无需节约，无钱人要加强节约

（C）节约是提高生产力的重要措施

（D）如今，提倡节约不利于拉动内需

16. 下列关于职业道德规范“合作”的说法中，正确的是____。

（A）在分工越来越细化的情况下，不宜过分倡导合作

（B）合作不反对、排斥竞争，倡导在合作中争先创优

（C）合作体现了团队精神，有利于个人成长

（D）合作不可随波逐流，需坚持原则和坚守底线

二、职业道德个人表现部分(17~25题)

答题指导：

1. 该部分均为选择题，每题均有四个备选项，您只能根据自己的实际状况选择其中一个选项作为您的答案。

2. 请在答题卡上将所选择答案的相应字母涂黑。

17. 几名员工在车间负责组装工作，具体任务是用螺丝、螺母等零件把分散的仪器变成一个整体。对于这些小部件安装的圈数、力度，公司都有明文规定。对于他们的下列做法，你赞同的是____。

（A）甲总担心螺丝、螺母都会松动，每一次他都会比规定的拧得更紧一些

（B）乙总怀疑螺丝、螺母的耐受力有限，每一次他都会比规定的拧得松一些

（C）丙按照规定拧螺丝、螺母，但总会不放心地用手试一试是否牢固

（D）丁按照规定拧螺丝、螺母后，总是很放心地去组装下一个仪器

18. 某高科技制药公司委托中间人老张请一知名艺人为其产品做形象代言，围绕广告词，艺人、老张以及艺人的助理和妻子产生了分歧，对他们的说法，你赞同的是____。

（A）艺人：“这广告词太夸张了，我不能瞎吹牛，否则太影响我的声誉了。”

（B）老张：“我已经答应制药公司，广告词就得这样说，否则就是不讲信用。”

（C）助理：“反正合同约定了，一旦出事儿，后果完全由他们制药公司负责。”

（D）妻子：“做这事得问问心里是不是安生，药品可是人命关天的大事呀。”

19. 某企业招聘，面试中有一道必答题“你如何看待金钱”。不同应聘人员给出了不同回答。下列回答中，你认同的是____。

（A）“别把金钱当回事，钱不代表幸福。”

（B）“我不缺钱，但也从来不拒绝钱，虽然钱乃身外之物。”

（C）“员工通过企业赚钱，是互利共赢的事。”

（D）“无论谁都要赚合理的钱，也要合理地赚钱。”

20. 主管临时交办你去完成一项工作，你对这项工作感到厌烦、抵触，一是因为难度虽然不大，但颇费时间；二是即使不去做这项工作，也不至于产生不利影响。这时，你会____。

（A）按主管的要求去做　　（B）主管催时再去做

（C）向主管委婉说明不愿意做的理由　　（D）不去管它，继续做自己的工作

21. 某同事的家里遭遇困难，向你借钱，你答应用全部积蓄帮助他。但你这边刚刚答应完同事，千里之外老家的父母突然又打电话要钱，情况同样紧急。这时，你会____。

（A）向同事说明情况，支持同事一部分，大部分给家里

（B）向同事说明情况，不能再借钱给他了

（C）左右为难，对同事先拖一拖再说

（D）会拿自己的钱支持同事，再借钱解决家里的困难

22. 假设你所在的公司由于大环境的影响越来越不景气，同事们纷纷“跳槽”。这时，你会____。

（A）随大家一起跳槽

（B）加倍努力工作，和公司一起渡过难关

（C）一边坚持在公司工作，一边寻找合适的单位

（D）没有好的工作机会，坚持一段时间再说

23. 员工张某结婚购房，债台高筑。还债的巨大压力几乎将他压垮，无奈之下，他私自把公司软件卖给了竞争对手。此事被同事李某发现，李某要挟张某，不给自己一笔好处费，便去告发张某。假如你是张某，你会____。

（A）答应李某，免于告发　　（B）把钱退给买软件的竞争对手

（C）一走了之　　（D）向公司坦白

24. 假如你发现公司的某个员工有违法、违规行为，而这个人恰恰是你的好友，你会____。

（A）为了不影响双方的友谊，睁一只眼闭一只眼　（B）会告知主管，但要求他为自己保密

（C）劝好友引以为戒，杜绝此类事件再发生（D）劝好友主动向公司说清情况

25. 某员工要向你讲述领导们的私密，虽然都是一些子虚乌有的事情，但对领导们的形象有很大负面影响。这时，你会____。

（A）为了同事对自己的这份信任，会听他讲述，但不会相信

（B）会找些自己忙的理由，拒绝听这样的事

（C）会劝他不要听信和随便讲述这些事，以免引火上身

（D）会仔细地听，但会一笑了之

第二部分　理论知识

（第 26~125 题，共 100 道题，满分为 100 分）

一、单项选择题（26~85 题，每题 1 分，共 60 分。每小题只有一个最恰当的答案，请在答题卡上将所选答案的相应字母涂黑）

26. 与早期行为主义关系最密切的概念是____。

（A）内省实验法　（B）自我实现　（C）环境决定论　（D）潜意识

27. 脑神经有____对。

（A）5　（B）12　（C）8　（D）31

28. 视觉中枢位于____。

（A）海马　（B）中央前回　（C）枕极　（D）中央后回

29. 巴普洛夫研究的条件反射是____。

（A）操作条件反射　（B）工具条件反射　（C）经典条件反射　（D）无条件反射

30. 保护暗适应的方法是带____色眼镜。

（A）红 （B）蓝 （C）绿 （D）黄

31. 一般情况下，听觉感受性在____逐渐下降。

（A）35 （B）50 （C）60 （D）75

32. 思想开小差是注意____。

（A）转移 （B）分散 （C）动摇 （D）起伏

33. 直接影响活动效率，使活动顺利完成心理特征称为____。

（A）意志 （B）能力 （C）素质 （D）性格

34. 社会需要是____。

（A）物质需要 （B）缺失性需要 （C）生物需要 （D）获得性需要

35. 信念属于态度的____成分。

（A）行为 （B）行为倾向 （C）情感 （D）认知

36. 向别人讲心里话，坦率地表白自己，称为____。

（A）自我整饰 （B）自我暴露 （C）自我推销 （D）自我觉察

37. 外貌好的人往往其他方面也被别人作较高的评价，这种现象属于____。

（A）刻板印象 （B）近因效应 （C）第一印象 （D）光环效应

38. 影响说服效果的情境因素是____。

（A）卷入程度 （B）吸引力 （C）注意分散 （D）可信性

39. 一般情况下，人们倾向于把自己的失败归因为____。

（A）努力程度 （B）情境因素 （C）态度因素 （D）能力水平

40. 海德的态度转变理论是____。

（A）认知失调论 （B）角色理论 （C）社会交换论 （D）平衡理论

41. 个体因群体压力的影响，在心理和行为上表现出与群体中的多数人一致的现象是____。

（A）服从 （B）从众 （C）同化 （D）内化

42. 一般情况下，人很难随意控制身体语言是____。

（A）表情 （B）目光 （C）姿势 （D）动作

43. 根据安德森的研究，最受欢迎的特质是____。

（A）热情 （B）幽默 （C）真诚 （D）善良

44. 安斯沃斯的婴儿依恋类型不包括____。

（A）安全型 （B）回避型 （C）反抗型 （D）社会型

45. 皮亚杰的心理发展观认为心理起源于____。

（A）情绪 （B）后天的经验 （C）动作 （D）先天的成熟

46. 第一逆反期反抗的对象主要是____。

（A）父母 （B）伙伴 （C）老师 （D）兄妹

47. 小学阶段儿童思维结构特点是____。

（A）未掌握守恒 （B）掌握守恒

（C）思维不可逆 （D）不能把握本质

48. 人本主义认为，潜能的特征是____。

（A）趋向完美 （B）存在与责任冲突

（C）自我防御　　　　（D）变形的心理冲突

49. 健康心理学关注重点是____。

（A）矫正心理异常　　　　（B）身体健康与心理因素的关系

（C）维护心理健康　　　　（D）解决各种心理不健康的问题

50. 随境转移的现象是可能出现于____。

（A）思维云集　　（B）假性幻觉　　（C）思维奔逸　　（D）真性幻觉

51. 强迫观念是____。

（A）思维内容障碍　　（B）意志障碍　　（C）思维形式障碍　　（D）情绪障碍

52. 适应障碍的主要症状是____。

（A）思维迟缓　　（B）心理丧失感　　（C）意识狭窄　　（D）无力应付感

53. 一般适应症候群的阶段是____。

（A）2 个　　（B）4 个　　（C）3 个　　（D）5 个

54. 其数值只可以进行加减运算，而不能进行乘除的量表是____。

（A）命名量表　　（B）顺序量表　　（C）等距量表　　（D）等比量表

55. 任何测量都应具备两个要素，即参照点和____。

（A）代表性　　（B）等距性　　（C）等比性　　（D）单位

56. 样本大小适当的关键是样本要有____。

（A）代表性　　（B）相关性　　（C）可比性　　（D）特殊性

57. 在百分为常模中，应用最广的表示个体在常模团体所处的位置是____。

（A）百分点　　（B）百分等级　　（C）四分位数　　（D）十分位数

58. 在不同的时间内用同一测验重复同一受测者，所得结果的一致性被称为____。

（A）信度　　（B）效度　　（C）难度　　（D）区分度

59. 对于中等难度的测验。如果受测者样本具有代表性，其测验总分的分布应接近____。

（A）正偏态　　（B）U 型　　（C）负偏态　　（D）常态

60. 健康心理咨询主要针对____的求助者

（A）为突破个人弱点而求助　　　　（B）因为环境变化引起的困惑

（C）为选择适合职业而求助　　　　（D）因为挫折引起的行为问题

61. 三岁以前的婴幼儿，心理健康最大的威胁是____。

（A）缺少早期的教育　　　　（B）好奇心得不到满足

（C）营养得不到满足　　　　（D）安全得不到满足

62. 初诊接待应该使求助者感到____。

（A）快乐　　（B）自在　　（C）满意　　（D）兴奋

63. 简要重复求助者叙述的内容，并顺便提出一个问题，这种转换话题的方法是____。

（A）中断　　（B）情感反射　　（C）释义　　（D）情感引导

64. 三级心理咨询师为了诊断的目的而提出的谈话目标可以作为____。

（A）心理咨询师的理论指导　　　　（B）选择会谈方式的原则

（C）摄入性会谈的参照点　　　　（D）控制会谈方向的方法

65. 咨询性会谈主要是帮助求助者解决____。

(A) 发展问题 (B) 情绪障碍 (C) 健康问题 (D) 认知障碍

66. 严重心理问题的最主要的诊断要点是____。

(A) 反映对象分化 (B) 刺激强度 (C) 反映对象泛化 (D) 刺激时间

67. 神经症性问题的最主要的鉴别点是出现____。

(A) 变形的心理冲突 (B) 认知障碍

(C) 常形的心理冲突 (D) 情绪障碍

68. 下列说法中正确的是____。

(A) 尊重和真诚难以兼顾

(B) 对于品行有问题的求助者持否定态度，可以表达咨询师的真诚

(C) 对求助者讲原则，论是非，是不尊重的表现

(D) 真诚是尊重的基础

69. “真诚不等于实话实说”的含义是____。

(A) 真诚与实话之间没有联系 (B) 表达真诚不能通过言语

(C) 表达真诚应有助于求助者成长 (D) 实话实说只是表达真诚的一种方式

70. 共情对于咨询活动而言，最重要的意义在于____。

(A) 有利于咨询师个人成长 (B) 建立积极的咨询关系

(C) 有利于咨询师自我表达 (D) 可使求助者感到满足

71. 合理情绪疗法不适用____。

(A) 年轻的白领 (B) 领悟力高的人

(C) 过分偏执者 (D) 文化水平高的人

72. 在结束咨询关系时，最重要的是____。

(A) 确定咨询结束的时间 (B) 全面回顾和总结

(C) 帮助求助者运用所学的方法 (D) 让求助者接受离别

73. 不适宜作为咨询对象的求助者的特征是____。

(A) 人格正常 (B) 文化程度低 (C) 行动自觉 (D) 智力偏低

74. 合理情绪疗法中的 RSA 与 RET 技术的区别是____。

(A) RSA 技术要求求助者写出 ABCDE 各项

(B) RET 技术与不合理信念辩论为主

(C) RSA 技术不像 RET 技术那样有严格规范的步骤

(D) RSA 可以作为家庭作业

75. 在合理情绪疗法中，咨询师可以运用的黄金规则是____。

(A) 我对别人怎样，别人必须对我怎样

(B) 像你希望别人如何对待你那样去对待别人

(C) 别人必须喜欢我，接受我

(D) 滴水之恩，涌泉相报

76. 阻抗的本质是____。

(A) 求助者对于心理咨询过程中自我暴露与自我变化的精神防御与抵抗

(B) 求助者对于咨询师方案的抵制

(C) 咨询师对求助者异常行为的阻拦

(D) 咨询过程中出现的异常情况的总称

77. 在韦氏智力量表中，各分测验原始分转换成____。

(A) 标准九分　(B) T 分数　(C) 标准十分　(D) 标准二十分

78. 联合型瑞文测验(CRT)适合的年龄范围是____。

(A) 16 岁以上　(B) 2~18 岁　(C) 5~75 岁　(D) 18 岁以上

79. 在 MMPI 的 10 个临床量表中，英文缩写 Hy 指的是____量表。

(A) 疑病　(B) 癔症　(C) 抑郁　(D) 轻躁狂

80. 按照中国常模标准，MMPI 的 T 分在____以上，便可视为可能有病理性异常表现

(A) 55 分　(B) 60 分　(C) 65 分　(D) 70 分

81. 在卡特尔的人格理论中，把每个人都具有的特质称之为____。

(A) 共同特质　(B) 个别特质　(C) 根源特质　(D) 表面特质

82. 如果一位受测者在 EPQ 的 E 量表上的 T 分数为 35 分，则其性格倾向为____。

(A) 倾向外向　(B) 典型外向　(C) 倾向内向　(D) 典型内向

83. SCL-90 的统计指标主要有两项，即____和因子分。

(A) 阳性项目数　(B) 阳性项目均分　(C) 总分　(D) 阴性项目数

84. 在心理与行为评定量表中，英文缩写 SDS 指的是____。

(A) 抑郁自评量表　(B) 焦虑自评量表

(C) 生活事件自评量表　(D) 简明精神病量表

85. 关于 SAS 的计分方法，下列表述错误的是____。

(A) 各项目按频度分为 4 级评分　(B) 各项目得分相加得到总粗分

(C) 各项目均采用正向计分法　(D) 标准分化界值为 50 分

二、多项选择题(86~125 题，每题 1 分，共 40 分。每题有多个答案正确，请在答题卡上将所选答案的相应字母涂黑。错选、少选、多选，均不得分)

86. 注意分配的条件是同时进行的几种活动____。

(A) 必须在同一感觉通道里进行信息加工　(B) 必须在不同感觉通道里进行信息加工

(C) 其中必须有相当熟练的　(D) 之间存在着内在的联系

87. 动机产生的影响因素包括____。

(A) 需要　(B) 情绪　(C) 诱因　(D) 内驱力

88. 喜怒哀惧是四种____。

(A) 原始情绪　(B) 基本情绪　(C) 复合情绪　(D) 身体语言

89. 谈虎色变属于____。

(A) 无条件反射　(B) 第一信号系统的活动

(C) 条件反射　(D) 第二信号系统的活动

90. 内部感觉包括____。

(A) 运动觉　(B) 平衡觉　(C) 机体觉　(D) 皮肤觉

91. 激情的特点包括____。

(A) 短暂　(B) 爆发　(C) 强烈　(D) 弥散

92. 态度具有____等特性。

（A）社会性　　（B）内在性　　（C）稳定性　　（D）对象性

93. 沟通过程包含的要素有____。

（A）反馈　　（B）障碍　　（C）背景　　（D）信息

94. 影响喜欢的因素包括____。

（A）熟悉　　（B）才能　　（C）互补　　（D）外貌

95. 塔尔德的模仿律包括____。

（A）上升律　　（B）先内后外律　　（C）下降律　　（D）几何级数律

96. 关于爱情，正确的说法包括____。

（A）幼儿没有爱情体验　　（B）爱情是自私自利的

（C）爱情有生理基础　　（D）爱情是一种高级情感

97. 人们结婚的动机一般包括____。

（A）繁衍　　（B）爱情　　（C）利他　　（D）经济

98. 社会学系理论强调儿童习得社会行为的主要方式包括____。

（A）观察学习　　（B）机体成熟　　（C）替代性强化　　（D）社会环境

99. 幼儿口语表达能力发展的主要趋势包括____。

（A）从对话语向独白语发展　　（B）从独白语向对话语发展

（C）从情境语向连贯语发展　　（D）从连贯语向情境语发展

100. 小学阶段的儿童主要的记忆策略包括____。

（A）复诵　　（B）无意识记　　（C）组织　　（D）机械加工

101. 少年期的情绪变化特点包括容易____。

（A）伤感　　（B）孤独　　（C）压抑　　（D）烦恼

102. 弗洛伊德认为，心理异常的原因包括____。

（A）焦虑体验　　（B）固着　　（C）强烈刺激　　（D）内化

103. 对求助者自制力的分析应该包括____。

（A）心理活动是否协调　　（B）人格结构的稳定性

（C）能否觉察自身行为　　（D）对自己行为的解释

104. 心理因素队躯体疾病影响机制的解释包括____。

（A）认知系统的中介作用　　（B）体质压力论

（C）免疫系统的中介作用　　（D）器官敏感论

105. 压力临床类类型包括____。

（A）滞后性　　（B）心理的　　（C）及时型　　（D）社会的

106. 关于测验的客观性，正确的说法包括____。

（A）测验的刺激是客观的　　（B）对反应的量化是客观的

（C）对结果的推论是客观的　　（D）心理测验无法制定标准

107. 内容效度的评估过方法除了专家判断法和经验推测法外，还可采用一些统计分析方法，如____。

（A）计算评分者信度　　（B）计算复本信度

（C）因素分析法　　（D）再测法

108. 关于测验的难度，应试测验中包含的项目____。

（A）平均难度 0.7　　（B）难度在 0.5±0.2 之间
（C）平均难度 0.5　　（D）难度在 0.7±0.2 之间
109. 在完成心理测验时，常见的反应定势主要包括____。
（A）喜好非正面叙述　　（B）喜好长选项
（C）喜好特殊位置　　（D）求快求精
110. 心理咨询保密原则包括保密____。
（A）程序　　（B）内容　　（C）要求　　（D）例外
111. 涉入性会谈中不恰当的提问方式包括____。
（A）责备性问题　　（B）间接询问　　（C）解释性问题　　（D）多重提问
112. 收集临床资料的途径包括____。
（A）迹象分析　　（B）心理测验　　（C）家属报告　　（D）作品分析
113. 心理评估报告的内容应该包括____。
（A）原因分析　　（B）心理干预措施
（C）咨询目标　　（D）心理问题性质
114. 缺乏共情容易造成的后果包括____。
（A）求助者感到失望　　（B）求助者停止自我探索
（C）求助者逐渐减轻压力　　（D）咨询时停止主动探索
115. 积极关注的临床意义主要包括____。
（A）有助于建立咨询关系　　（B）促进咨询双方彼此了解
（C）本身具有咨询效果　　（D）有利于看清求助者的问题
116. 咨询方案中需要明确求助者的义务包括____。
（A）尊重咨询师　　（B）遵守咨询机构的相关规定
（C）遵守咨询方案　　（D）提供个人真实材料
117. 关于倾听技术，正确的做法包括____。
（A）认真、有兴趣地听　　（B）不仅用耳，更要用心
（C）不作价值评判　　（D）不做任何反应，以免干扰求助者
118. 封闭式询问的常用提问方式包括____。
（A）是不是　　（B）对不对　　（C）要不要　　（D）有没有
119. 使用面质技术应注意____。
（A）要有事实根据　　（B）避免个人发泄
（C）避免无情打击　　（D）话锋直率犀利
121. MMPI 临床量表包括____。
（A）社会内向　　（B）神经质　　（C）精神质　　（D）轻躁狂
122. 在实施 16PF 测验时，受测者应当记住的包括____。
（A）每题只能选择一个答案　　（B）不可漏掉任何测题
（C）为了诊断，可做前 399 题　　（D）尽量不选择中性答案
123. EPQ 分量表包括____。
（A）P 量表　　（B）E 量表　　（C）N 量表　　（D）L 量表
124. 按照中国常模标准，SCL-90 筛选阳性的标准为____。

(A) 总分超过 160 分　　(B) 阳性项目数超过 43 项
(C) 任一因子分超过 2 分　　(D) 阴性项目数超过 43 项

125. 肖水源编制的社会支持量表中，统计指标主要包括____。
(A) 客观支持分　　(B) 对支持的利用度
(C) 主观支持分　　(D) 总分

(卷册二：技能选择与案例问答部分)

第一部分　技能选择题

(第 1~100 题，共 100 道题)

本部分由十二个案例组成。请分别根据案例回答 1~100 题，共 100 道题。每题 1 分，满分 100 分。每小题有一个或多个答案正确，请在答题卡上将所选答案的相应字母涂黑。错选、少选、多选，则该题均不得分。

案例一

一般资料：求助者，男性，30 岁，公司职员。

案例介绍：求助者由于工作问题烦躁，情绪不好两个多月。

下面是心理咨询师与求助者之间的一段咨询对话：

心理咨询师：您好！请问我能为您提供什么帮助吗？

求助者：我最近心情不好，烦躁。

心理咨询师：您能谈谈是什么事让您感到烦躁吗？

求助者：主要是工作不顺心，领导排挤我。

心里咨询师：您的意思是，因为领导排挤您，所以您觉得在工作上不顺心，是吗？

求助者：是的。

心理咨询师：那您能谈谈是什么样的事情让您觉得领导排挤您吗？

求助者：我是一年前从国外留学回来，进入这家国企的，一直跟着现在的领导工作。这一年来，他总是让我做些收集资料、整理文件等无足轻重的事情，从没有交给我任何重要的工作。两个月前，我们部门有个大项目，我主动要求站在这个项目中参与一些重要的工作，他答应得挺好，结果还是让我做些辅助工作。

心理咨询师：因为这件事，您开始觉得领导排挤您？

求助者：是啊！他这就是排挤我啊！他一定是怕我这个海归博士盖过他的风头，所以处处压着我，不让我参与重要的工作。最近两个多月，见到本单位其他领导我都生气、心烦。父母有时劝我两句，我还和父母大发脾气，惹得父母伤心。

心理咨询师：听了您的叙述，我非常理解您的心情。在工作上，领导的做法让您觉得他排挤您，这让您感到愤怒、心烦，甚至影响了生活和您与父母的关系，对吗？

求助者：是啊！

心理咨询师：我想了解下，你们单位其他部门的新员工都承担了重要的工作吗？

求助者：没有，他们基本上和我差不多，都是做些无足轻重的工作。

心理咨询师：既然新员工做的工作都差不多，那您为什么就觉得您的领导排挤您呢？

求助者：我是海归博士啊，领导就应该重用我！

心理咨询师：你们这些员工中，只有您一个人是海归博士吗？

求助者：那倒不是。

心理咨询师：那其他的海归博士是否也觉得领导排挤他们呢？

求助者：这倒没听说。

心理咨询师：同样是领导暂时没有委以重任，为什么其他人都能接受，而您却认为领导排挤您呢？

求助者：难道是我的问题？

心理咨询师：应该说是您对这件事的想法存在问题。人们对事物都有一些自己的想法。有些想法是合理的，有些想法是不合理的。合理的想法导致恰当的情绪和行为，而不合理的想法则导致情绪困扰和行为问题。

多选：1. 该求助者的情绪症状包括____。

（A）紧张　（B）愤怒　（C）烦躁　（D）抑郁

单选：2. 按照合理情绪疗法 ABC 理论，该求助者的 A 是____。

（A）惹父母伤心　（B）回避同学朋友聚会

（C）领导排挤自己　（D）领导未委以重任

多选：3. 按照合理情绪疗法 ABC 理论，该求助者的 C 包括____。

（A）烦躁　（B）向父母发起脾气

（C）愤怒　（D）回避同学朋友聚会

多选：4. 按照合理情绪疗法 ABC 理论，引发该求助者心理问题的直接原因包括____。

（A）歪曲的认知　（B）现实的刺激　（C）不合理信念　（D）非理性思维

多选：5. 该求助者不合理信念的特征包括____。

（A）乱贴标签　（B）绝对化要求

（C）过分概括化　（D）选择性消极关注

多选：6. 心理咨询师还需要了解该求助者的资料包括____。

（A）人格特征　（B）躯体症状　（C）病程长短　（D）情绪症状

单选：7. 对该求助者最可能的诊断是____。

（A）一般心理问题　（B）严重心理问题

（C）精神病性问题　（D）神经症性心理问题

多选：8. 在咨询过程中，心理咨询师使用的提问技术包括____。

（A）间接询问　（B）开放式询问　（C）直接逼问　（D）封闭式提问

多选：9. 在咨询过程中，心理咨询师使用技术包括____。

（A）倾听　（B）重复　（C）解释　（D）面质

单选：10. 这段咨询最可能发生在____。

（A）心理诊断阶段　（B）领悟阶段　（C）再教育阶段　（D）修通阶段

多选：11. 合理情绪疗法中，认知性家庭作业主要包括____。

（A）自我管理程序　　（B）RET 自助表
（C）问题解决训练　　（D）合理自我分析报告

多选：12. 合理情绪疗法的局限性包括____。
（A）对于过分偏执的求助者可能难以奏效
（B）对于领悟困难的求助者可能难以奏效
（C）对于自闭症患者所提供的帮助是有限的
（D）不适用于急性精神分裂症患者

案例二

一般资料：求助者，女性，28，无业。

案例介绍：求助者由于孩子的问题前来咨询。

下面是心理咨询师与求助者之间的一段对话：

求助者：我儿子今年4岁，他胆子太小，到现在还不敢一个人去卫生间。我试着改掉他这个毛病，曾和孩子约定，他每次自己去卫生间后，我就给他讲一个有趣的故事。可这孩子一旦自己进入卫生间就怕得不行，有时气急了，我也打他几巴掌，但除了哭得更厉害以外，根本没效果。因为这个毛病，他根本无法适应幼儿园的生活。可是他总要上学的，到时候这个毛病改不了怎么办？一想到这事我就急得不行，您一定帮帮我啊！

心理咨询师：您的孩子4岁了，不敢自己去卫生间，一定要有您的陪伴才敢如厕，针对这个问题您尝试了一些方法，但不能奏效，这让您很焦虑，对吗？

求助者：是啊！我就是干着急？

心理咨询师：我也是个母亲，所以我非常理解您作为母亲的这种心情，也替您感到着急。既然您所用的方法都不奏效，那您愿意尝试一种新的方法吗？

求助者：当然愿意，什么方法啊？

心理咨询师：该方法具体步骤包括，当孩子进卫生间时候：①您陪在她旁边，但要把卫生间门打开；②您陪着他进入卫生间，把卫生间门打开，您就站在卫生间里面靠近门口的位置；③您不再进入卫生间，而是把卫生间门打开，站在卫生间外面靠近门口的位置；④您站在卫生间外面靠近门口的位置，把卫生间的门半掩上；⑤您站在卫生间外面靠近门口的位置，把卫生间的门关上；⑥您把卫生间的关上，然后离开。

多选：13. 在本案例中，求助者孩子的问题主要包括____。
（A）多动　　（B）胆小
（C）缄默　　（D）不敢自己如厕

多选：14. 在本案例中，心理咨询师持有的咨询态度包括____。
（A）同感心　（B）正视现实　（C）同理心　（D）积极关注

多选：15. 在本案例中，心理咨询师使用的参与技术包括____。
（A）内容反应　（B）开放式提问　（C）情感反应　（D）封闭式提问

多选 16. 在本案例中，心理咨询师使用的影响性技术包括____。
（A）解释　（B）内容表达　（C）指导　（D）情感表达

单选：17.“我试着改掉他这个毛病，曾和孩子约定，他每次自己去卫生间后，我就给他讲一个有趣的故事。”这表明求助者对孩子不敢如厕的行为采取了____。

（A）增强法　　（B）惩罚法　　（C）消退法　　（D）代币管制法

单选：18.“有时气急了，我也打他几巴掌……”这表明求助者对孩子不敢如厕的行为采取了____。

（A）增强法　　（B）惩罚法　　（C）消退法　　（D）代币管制法

单选：19. 在本案例中，心理咨询师建议求助者尝试新的方法属于____。

（A）消退法　　（B）阳性强化法　　（C）代币管制法　　（D）行为渐隐技术

单选：20. 在本案例中，心理咨询师建议求助者尝试新的方法的理论基础是____。

（A）人本主义　　（B）认知科学　　（C）行为主义　　（D）精神分析

多选：21. 行为疗法的理论基础包括____。

（A）认知理论　　（B）经典条件反射理论

（C）社会学习理论　　（D）操作条件反射理论

多选：22. 关于阳性强化法，正确说法包括____。

（A）阳性强化法要改变的行为应该是单一的、具体的

（B）阳性强化应该适时、适当

（C）强化物可由物质刺激逐渐变为精神奖励

（D）阳性强化就是正强化

案例三

一般资料：求助者，男性，40 岁，某机关处级干部。

案例介绍：求助者 10 年前离异。两年前，经人介绍，求助者与现在的妻子相识，并于一年前结婚。半年前，考虑到求助者父母的年纪越来越大，求助者便将一直生活在父母家的女儿接过来与自己同住。求助者没想到，正处于青春期的女儿与现在的妻子根本无法和平相处，两人经常发生争执。求助者曾多次做双方工作，但没有任何效果，家庭矛盾不断升级。两个月来，求助者想到家事就郁郁寡欢，心情烦躁，食欲下降，经常失眠，下班后不想回家，经常喝闷酒。工作时无精打采，效率下降，甚至多次出现差错。朋友担心他一直这样消沉下去，劝说他来寻求帮助。

心理咨询师观察了解到的情况：求助者内向，好强，工作能力强，人际关系好，深受领导和同事好评。

单选：23. 该求助者的症状持续时间是____。

（A）两个月　　（B）半年　　（C）一年　　（D）两年

多选：24. 该求助者的心理状态属于____。

（A）心理正常　　（B）心理异常　　（C）心理健康　　（D）心理不健康

单选：25. 对该求助者最可能的诊断是____。

（A）一般心理问题　　（B）严重心理问题

（C）躯体疾病　　（D）精神病性问题

单选：26. 在本案例中，恰当的咨询目标是____。

（A）家庭和睦　　（B）提高工作效率

（C）改善情绪　　（D）改善饮食、睡眠情况

多选：27. 该求助者心理问题的特点包括____。

（A）行为异常　　（B）人格障碍
（C）负性情绪　　（D）社会功能受损

多选：28. 对该求助者可选用的心理测验包括____。

（A）16PF　　（B）SAS　　（C）EPQ　　（D）SCL-90

多选：29. 在本案例中，求助者对咨询关系的建立与维护有至关重要的影响因素包括____。

（A）咨询动机　　（B）合作态度　　（C）期望程度　　（D）人格特征

多选：30. 验证临床治疗资料可靠性的方法包括____。

（A）补充提问　　（B）心理测验
（C）质疑对峙　　（D）比较统一资料的不同来源

单选：31. 面对求助者请求解决母女矛盾的问题，咨询师正确的做法是____。

（A）告诉其解决措施　　（B）促成母女来咨询
（C）明确婉转拒绝其请求　　（D）请上级咨询师解决

单选：32. 本案例中，对价值中立原则理解正确的是____。

（A）赞赏其离异后再婚　　（B）鼓励摆脱痛苦
（C）批评其没有搞好团结　　（D）接纳其喝酒

案例四

一般资料：求助者，女性，22岁，大学生。

案例介绍：求助者自幼学习成绩优异，进入大学后，每年都获得一等奖学金。一进入大四，求助者就开始复习，准备考研。三个多月前，参加了研究生入学考试。求助者感觉自己考得不错，没想到成绩公布出来，自己居然落榜了。得知落榜消息一个多月以来，求助者情绪低落，觉得自己真笨，真没用，只有不想考研的事情，求助者的心情才会好些。

心理咨询师观察了解到的情况：求助者父母均是中学教师，对求助者要求非常严格。求助者自幼争强好胜，追求完美。

单选：33. 该求助者的心理状态主要是____。

（A）恐惧　　（B）强迫　　（C）焦虑　　（D）抑郁

多选：34. 该求助者的人格特征包括____。

（A）性格内向　　（B）争强好胜　　（C）谨小慎微　　（D）追求完美

多选：35. 引发求助者心理问题可能原因包括____。

（A）考研落榜　　（B）不合理信念
（C）人格特征　　（D）父母要求严格

多选：36. 评估该求助者症状的严重程度，可选用的心理测验包括____。

（A）EPQ　　（B）LES　　（C）SDS　　（D）SCL-90

单选：37. 对该求助者最可能的诊断是____。

（A）一般心理问题　　（B）严重心理问题
（C）神经症性心理问题　　（D）精神病性障碍

多选：38. 该求助者的不合理信念的特征包括____。

（A）绝对化要求　　（B）过分概括化　　（C）糟糕至极　　（D）追求完美

单选：39. 适用于该求助者的心理咨询方法是____。

（A）代币管制法　　（B）合理情绪疗法

（C）阳性强化法　　（D）行为渐隐技术

单选：40. 咨询中，心理咨询师说："你刚才说自己真笨，但我记得你之前提到过，你从小到大学习成绩优异，进入大学后，每年都获得一等奖学金，你前后的表达似乎有矛盾，你觉得呢？"心理咨询师使用的技术是____。

（A）解释　　（B）重复　　（C）面质　　（D）积极关注

多选：41. 在本案例中，咨询方案应包括____。

（A）咨询方法　　（B）咨询的费用　　（C）咨询目标　　（D）咨询的次数

多选：42. 求助者的主要问题指的是求助者____。

（A）最关心的问题　　（B）最困扰的问题

（C）最迫切需要解决的问题　　（D）最先提出的问题

案例五

一般资料：求助者，女性，54 岁，某国企部门经理。

案例介绍：求助者与丈夫感情好，家庭条件优越。今年春节前得知儿子是同性恋，当时就被气疯了，丈夫和儿子发生了激烈的争吵。在接下来的两天里，求助者和丈夫都没有去上班，丈夫时而唉声叹气，时而火冒三丈，求助者则是默默流泪，两人都有一种绝望的感觉，感觉二十几年的努力白费了。大约三天之后，两人慢慢恢复平静，但求助者饮食、睡眠比以往差了许多，时常觉得胸闷、心慌，一想起儿子就会头痛。虽然每天能够正常上下班，但工作提不起精神，经常丢三落四，有时还因为自己的失误对下属发脾气。看到公司里和自己儿子年龄相仿的小伙子们在一起吃饭聊天就觉得别扭，怀疑他们的性取向也不正常。

心理咨询师观察了解到的情况：求助者衣着整洁但精神疲倦、焦虑，谈到儿子便会流泪。几个月来，儿子没有回过家，虽然打过几个电话，但交流很不愉快。求助者也因为儿子的问题不愿与亲戚朋友见面或通电话，觉得丢人。求助者希望咨询师不仅要帮助她自己，更要帮助她纠正儿子的性取向，让儿子成为一个正常人。

多选：43. 求助者目前的情绪症状包括____。

（A）愤怒　　（B）焦虑　　（C）抑郁　　（D）悲哀

多选：44. 求助者目前的躯体症状包括____。

（A）头晕　　（B）失眠　　（C）胸闷　　（D）恼怒

单选：45. 对该求助者最可能的诊断是____。

（A）一般心理问题　　（B）抑郁神经症

（C）严重心理问题　　（D）神经症性心理问题

单选：46. 求助者在得知自己儿子是同性恋最初三天的症状，最可能是____。

（A）转换性障碍　　（B）惊恐障碍

（C）急性应激反应　　（D）创伤后应激障碍

多选：47. 造成求助者心理问题的可能原因包括____。

（A）对年轻人的偏见　　（B）得知儿子的性取向

（C）存在不合理信念　　（D）更年期女性

多选：48. 如果求助者的儿子前来咨询，咨询师恰当的做法是____。

（A）指出同性恋的危害　　（B）接纳其性取向

（C）促使其与家人沟通　　（D）解决情绪困扰

多选：49. 求助者“因自己的失误对下属发脾气”，表明其____。

（A）内心有愤怒的情绪　　（B）运用了转移的防御机制

（C）情绪失控　　（D）运用了投射的防御机制

单选：50. 求助者请求咨询师帮助纠正儿子的性取向，说明其____。

（A）对咨询产生移情　　（B）对心理咨询缺乏了解

（C）有正确的求助动机　　（D）提出合理咨询目标

多选：51. 求助者因儿子问题不愿与亲戚朋友见面通电话，觉得很丢人，其不合理信念的特征包括____。

（A）绝对化要求　（B）糟糕至极　（C）过分概括化　（D）夸大和缩小

多选：52. 求助者因为儿子的性取向引发心理冲突，其不合理信念包括____。

（A）绝对化要求　　（B）过分概括化

（C）糟糕至极　　（D）贴标签或错贴标签

多选：53. 对于该求助者，还需要了解的资料包括____。

（A）个性特点　（B）成长经历　（C）既往病史　（D）家庭条件

多选：54. 本案例恰当的咨询目标包括____。

（A）重新认识儿子的问题　　（B）改善求助者的情绪状态

（C）促使其儿子改变性取向　　（D）协助求助者面对现实

案例六

一般资料：求助者，女性，某公司副总经理。

下面是心理咨询师与求助者的一段咨询对话：

心理咨询师：您好！您希望在哪些方面得到我的帮助？

求助者：我最近一段时间，确切地说两个月左右，经常控制不住自己的情绪，有时对下属发脾气，有时是莫名奇妙地紧张和担忧。

心理咨询师：您能具体说说是什么原因导致您产生这样的情况吗？

求助者：具体是什么原因我也说不准，其实最近我们公司老总看我工作很辛苦，嘱咐我多注意休息，还为我增加了两个助手，让我指挥他们去做各种繁杂的事。

心理咨询师：您的意思是说您最近工作的负担是减轻了，我看这是好事啊！

求助者：可是我看他们做事我总是着急，怕他们没有经验做不好，影响公司的业绩。有时我勉强控制住自己不对他们发脾气，但会胸闷、心慌、出虚汗，手脚不自主地颤抖。一天下来，感觉头晕脑胀，脖子僵硬。我曾经学过一点心理学，感觉自己现在的这些情况应该是心理原因引起的，所以我就到您这儿来请您帮忙了。

心理咨询师：非常感谢您的信任！我能体会您的感受，也为您的情况着急。我想问您一下，您布置的工作助手们都不能很好的完成吗？

求助者：也不是。布置给他们的工作基本都能完成，只是我觉得他们没有我的工作效率高、不如我做得圆满。

心理咨询师：感觉您是个很追求完美的人？

求助者：是。从小我的父母对我的要求就非常严格，所以我才能有今天的成就。我希望我的下属也能像我一样把所有工作完成好，您现在能理解我为什么看他们工作时总是紧张担忧了吧？

心理咨询师：是的。我现在对您的情况已经有了初步的了解。针对您的情况，我今天想先教您学会放松训练，希望您学会后每天坚持练习；另外，鉴于您现在的年龄，我建议您到医院做下检查。

多选：55. 咨询师在咨询中所使用的提问方式为____。

（A）直接逼问　（B）开放式提问　（C）间接询问　（D）封闭式提问

多选：56. “您能具体说好说是什么原因导致您产生这样的情况吗？”心理咨询师使用的提问方式与技术包括____。

（A）摄入性谈话　（B）封闭式提问　（C）具体化技术　（D）开放式提问

单选：57. 求助者目前的主要情绪症状是____。

（A）抑郁　（B）烦恼　（C）焦虑　（D）恐惧

单选：58. 求助者说控制不住自己的情绪，这可能反映的是____。

（A）陈述了事实　（B）内心活动的表现

（C）意志比较薄弱　（D）已经出现了阻抗

单选：59. “您的意思是说您最近工作的负担是减轻了。我看这是件好事啊！”在这里咨询师没有____。

（A）内容反应　（B）释义　（C）内容表达　（D）共情

多选：60. 对于求助者，可以排除的诊断包括____。

（A）更年期综合症　（B）神经症性心理问题

（C）严重心理问题　（D）焦虑症

多选：61. “非常感谢您的信任！我能体会您的感受，也为您的情况着急。”咨询师使用的技术包括____。

（A）情感表达　（B）内容表达　（C）自我开放　（D）内容反应

单选：62. 咨询师对求助者的最后一段谈话中所使用的技术是____。

（A）释义　（B）指导　（C）解释　（D）鼓励

多选：63. 下列关于“放松训练”的描述中，正确包括____。

（A）放松训练是使用最广的认知技术之一

（B）放松训练的基本假设是改变生理反应，主观体验也会随着改变

（C）心理咨询师最好用非专业指导语

（D）首次进行放松训练时，心理咨询师应进行示范并讲解要点

单选：64. 呼吸放松法不包括____。

（A）鼻腔呼吸放松法　（B）胸式呼吸放松法

（C）腹式呼吸放松法　（D）控制呼吸放松法

多选：65. 心理咨询师建议求助者到医院进行检查的做法____。

（A）是要排除躯体疾病　（B）违反了心理咨询的基本原则

（C）有利于明确诊断　（D）超出了心理咨询的工作范围

多选：66. 通过案例介绍，心理咨询可以掌握的资料包括____。

(A) 求助者成长史　　(B) 求助者的症状

(C) 求助者婚姻史　　(D) 求助者的人格

案例七

一般资料：求助者，男性，21岁，高中学历，一年前来城市打工。

下面是心理咨询师与求助者的一段咨询对话：

心理咨询师：记得你上次临走时说一周以后再来咨询的，现在半年都过去了，你不觉得两次咨询间隔时间太长了吗？这次又有什么问题需要我帮助？是新问题还是上次的老问题？

求助者：上一次没有再来是因为您的咨询确实有效！我妈听了您的建议第二天就收拾自己的东西回老家了。她不在我身边，我们之间就再也没产生过摩擦。现在特别相信您的咨询水平，所以这次又有两件事想请您帮我解决。

心里咨询师：我可以帮你解决问题，但是你这次不能在违反我们的咨询规定了。咨询过程中我们双方都有各自特定的责任、权利、义务，我们必须遵守。你具体说好说哪两件事吧！"

求助者：第一件事是我公司比我晚来的几个人两个月前都涨工资了，唯独我的工资没变，我觉得我老板想用这个方法让我觉得难受，让我自己主动辞职；第二件事是我的女朋友不想和我继续交往了，这对我的打击也太大了。我现在心里烦得不得了，吃不香、睡不着，可又不知该怎么办好。"

心理咨询师：同时遇到两件麻烦事确实让人很难应付，而且恋爱、工作对于年轻人来说都是头等大事。但是我们不能同时进行，问题必须一个一个地解决，你觉得应该先从哪一个问题入手？

求助者：（沉默）……我也不知道应该先解决哪一个，最好是能一起解决。

心理咨询师：那你能不能仔细思考一下，在目前情况下，事业和婚姻哪一个对你来说更重要？"

求助者：（沉默）……我还是决定不了。以前遇到问题，或者还没出现问题，我妈妈就帮我提前处理了，我现在这份工作是我妈托人给我介绍的。唉！如果我妈还在这里，我们老板也不会这么对我，我女朋友也不会嫌我窝囊。您是有水平的咨询师，这种事情一定见得多，还是您帮我选择吧！

心理咨询师：我终于理解你妈妈为什么要陪着你了！你根本没有独立生活的能力，这样下去会越来越糟，我现在倒是觉得培养你独立生活的能力、自立自强的精神比解决你那两个问题更重要，你说是吗？

求助者：（沉默）……真是这样吗？两个多月来，我一进单位心里就不舒服，看见谁都烦。我今天来找您，本来是想让您帮我解决问题，可是听您刚才的话，内容和口气都和我的老板差不多，我现在的感觉就像在公司里。

心理咨询师：咨询中阵痛是难免的，我们咨询师有责任给求助者建立正确、健康的价值观，不能一味满足求助者的快乐。如果咱们的咨询目标不一致，说明我们不匹配，你有权利选择其他咨询师。

求助者：您让我再想想……

多选：67. 咨询师在第一段谈话中使用了____。

(A) 修饰性反问 (B) 多重选择性提问

(C) 责备性问题 (D) 多重提问

单选：68. 求助者不遵守咨询预约时间是违反了____。

(A) 求助者的权利 (B) 咨询师的权利

(C) 求助者的责任 (D) 求助者的义务

多选：69. 咨询师说："那你能不能仔细思考一下，在目前情况下，事业和婚姻那一个对你来说更重要?"这表明咨询师____。

(A) 启发引导求助者 (B) 运用了指导技术

(C) 解释求助者问题 (D) 运用了内容表达技术

单选：70. 求助者说："我还是决定不了……还是您帮我选择吧"，说明求助者对咨询师产生____。

(A) 信任 (B) 阻抗 (C) 移情 (D) 依赖

单选：71. 咨询师说"我现在倒是觉得培养你独立生活的能力、自立自强的精神比解决你那两个问题更重要，你说是吗?"在这里咨询师使用了____。

(A) 责备性问题 (B) 解释性问题 (C) 修饰性反问 (D) 开放式提问

单选：72. 求助者说"两个月来……我现在的感觉就像是在公司里"说明求助者对咨询时产生了____。

(A) 信任 (B) 依赖 (C) 移情 (D) 共情

单选：73. 求助者在对话中共出现了三次沉默，前两次的沉默可能是____。

(A) 怀疑型 (B) 思考型 (C) 茫然型 (D) 反抗型

单选：74. 求助者第三次沉默可能是____。

(A) 怀疑型 (B) 情绪型 (C) 思考型 (D) 反抗型

多选：75. 求助者产生心理问题的原因包括____。

(A) 母亲强势 (B) 女友要分手 (C) 独立性差 (D) 工作不满意

单选：76. 对于该求助者的心理问题，最可能的诊断是____。

(A) 一般心理问题 (B) 神经症性心理问题

(C) 严重心理问题 (D) 社交恐惧症

单选：77. 通过对话，可以了解咨询师与求助者在匹配关系上属于____。

(A) 匹配型 (B) 冲突型 (C) 欠缺型 (D) 忌讳型

多选：78. 在本次咨询过程中，咨询师出现的失误包括____。

(A) 使用了不恰当的提问 (B) 对咨询目标存在错误观念

(C) 没有积极关注求助者 (D) 对咨询关系匹配理解错误

案例八

一般资料：求助者，男性，30岁，公司职员。

案例介绍：求助者原计划在四个月前举行婚礼，准岳母却以求助者的父亲没有兑现"全款买房"为由，不同意女儿马上结婚。女友站在母亲一边，认为求助者的父亲只支付了60万元首付，购房合同中没有自己的名字，是对她们母女的轻视和不信任；而且如果婚后小夫妻自己还贷，生活会相当艰苦。求助者认为她们不该这样不讲道理，与母女二人吵了起来。

但安静下来后也常常回忆四年里二人相处的甜蜜时光，希望能挽回女友的心，如期结婚，但母女二人不同意。求助者陷入两难的境地：一边是女友和其母苦苦相逼，另一边是目前确实拿不出足够的房款。求助者为此吃不下饭、睡不好觉，身体明显消瘦。求助者感觉四年的感情还比不上一套房子！况且在相恋的四年里，对她们母女关怀备至，连女友大学后三年的费用基本都是自己家支付的。现在自己家里只是遇到了暂时的经济困难，女友就准备抛弃自己，这让求助者难以接受，对她们母女充满了怨恨，内心处在极度的矛盾和痛苦之中，无心去单位工作。经朋友劝说，主动前来寻求帮助。

心理咨询师观察了解到的情况：求助者情绪低落，面容憔悴，说话声音低沉。求助者为家中独子，自幼娇生惯养，性格内向，缺乏独立性。

多选：79. 求助者产生心理问题的社会原因包括____。

（A）女友悔婚　（B）自己失去生活来源

（C）性格懦弱　（D）女友不和自己一心

单选：80. 求助者目前面临的压力是____。

（A）一般单一性生活压力　（B）继时性叠加压力

（C）破坏性压力　（D）同时性叠加压力

单选：81. 资料收集阶段，求助者大量陈述了与女友的感情，家中的经济状况等细节内容，咨询师恰当的处理是____。

（A）不用处理　（B）利用内容反应技术提出新问题

（C）控制话题　（D）利用情感表达技术接纳求助者

多选：82. 对于该求助者，可选用的心理测验包括____。

（A）LES　（B）SAS　（C）CRT　（D）SCL-90

多选：83. 根据案例介绍，该求助者心理冲突属于____。

（A）常形　（B）双趋式冲突　（C）变形　（D）双避式冲突

单选：84. 对求助者最可能的诊断是____。

（A）精神病性障碍　（B）一般心理问题

（C）严重心理问题　（D）神经症性心理问题

单选：85. 求助者明显表现出的不合理信念的特征是____。

（A）绝对化要求　（B）糟糕至极　（C）过分概括化　（D）夸大和缩小

多选：86. 对于该求助者，合理的近期咨询目标包括____。

（A）鼓励倾诉　（B）宣泄情绪　（C）与女友和解　（D）寻找新工作

多选：87. 对于该求助者，评估咨询效果的指标可以包括____。

（A）女友和求助者结婚　（B）求助者开始认真工作

（C）求助者负性情绪消失　（D）求助者睡眠恢复正常

多选：88. 对于该求助者，咨询师已经掌握的临床资料包括____。

（A）成长经历　（B）婚恋观

（C）性格特点　（D）社会交往情况

多选：89. 该求助者心理问题的特点包括____。

（A）社会功能明显受损　（B）持续时间较短

（C）存在明显人格缺陷　（D）存在认知错误

多选：90. 适宜的求助者应具备的条件包括____。
(A) 人格正常　　(B) 动机强烈　　(C) 行动自觉　　(D) 年龄适宜

案例九

下面是某求助者的 WAIS-RC 的测验结果：

	言语测验							操作测验							言语	操作	总分
	知识	领悟	算术	相似	数广	词汇	合计	数符	填图	积木	图排	拼图	合计				
原始分	18	17	9	19	8	62		46	13	29	25	27		量表分	59	53	112
量表分	11	10	7	12	6	13	59	11	10	9	12	11	53	智商	99	110	104

多选：91. WAIS-RC 的各项分测验中，有严格时间限制的包括____。
(A) 知识　　(B) 算术　　(C) 数字符号　　(D) 图片排列
单选：92. 该求助者"相似性"分测验成绩高于常模平均数____个标准差。
(A) 1/3　　(B) 2/3　　(C) 1/2　　(D) 1
单选：93. 根据测验结果，可以判断求助者 FIQ 的智力等级是____。
(A) 超常　　(B) 高于平常　　(C) 平常　　(D) 低于平常

案例十

下面是某求助者的 MMPI 的测验结果：

量表	Q	L	F	K	Hs	D	Hy	Pd	Mf	Pa	Pt	Sc	Ma	Si
原始分	8	5	23	10	21	34	33	21	28	16	26	33	16	36
K 校正分					?			?			?	?	?	
T 分	47	49	66	43	71	78	65	56	50	57	59	58	48	52

单选：94. 社会病态量表的 K 校正分应当是____。
(A) 25　　(B) 26　　(C) 36　　(D) 43
多选：95. 该求助者得分超过中国常模标准的临床量表包括____。
(A) 癔症量表　　(B) 抑郁量表　　(C) 偏执狂量表　　(D) 诈病量表
多选：96. 从临床量表得分来看，求助者主要表现出____。
(A) 对身体功能的不正常关心　　(B) 抑郁、悲观、思维、行动缓慢
(C) 多疑、孤独、烦恼、过分敏感　　(D) 内向、胆小、退缩、不善交际
单选：97. 求助者的 EPQ 结果(T 分)如下：P 量表 60 分、E 量表 70 分、N 量表 65 分、L 量表 35 分，该求助者属于____。
(A) 胆汁质　　(B) 抑郁质　　(C) 多血质　　(D) 粘液质
单选：98. 某求助者 SDS 总粗分为 50，对测验结果判断正确的是____。
(A) 轻度焦虑　　(B) 中度焦虑　　(C) 轻度抑郁　　(D) 中度抑郁

案例十一

下面是某位求助者的 SCL-90 测验结果(1~5 评分)：

总分 220，阳性项目数：65。

因子名	躯体化	强迫症状	人际关系敏感度	抑郁	焦虑	敌对	恐怖	偏执	精神病性	其他
因子分	1.8	3.6	3.4	3.9	2.2	2.0	1.9	2.5	1.9	2.6

多选：99. 从测验结果来看，正确表达包括____。

（A）可确诊为抑郁症　　（B）有轻度焦虑症

（C）可考虑筛选阳性　　（D）需要进一步检查

单选：100. 与该求助者的阳性项目均分接近的数值是____。

（A）2.0　　（B）2.5　　（C）3.0　　（D）3.5

第二部分　案例问答题

本部分采取专家阅卷，1~4 题，满分 100 分。请在答题纸上写明题号，用钢笔、圆珠笔按要求作答。

一般资料：求助者，男性，18 岁，高三学生。因控制不住想女友，感到内疚、矛盾一个月而求助。

案例介绍：两个月前，距离高考还有三个月时间，求助者父母发现求助者经常很晚还给女友打电话，担心他谈恋爱影响高考，感到很生气，就与求助者谈话要求他在考前暂时中断与女友联系，并找了女生父母一起讨论如何处理。女方父母也很担心，要求女儿专心学习，高考后再联系。但是最近两个月求助者上课头脑里总是冒出女友形象，总是反复地想“她现在做什么？她会想自己吗？她复习得怎样？……”等，以至于影响了学习效率。求助者觉得不应该这样想，可越是压抑却越想得厉害，以致于晚上控制不住要打电话给女友，但女友却不接电话，因此更加思念，出现了烦躁情绪，注意力难以集中于学习，记忆力也下降，经常失眠。最近一个月，求助者觉得实在控制不住地想女友，又很内疚觉得对不住父母。高考越来越近，非常担心高考会落榜，于是到咨询中心来求助。求助者没有躯体疾病史和精神疾病史，高考前体检没有明显异常。

请根据案例回答以下问题：

一、本案例最可能诊断及理由是什么？（30 分）

二、本案例恰当的咨询目标是什么？（20 分）

三、如果采用合理情绪疗法，请按照 ABC 理论，分析一下该求助者的 A、B、C 各是什么？（25 分）

四、咨询师自己 56 岁，自己的孩子早已大学毕业，面对该求助者，咨询师在建立咨询关系上应该注意什么？（25 分）

参考答案

卷册一：职业道德与理论知识部分

题号	1	2	3	4	5	6	7	8		
答案	B	C	D	C	A	D	B	A		
题号	9	10	11	12	13	14	15	16		
答案	ABD	BD	ABC	ABCD	CD	BD	AC	BCD		
题号	17	18	19	20	21	22	23	24	25	
答案					—					
题号	26	27	28	29	30	31	32	33	34	35
答案	C	B	C	C	A	C	B	B	D	D
题号	36	37	38	39	40	41	42	43	44	45
答案	B	D	C	B	D	B	B	C	D	C
题号	46	47	48	49	50	51	52	53	54	55
答案	A	B	A	B	C	A	D	C	C	D
题号	56	57	58	59	60	61	62	63	64	65
答案	A	B	A	D	D	D	B	C	C	A
题号	66	67	68	69	70	71	72	73	74	75
答案	C	A	D	C	B	C	C	D	C	B
题号	76	77	78	79	80	81	82	83	84	85
答案	A	D	C	B	B	A	D	C	A	C
题号	86	87	88	89	90	91	92	93	94	95
答案	BCD	ABCD	AB	CD	ABC	ABC	BCD	ABCD	ABCD	BCD
题号	96	97	98	99	100	101	102	103	104	105
答案	ACD	ABD	AC	AC	AC	BCD	AB	CD	BD	AC
题号	106	107	108	109	110	111	112	113	114	115
答案	ABC	ABD	BC	BCD	BCD	ACD	BCD	AD	AB	AC

题号	116	117	118	119	120	121	122	123	124	125
答案	ABC	BC	ABCD	ABC	ABD	AD	ABD	ABCD	ABC	ABCD

卷册二：技能选择与案例问答部分

题号	1	2	3	4	5	6	7	8	9	10
答案	BC	D	ABC	ACD	BC	AB	B	ABD	AC	A
题号	11	12	13	14	15	16	17	18	19	20
答案	BD	ABCD	BD	AC	ACD	BCD	A	B	D	C
题号	21	22	23	24	25	26	27	28	29	30
答案	BCD	ABCD	A	AD	B	C	CD	ABCD	ABC	ABD
题号	31	32	33	34	35	36	37	38	39	40
答案	B	D	D	BD	ABCD	CD	A	BC	B	C
题号	41	42	43	44	45	46	47	48	49	50
答案	ABCD	ABC	AB	BC	C	C	BCD	BD	ABC	B
题号	51	52	53	54	55	56	57	58	59	60
答案	BC	ABC	BC	AB	BCD	CD	C	A	D	BD
题号	61	62	63	64	65	66	67	68	69	70
答案	AB	B	BD	B	AC	BD	BCD	D	AD	D
题号	71	72	73	74	75	76	77	78	79	80
答案	B	C	C	B	BCD	C	B	ABCD	AD	B
题号	81	82	83	84	85	86	87	88	89	90
答案	B	ABD	AB	C	A	AB	BC	AC	ACD	ACD
题号	91	92	93	94	95	96	97	98	99	100
答案	BCD	B	C	A	AB	AB	A	C	BCD	C

一、（30 分）

最可能的诊断是一般心理问题。理由是：

（1）体检无异常，没有器质病变做基础；

（2）根据区分正常与异常的心理学原则，该求助者主客观世界统一，精神活动内在协调一致，人格相对稳定，没有精神病性症状，可以排除精神病性问题；

（3）该求助者的内心冲突是趋避式冲突，与现实处境相符，属常形冲突，可排除神经症性问题；

（4）该求助者的不良情绪仅局限在与女友的关系上，没有泛化，可排除严重心理问题；

（5）该求助者的主导症状是焦虑和内疚情绪，情绪反应在正常范围内，持续时间近 2 个月，加重 1 个月，社会功能有一定影响。

二、（20 分）

（1）近期目标或具体目标：一是协助求助者正确认识异性交往行为，接纳自然的情感反应；二是协助求助者学会恰当的应对思念的策略，调整应对方法；三是协助求助者降低焦虑情绪、减少内心冲突和内疚感。

（2）远期目标或终极目标：一是促进心理健康发展；二是实现潜能；三是完善人格；四是健康快乐。

三、（25 分）

诱发事件（A）：与女友关系被父母发现，中断与女友交往。

不合理信念或评价（B）：考前恋爱一定会影响学习，不应该与女友交往，应该控制所有思念，与女友联系就对不起父母。

认知、情绪、生理和行为反应结果（C）：注意力不集中、记忆力下降失眠、焦虑、内疚、中断与女友联系、控制不住打电话。

四、（25 分）

咨询关系的建立与维护受心理咨询师与求助者的双重影响。就心理咨询师来说，在建立咨询关系上应该注意做到：

（1）尊重求助者；

（2）热情地对待求助者；

（3）真诚地对待求助者；

（4）对求助者表达共情；

（5）对求助者积极关注。

2013年11月三级心理咨询师鉴定真题

（卷册一：职业道德与理论知识部分）

第一部分 职业道德

（第1~25题，共25道题）

一、职业道德基础理论与知识部分(1~16题)

答题指导：

1. 该部分均为选择题，每题均有四个备选项。其中，单项选择题只有一个选项是正确的，多项选择题有两个或两个以上选项是正确的。

2. 请根据题意的内容和要求答题，并在答题卡上将所选答案的相应字母涂黑。

3. 错选、少选、多选，则该题均不得分。

（一）单项选择题(1~8题)

1. 我国社会主义道德建设的基本原则是____。

（A）个人主义　（B）集体主义　（C）科学发展观　（D）诚实守信

2. 关于道德，正确的说法是____。

（A）道德是一种特殊的行为规范　（B）道德是个人修养之事

（C）道德只是一种说教　（D）道德与法律在内容上不相干

3. 关于企业文化，正确的说法是____。

（A）企业文化即指学习科学、文化知识以及文体娱乐活动的形式

（B）企业文化仅适用于企业内部，不能要求企业文化与社会要求相一致

（C）在企业文化中，价值观占据核心地位

（D）企业形象反映着企业文化建设的全部内涵

4. 职业道德在协调职工与企业上司之间的关系时，要求员工____。

（A）在对上司的指令不甚明了时，不要接受分配的任务

（B）对上司安排的任务，即使无法完成，也不得提出异议

（C）对上司的错误指责，要敢于当面指出来

（D）对上司的隐私，不要当众议论，也不要背地贬低上司

5. 从业人员语言规范的基本要求是____。

（A）语感自然　（B）语气婉转　（C）语调动人　（D）语流快速

6. 从业人员在着装上的要求是____。

（A）着装考究　（B）鞋袜搭配合理　（C）饰品俏丽　（D）装扮新潮时尚

7. 关于爱岗敬业，正确的说法是____。

（A）爱岗敬业不适合市场经济的需要

（B）爱岗敬业是现代企业精神之一

（C）爱岗敬业限制了劳动力的自由流动和发展

（D）只有从事自己理想的职业，才能做到爱岗敬业

8. 职业责任的特点是____。

（A）职业责任不具有明确的规定性

（B）职业责任与物质利益不存在任何关联

（C）职业责任没有法律及其纪律的强制性

（D）职业责任不完全以物质待遇为前提

（二）多项选择题（9~16 题）

9. 关于诚实守信，正确的看法是____。

（A）诚实守信是市场经济法则　（B）诚实守信是企业的无形资产

（C）诚实守信是员工为人之本　（D）诚实守信是事业成功的关键

10. 诚实守信的具体要求是____。

（A）履行合同和契约　（B）使用次的原材料，以减低企业成本

（C）拒绝投诉者登门，维护企业形象　（D）保守企业秘密，遵守企业纪律

11. 下列做法中，违背办事公道要求的是____。

（A）某饭店服务员没有按照先后顺序给顾客提供服务

（B）某火车站为大专院校的学生开办了专用购票窗口

（C）某公司采取给红包的办法取得了较大的市场份额

（D）某公司对做同样工作的男女，采取不同的工资计算方式

12. 下列从业人员的做法中，违背坚持真理要求的是____。

（A）某保安员抓获一名盗贼，他发现盗贼家境贫寒，遂予以释放

（B）某员工发现一个朋友拿走公司的一个小物件，觉得事不大，不予过问

（C）某学徒工笃信“师徒如父子”的信条，对师傅的话言听计从

（D）某员工不顾其他人非议，对公司发展战略提出了与上司不同的看法

13. 在职业活动中，属于“忌语”的是____。

（A）“有话快点说，我还忙着呢”　（B）“下班了，你明天再来”

（C）“这事儿我不知道”　（D）“不是我负责的，你找别人去吧”

14. 下列节俭的做法中，你认为真实的是____。

（A）某公司规定：在厕所的马桶里放几块砖头，以节约用水量

（B）某公司规定：纸张用完正面，须利用反面做便条

（C）某公司要求员工：离开工作地三步以上要跑步行进

（D）某公司信奉：节约一块钱，就等于净赚一块钱

15. 职业纪律的一般特点是____。

（A）明确的规定性　（B）内容上的人为性

(C) 执行上的随意性　　(D) 一定的强制性

16. 服务领域中的创新，包括____。

(A) 加强人文关怀　　(B) 浓妆艳抹

(C) 增加服务项目　　(D) 把广告放在第一位

二、职业道德个人表现部分(17~25 题)

答题指导：

1. 该部分均为选择题，每题均有四个备选项，您只能根据自己的实际状况选择其中一个选项作为您的答案。

2. 请在答题卡上将所选择答案的相应字母涂黑。

17. 每天上班时，你的心情总是____。

(A) 阴郁的　　(B) 愉快的　　(C) 压抑的　　(D) 平静的

18. 平时朋友邀请你去参加他们组织的活动，你一般会____。

(A) 参加并坚持下来　　(B) 想参加就参加，不想参加就不参加

(C) 虽不情愿参加，但无奈，只得应付　　(D) 不参加

19. 上司交给你一项工作，他说你能够完成。在你自己看来，这项工作已经超出了自己的能力范围，难以做好。这时，你会____。

(A) 不接受任务，向上司说明自己的情况

(B) 不接受任务，说明情况，并向上司推荐其他更好的人选

(C) 接受任务，但向上司说明，如果万一完不成任务，不能责备自己

(D) 接受任务，认为这是对得起上司信任的表现

20. 你正在忙自己的事情，有同事求你帮忙，你一般会____。

(A) 放下手头工作，去帮别人　　(B) 忙完自己的事情，再去帮别人

(C) 一边干自己的事情，一边指导别人　　(D) 要他自己想办法解决

21. 每天下班时，你的心情是____。

(A) 沮丧的　　(B) 轻松的　　(C) 压抑的　　(D) 平静的

22. 对于上司分配的任务，你的感受总是____。

(A) 压力大　　(B) 给自己派的任务过重

(C) 很兴奋　　(D) 适合自己

23. 关于公司开展的各种培训活动，你认为____。

(A) 没有必要，学不到技能　　(B) 没有必要，不如自己看书

(C) 虽不能满足自己的需要，但有必要　　(D) 能学到知识，有必要

24. 在社会变化上，你总的感受是____。

(A) 变化太快，无法适应　　(B) 变化较快，还能够适应

(C) 没有太多变化，能够适应　　(D) 没啥变化，都能够适应

25. 日常生活中，你最难以接受的事情是____。

(A) 考试　　(B) 没完没了的聚会

(C) 私下里说长道短　　(D) 干了工作，没得到应有的报酬

第二部分　理论知识

(第 26~125 题，共 100 道题，满分为 100 分)

一、单项选择题(26~85 题，每题 1 分，共 60 分。每小题只有一个最恰当的答案，请在答题卡上将所选答案的相应字母涂黑)

26. 对人心理发展起决定因素的是环境，这是____的观点。

(A) 精神分析　(B) 机能主义　(C) 行为主义　(D) 结构主义

27. 与内脏系统活动关系最密切的是____。

(A) 丘脑　(B) 上丘脑　(C) 底丘脑　(D) 下丘脑

28. 感受性和感觉阈限的关系是____。

(A) 正比　(B) 无关　(C) 反比　(D) 正相关

29. 对弱光敏感的细胞是____。

(A) 锥体细胞　(B) 双极细胞　(C) 杆体细胞　(D) 神经节细胞

30. 声音强度太大或声音持续时间太长，导致听觉感受性在一定时间内降低的现象是____。

(A) 听觉疲劳　(B) 听觉后像　(C) 听觉适应　(D) 听觉隐蔽

31. 大脑皮层是____。

(A) 大脑白质　(B) 神经纤维　(C) 大脑灰质　(D) 网状结构

32. 人们在知觉物体的时候，总想知道它是什么，这反映知觉具有____。

(A) 恒常性　(B) 理解性　(C) 选择性　(D) 整体性

33. 估计时间最准确的是____。

(A) 视觉　(B) 听觉　(C) 触觉　(D) 嗅觉

34. 简单任务下的注意广度是____个项目。

(A) 3~5　(B) 4~6　(C) 9~11　(D) 5~9

35. 勒温提出的社会行为的公式是____。

(A) P=f(B，E)　(B) B=f(P，E)　(C) O=f(P，X)　(D) P=f(O，X)

36. 对个体重新进行社会化的过程是____。

(A) 继续社会化　(B) 再社会化　(C) 自我塑造　(D) 社会适应

37. 个体行为稳定和一致性的关键是个体有一个稳定的____。

(A) 社会角色　(B) 自我评价　(C) 社会身份　(D) 自我意识

38. 亲和动机起源于____。

(A) 经验　(B) 教育　(C) 依恋　(D) 顿悟

39. 根据沙赫特的研究，在同一家庭中，合群倾向____。

(A) 按出生顺序递增　(B) 按出生顺序递减

(C) 与出生顺序无关　(D) 与出生顺序关系不能确定

40. 与利他行为呈负相关的是____。

(A) 利他技能　(B) 自我监控能力

（C）移情能力　　　　　　　　　　　　（D）自我意识下降程度

41. 霍夫兰德的态度转变模型中不包括的要求是____。

（A）传递者　（B）障碍　（C）沟通信息　（D）目标

42. 在态度量表中，主要测量的态度维度是____。

（A）深度　（B）方向　（C）相中度　（D）外显度

43. 测谎仪本质上属于一种____。

（A）心电图　（B）生物反馈仪　（C）行为反应测量仪　（D）投射测量仪

44. 个体心理发展的首个加速期是____。

（A）婴幼儿　（B）童年期　（C）少年期　（D）青年期

45. 与班杜拉的社会学习关系最密切的概念是____。

（A）最近发展区　（B）自我概念　（C）替代性强化　（D）操作条件反射

46. 按照皮亚杰的观点，认知发展的前运算阶段一般在____。

（A）0~2 岁　　　　　　　　　　（B）2~6、7 岁

（C）6、7 岁~11、12 岁　　　　　（D）11、12 岁及其以后

47. 用"心理社会危机"来划分人格发展阶段的学者是____。

（A）弗洛伊德　（B）皮亚杰　（C）艾里克森　（D）罗杰斯

48. 精神障碍的患者将墙上的裂纹看成狰狞的面孔，这种现象属于____。

（A）幻觉　（B）妄想　（C）错觉　（D）视物变形症

49. 某年轻女性同时被两个男人追求，其中一人英俊但经济条件差，另一人富有但年龄大，此时该女性难以作出决定是因为面临____。

（A）双趋冲突　（B）双避冲突　（C）趋避冲突　（D）双重趋避冲突

50. 某人对所熟悉的环境突然感到气氛不对，周围环境已经发生了某种对他不利的变化，使得此人有某种不祥的预感，此种症状称为____。

（A）突发性妄想　（B）妄想知觉　（C）非真实感　（D）妄想心境

51. 妄想性障碍又称____。

（A）急性短暂性精神障碍　　　　（B）偏执性精神障碍

（C）精神分裂症　　　　　　　　（D）持续心境障碍

52. 对一些能引起正常人情绪波动的事情以及与自己切身利益有密切关系的事情缺乏相应的情绪反应，这属于____。

（A）情绪淡漠　（B）情绪迟钝　（C）情绪倒错　（D）情绪脆弱

53. 在适应压力的过程中，个体变得敏感、脆弱，即使日常微小的困扰都可以引发强烈的情绪反应，说明其处在一般适应症候群的____。

（A）警觉阶段　（B）搏斗阶段　（C）衰竭阶段　（D）结束阶段

54. 一般来说，常模样本量应不低于____个。

（A）100 或 500　（B）800 或 1000　（C）20 或 25　（D）30 或 100

55. 某原始分数的百分等级为 55，表示样本中有 55%的原始分数____。

（A）比该分数低　　　　　　（B）与该分数相等

（C）比该分数高　　　　　　（D）与该分数相差不显著

56. 以 50 为平均数，以 10 为标准差来表示的标准分数为____。

(A) 离差智商 (B) T 分数 (C) 标准九数 (D) Z 分数

57. 影响信度的是____。

(A) 系统误差 (B) 随机误差 (C) 恒定误差 (D) 测量误差

58. 在美国测验专家伊贝尔 1965 年提出的评价标准中，应淘汰的项目鉴别指数是____。

(A) 0.19 以下 (B) 0.20~0.29 (C) 0.40 以上 (D) 0.30~0.39

59. 一般来说，没有时间限制的测验是____。

(A) 最高行为测验 (B) 速度测验 (C) 典型行为测验 (D) 智力测验

60. 儿童期性心理咨询的对象不包括____。

(A) 性心理问题的儿童 (B) 问题儿童的父亲

(C) 问题儿童的母亲 (D) 问题儿童的伙伴

61. 心理咨询不能帮助解决求助者的____。

(A) 情绪问题 (B) 认知问题 (C) 行为问题 (D) 经济问题

62. 咨询师经过初诊接待，初步了解和评估求助者的问题后，可以____。

(A) 收集一般资料 (B) 进行摄入性会谈 (C) 形成初步诊断 (D) 做出鉴别诊断

63. 咨询师在进行严重心理问题诊断时，需要分析求助者情绪反应的对象是否____。

(A) 同化 (B) 泛化 (C) 内化 (D) 外化

64. 暗示会影响收集资料的可靠性，因此心理咨询师应该重视初诊接待，并建立____。

(A) 严谨的会谈提纲 (B) 有效的小组讨论措施

(C) 规范的咨询流程 (D) 规范的咨询环境

65. 心理咨询师对求助者临床资料进行整理分析后，对其心理、行为问题形成大致的判断，这被称为____。

(A) 初步诊断 (B) 鉴别诊断 (C) 初步印象 (D) 问题评估

66. 对鉴别诊断具有重要意义的是心理冲突的____。

(A) 严重程度 (B) 性质 (C) 持续时间 (D) 特征

67. 在分析情绪是否泛化时，要注意区分泛化与____对人的影响。

(A) 强化 (B) 反射 (C) 冲突 (D) 心境

68. 心理咨询的效果最主要取决于____。

(A) 咨询师的经验 (B) 求助者的修养 (C) 咨询师的技术 (D) 求助者的配合

69. 心理咨询最核心、最重要的实质性阶段是____阶段。

(A) 诊断 (B) 评估 (C) 咨询 (D) 巩固

70. 咨询方案中需要明确求助者的权利之一是____。

(A) 完成自我探索 (B) 提出终止咨询 (C) 遵守职业道德 (D) 提供真实资料

71. 合理情绪疗法的局限性在于____。

(A) 不适用于文化水平高的人 (B) 缺少理论依据

(C) 不适用于过分偏执的人 (D) 不易操作实施

72. 鼓励技术中最常用的方法之一是____。

(A) 不断提问 (B) 给予奖励

(C) 直接重复求助者的话 (D) 及时表扬

73. 不适宜作为咨询对象的个体的特征之一是____。

（A）人格正常　（B）学历偏低　（C）行动自觉　（D）智力偏低

74. 解释技术是运用心理学理论____。

（A）描述求助者的思想状态

（B）描述求助者的情感反应

（C）说明求助者思想、情感和行为的原因与实质

（D）描述求助者的行为特点

75. 作用最明显的影响技术是____。

（A）内容表达　（B）指导　（C）自我开放　（D）解释

76. 阻抗的本质是____。

（A）求助者对于心理咨询过程中自我暴露和自我改变的抵抗

（B）求助者对于咨询师的反抗和抵制

（C）咨询师对求助者异常行为的阻拦

（D）咨询过程中出现的异常情况的总称

77. 中国修订的韦氏成人智力量表包括的分测验是____。

（A）10 个　（B）11 个　（C）12 个　（D）13 个

78. 按照韦氏智商分级标准，智力平常的 IQ 值范围是____。

（A）80~119　（B）85~115　（C）90~109　（D）70~129

79. 我国修订的联合型瑞文测验，合并的是____。

（A）标准型与彩色型　（B）标准型与高级型　（C）彩色型与高级型　（D）城市版与农村版

80. 中国比内测验的智商的平均数为 100，标准差为____。

（A）15　（B）16　（C）17　（D）18

81. 在 MMPI 的 566 题版本中，Q 量表原始得分不能超过____。

（A）8 分　（B）10 分　（C）22 分　（D）30 分

82. 按照 MMPI 的中国常模标准，可视为有病理性异常表现的 T 分数划分界值是____。

（A）55　（B）60　（C）65　（D）70

83. 卡特尔 16 种人格测验的编制方法是____。

（A）综合法　（B）因素分析法　（C）经验法　（D）逻辑分析法

84. SDS 共包括 20 个项目，每个项目按症状的____。

（A）强度分为四级评分　（B）频度分为四级评分

（C）强度分为五级评分　（D）频度分为五级评分

85. 一般来说，99%的正常人一年内的 LES 总分不超过____。

（A）20　（B）22　（C）28　（D）32

二、多项选择题（86~125 题，每题 1 分，共 40 分。每题有多个答案正确，请在答题卡上将所选答案的相应字母涂黑。错选、少选、多选，均不得分）

86. 神经元的组成包括____。

（A）感受器　（B）轴突　（C）细胞体　（D）胶质细胞

87. 巴甫洛夫提出的概念包括____。

（A）第二信号系统　（B）动力定型　（C）经典条件反射　（D）内驱力

88. 关于需要，正确的说法包括____。

（A）动物也有需要　（B）人的需要是不断发展的

（C）社会需要是习得的　（D）动物和人的需要没有区别

89. 与动机产生有关的因素包括____。

（A）需要　（B）诱因　（C）情绪　（D）内驱力

90. 关于马斯洛的需要层次理论，正确的说法包括____。

（A）较低层次的需要满足，较高层次需要才会出现

（B）层次越低的需要出现的越晚

（C）层次越高的需要力量越强

（D）高层次的需要是生长需要

91. 巴甫洛夫高级神经活动的类型包括____。

（A）兴奋型　（B）抑制型　（C）活动型　（D）平衡型

92. 沟通的主要功能包括____。

（A）锻炼思维能力　（B）获取信息　（C）维持心理平衡　（D）交流思想

93. 从众行为的原因包括____。

（A）寻求行为参照　（B）对偏离的恐惧　（C）对自尊的追求　（D）群体凝聚力

94. 社会促进现象包括____。

（A）结伴效应　（B）观众效应　（C）性别助长　（D）社会惰化

95. 婚姻的动机主要包括____。

（A）利他　（B）繁衍　（C）爱情　（D）经济

96. 关于说服，正确的说法包括____。

（A）说服者的吸引力与说服力呈正相关　（B）畏惧情绪一定会增强说服效果

（C）预先警告有利于说服　（D）自尊水平高的人不容易被说服

97. 他人在场对利他行为往往有负面影响，主要的原因包括____。

（A）责任意识降低　（B）责任分散　（C）社交焦虑　（D）去个性化

98. 幼儿期儿童认同对象的特点一般包括____。

（A）地位高　（B）年龄相仿　（C）能力强　（D）健壮漂亮

99. 幼儿思维的特点包括____。

（A）具体形象思维　（B）依赖具体内容的逻辑思维

（C）逻辑思维开始萌芽　（D）抽象逻辑思维

100. 个体发展的两个逆反期的共同点包括____。

（A）都聚焦于独立自主意识的增强　（B）都要求独立人格

（C）都出现成长和发展的超前意识　（D）都要求精神自主

101. 一般来说，中年期的人格特点包括____。

（A）人格特质稳定不变　（B）性别角色日趋整合

（C）内省日趋明显　（D）心理防御机制日趋成熟

102. 人在经历地震、海啸等自然灾害后可出现____。

（A）严重心理问题　（B）灾难症候群　（C）急性应激障碍　（D）创伤后应激障碍

103. 注意狭窄的症状可见于____。

（A）激情状态　（B）意识障碍　（C）专注状态　（D）智能障碍

104. PTSD 的主要表现包括____。

（A）创伤性体验反复出现　（B）植物神经过度兴奋

（C）意识障碍、定向障碍　（D）对创伤经历的选择性遗忘

105. 许又新教授提出的心理健康标准包括____。

（A）发展标准　（B）适应标准　（C）体验标准　（D）操作标准

106. 按测验材料的性质分类，可将测验分为____。

（A）文字测验　（B）智力测验　（C）统觉测验　（D）操作测验

107. 常模团体的条件包括____。

（A）群体构成要明确界定　（B）对群体具有代表性

（C）样本大小要适当　（D）注意保持其传统性

108. 信度与效度的关系表述为____。

（A）信度是效度的必要而充分条件　（B）信度受效度制约

（C）信度是效度的必要而非充分条件　（D）效度受信度制约

109. 一般来说，编制心理测验时应考虑的因素包括____。

（A）内容　（B）文字　（C）理解　（D）社会敏感性

110. 选择会谈内容的原则应是____。

（A）积极　（B）具体或量化　（C）有效　（D）求助者可接受

111. 在心理咨询过程中，咨询师提问过多可能会产生一些消极作用，包括____。

（A）把更多的责任转移给求助者　（B）造成求助者的依赖

（C）产生不准确的信息　（D）使求助者产生防卫心理

112. 所谓引发心理问题的关键点，其内涵包括____。

（A）该因素在个体发展中持久地存在　（B）随着生活环境的变化改变其自身性质

（C）该因素与多数临床表现有内在联系　（D）该因素是多数临床表现的原因

113. 心理评估不仅是要求咨询师确定求助者的心理、行为及社会功能方面的问题，还包括____。

（A）求助者的咨询动机　（B）求助者的心理测验的结果

（C）引发问题的关键点　（D）引发问题的原因

114. 自我开放的含义包括咨询师____。

（A）公开自己的困扰让求助者分担　（B）将自己的经验与求助者分享

（C）把自己对求助者的体验感受告诉求助者　（D）在咨询过程中的自我调节

115. 积极关注的临床意义主要在于____。

（A）有助于建立咨询关系　（B）有利于深化求助者自我认识

（C）有助于产生咨询效果　（D）有利于看清求助者的心理问题

116. 在合理情绪疗法中，咨询师要帮助求助者达到的领悟包括____。

（A）诱发事件是产生不良情绪的根源

（B）信念引起了情绪及行为后果

（C）求助者对自己的情绪和行为反应负有责任

（D）改变情绪要先改变认知

117. 移情的类型包括____。

(A) 正移情　　(B) 反移情　　(C) 负移情　　(D) 假移情

118. 指导技术的正确做法包括____。

(A) 直接指示求助者以某种方式行动　　(B) 让求助者真正理解指导的内容

(C) 可以不考虑求助者的心理准备　　(D) 不强迫求助者执行

119. 使用面质技术时应注意____。

(A) 要有事实根据　　(B) 避免个人发泄　　(C) 避免无情打击　　(D) 话锋直率犀利

120. 在 WAIS-RC 中，以反应的速度和正确性作为评分依据的分测验包括____。

(A) 算术　　(B) 相似性　　(C) 木块图　　(D) 词汇

121. 联合型瑞文测验的记分方法，包括____。

(A) Z 分数　　(B) 百分等级　　(C) T 分数　　(D) IQ 分数

122. MMPI 的临床量表包括____。

(A) 精神衰弱　　(B) 轻躁狂　　(C) 社会内向　　(D) 神经质

123. 艾森克人格结构纬度主要包括____。

(A) 神经质　　(B) 精神质　　(C) 内外向　　(D) 掩饰性

124. 肖水源编制的社会支持量表共有 10 个条目，包含的维度是____。

(A) 客观支持　　(B) 主观支持　　(C) 心理支持　　(D) 对社会支持的利用度

125. 由肖计划等编制的应对方式问卷共分为 6 个分量表，其中包括____。

(A) 解决问题　　(B) 投射　　(C) 幻想　　(D) 自责

(卷册二：技能选择与案例问答部分)

第一部分　技能选择题

(第 1~100 题，共 100 道题)

本部分由十三个案例组成。请分别根据案例回答 1~100 题，共 100 道题。每题 1 分，满分 100 分。每小题有一个或多个答案正确，请在答题卡上将所选答案的相应字母涂黑。错选、少选、多选，则该题均不得分。

案例一

一般资料：求助者，女性，36 岁，无固定职业。

案例介绍：求助者因与女儿发生矛盾，两个多月以来烦躁、易怒，精神痛苦难以自行解脱，主动前来求助。

下面是心理咨询师与求助者之间的一段咨询对话：

心理咨询师：您好！请问您需要我在哪方面向您提供帮助?

求助者：我最近心里烦得很，搞得我吃不下饭、睡不着觉。

心理咨询师：您能谈谈是什么事情让您心情烦躁吗？

求助者：我女儿最近一直和我闹别扭。小小年纪就开始谈恋爱，还说 17 岁找男朋友不算早恋，让我不要干涉她的自由。我耐着性子跟她讲道理她不听，一跟她发火，她就要离家出走……您说这都高三了，马上就要考大学了，我能不着急吗！

心理咨询师：高三对孩子来说确实是很重要的一年，本来应该是全力以赴专心学习的时候，但她却把心思用在谈恋爱上，我能理解您现在这种着急的心情。

求助者：您真是太理解我了！高三是最关键的一年，如果不加紧学习……我们一个邻居的孩子就是因为高中谈恋爱，结果高考没考好，家里条件也不好……

心理咨询师：您说您身边就有因为早恋影响高考的事例，那您的爱人是怎么看待女儿这个问题的？他和您的意见一致吗？他一般在家里是怎么和女儿交流的？您女儿对他的劝说能听进去吗？

求助者：(沉默)……能不谈他吗？

心理咨询师：看来您和您爱人之间的关系也不太好。如果您不想谈，我尊重您。但是我们认为孩子的问题都是家庭关系的产物，您不觉得您女儿的问题正是夫妻关系造成的吗？

求助者：有可能吧！她爸爸在她小学的时候就和我离婚了。他是个毫不负责的男人，离婚前就对孩子的事情不闻不问，总以应酬多为理由在外边鬼混……离婚以后就更不关心女儿的教育问题，孩子升学、考试他不帮忙，孩子生病也不来医院照顾……有时候连要生活费都跟讨债一样……他根本就不像个父亲，对女儿就没有过什么好影响。现在想来女儿也真是挺可怜的，您说我是不是对女儿太苛刻了？我在来您这儿之前也读过一些心理学书，您说我这是不是就叫"绝对化要求"？是不是违反了"黄金规则"？

心理咨询师：您谈的好像是合理情绪疗法，我对这个疗法不是很了解。

求助者：您不了解这个疗法呀！那看来……

心理咨询师：看来我的水平不高是不是？但您问题的原因我还是清楚的！您刚才一直指责前夫不负责任、不像个父亲，那我问您：登记表上写明您是 36 岁，您女儿是 17 岁，您反对女儿早恋，但您是多大年龄谈恋爱的？您给女儿做了什么榜样？

求助者：(沉默)……

多选：1. 心理咨询师说"您能谈谈是什么事情让您心情烦躁吗？"所使用的提问方式与技术包括____。

(A) 开放式提问　(B) 封闭式提问　(C) 具体化技术　(D) 指导性技术

单选：2. 咨询师使用以上技术是因为该求助者____。

(A) 过分概括　(B) 言行不一　(C) 问题模糊　(D) 概念不清

多选：3. 心理咨询师："高三对孩子来说……我能理解您现在这种着急的心情"。咨询师所使用的技术包括____。

(A) 内容表达　(B) 情感表达　(C) 内容反应　(D) 情感反应

单选：4. "那您的爱人是怎么看待女儿这个问题的？他和您的意见一致吗？他一般在家里是怎么和女儿交流的？您女儿对他的劝说能听进去吗？"属于____。

(A) 多重选择性问题 (B) 多重问题　(C) 责备性问题　(D) 修饰性反问

单选：5. 求助者第一次出现的沉默可能属于____。

（A）怀疑型　　（B）茫然型　　（C）情绪型　　（D）反抗型

单选：6.“但是我们认为孩子的问题都是家庭关系的产物，您不觉得您女儿的问题正是夫妻关系造成的吗?”这属于____。

（A）多重选择性问题（B）责备性问题　　（C）解释性问题　　（D）修饰性反问

多选：7.“有可能吧！她爸爸在她小学的时候就和我离婚了……对女儿就没有过什么好影响”。求助者的多话属于____。

（A）宣泄型　　（B）表现型　　（C）表白型　　（D）外向型

单选：8.“您说我是不是对女儿太苛刻了？我在来您这儿之前也读过一些心理学书，您说我这是不是就叫‘绝对化要求’？是不是违反了‘黄金规则’?”。这段话中求助者出现的阻抗属于____。

（A）讲话程度上的阻抗　　（B）讲话内容上的阻抗

（C）讲话方式上的阻抗　　（D）咨询关系上的阻抗

多选：9.“您刚才一直指责前夫不负责任……您给女儿做了什么榜样?”这段话中咨询师使用了____。

（A）面质技术　　（B）责备性问题　　（C）内容反应技术　（D）修饰性反问

多选：10. 咨询师最后的一段话表明其没有做到____。

（A）尊重　　（B）真诚　　（C）共情　　（D）热情

单选：11. 求助者最后的沉默可能属于____。

（A）怀疑型　　（B）茫然型　　（C）情绪型　　（D）反抗型

多选：12. 通过对话分析，心理咨询师在咨询中出现的失误包括____。

（A）缺乏共情　　（B）没有遵循价值中立原则

（C）缺少知识　　（D）没有严格执行保密原则

案例二

一般资料：求助者，男性，30岁，未婚，某传媒公司职员。

案例介绍：求助者在公司从事电视节目的编辑和策划工作，饮食、睡眠经常没有规律。随着主管部门政策的调整，某些节目要重新规划和设计，感觉工作压力非常大。近两个月来心情紧张时经常头晕、头痛，原有的胃胀、胃痛也频繁发作，而且对自己一天里说过的话、见过的人反复回忆，独立完成的文案要反复检查，为此耽误了很多时间。自己明知没有必要这么做，却常常控制不住，为此感到焦虑，吸烟的数量明显增加。最近曾有过跳槽的想法。但仔细想想，如果去其它传媒公司，工作性质和工作量也差不多；如果彻底转行，自己已经30岁了，新工作、新环境也不容易适应。为了让自己目前的情况不再加重，主动前来咨询。

心理咨询师观察了解到的情况：求助者的父母对其要求严格，自幼学习成绩优异，内向，谨小慎微，追求完美。

多选：13. 求助者目前的情绪症状包括____。

（A）焦虑　　（B）紧张　　（C）抑郁　　（D）强迫

多选：14. 求助者的躯体症状包括____。

（A）头晕　　（B）头痛　　（C）胸闷　　（D）胃胀

单选：15. 对该求助者最可能的初步诊断是____。

（A）一般心理问题　（B）可疑神经症　（C）严重心理问题　（D）强迫神经症

多选：16. 对该求助者进行诊断时，应考虑排除____。

（A）焦虑神经症　（B）精神病性障碍　（C）强迫神经症　（D）躯体疾病

多选：17. 导致该求助者出现心理问题的社会因素包括____。

（A）工作压力大　（B）强迫回忆　（C）父母管教严　（D）不易跳槽

多选：18. 引发该求助者心理问题的精神性因素包括____。

（A）强迫观念　（B）性格内向　（C）追求完美　（D）父母要求严格

多选：19. 引发该求助者心理问题的生物性因素包括____。

（A）男性　（B）头晕头痛　（C）30 岁　（D）胃胀胃痛

单选：20. 求助者考虑跳槽时的心理冲突属于____。

（A）双趋冲突　（B）双避冲突　（C）趋避冲突　（D）双重趋避冲突

多选：21. 对该求助者可考虑的咨询目标包括____。

（A）改善情绪症状　（B）改变行为模式　（C）改善躯体症状　（D）促进心理健康

多选：22. 对该求助者咨询效果评估的指标包括____。

（A）焦虑情绪缓解　（B）强迫行为减少

（C）头晕头痛症状减轻　（D）工作效率提高

案例三

一般资料：求助者，男性，23 岁，未婚。

案例介绍：求助者因大学毕业一年多未找到合适工作而紧张焦虑，主动寻求帮助。

下面是心理咨询师与求助者咨询过程中的一段对话：

心理咨询师：根据你目前的情况，我决定先对你进行放松训练。

求助者：放松训练？

心理咨询师：是。放松训练是行为和认知疗法中使用最广的技术。虽然没有什么实验基础，但这种方法简便易行、实用有效，也不受时间、地点的限制，还能够提高你改善焦虑症状的速度。

求助者：我现在除了紧张焦虑之外，手还经常发抖，一想到找工作的事就心慌气短、冒汗，着急时还老想上厕所……这些情况靠放松能解决吗？

心理咨询师：当然可以。放松训练的基本假设就是改变主观体验，生理反应也会随着改变。并且放松训练有很多种方法，比如呼吸放松法、肌肉放松法、想象放松法等，你可以多种方法一起使用，最终目的是在日常生活环境里随时做到随意地放松。

求助者：太好了。您快教我吧！

心理咨询师：第一步，……

多选：23. 心理咨询师在介绍放松训练时，正确的包括____。

（A）放松训练的假设　（B）放松训练的原理

（C）放松训练的特点　（D）放松训练的目标

多选：24. 人的情绪反应包含____。

（A）主观体验　（B）注意　（C）生理反应　（D）表情

多选：25. 呼吸放松法包括____。

(A) 口鼻呼吸放松法　　　　(B) 胸式呼吸放松法
(C) 腹式呼吸放松法　　　　(D) 控制呼吸放松法

多选：26. 关于呼吸放松训练，以下描述正确的包括____。
(A) 要尽量做到深而大的呼吸　　　　(B) 吸气的时间比呼气的时间长
(C) 呼气时腹部微微隆起　　　　(D) 用鼻子深吸气、口鼻呼气

多选：27. 放松训练的操作步骤及实施过程包括____。
(A) 咨询师介绍原理　　　　(B) 咨询师进行示范、指导
(C) 强化求助者的练习　　　　(D) 指导求助者用放松代替紧张焦虑

单选：28. 关于放松训练的注意事项，以下说法正确的是____。
(A) 每次在咨询室训练时，咨询师都要进行示范并讲解要点
(B) 放松的引导语有录音和书面两种
(C) 想象放松法要求求助者设定一个有美好回忆的场景
(D) 放松疗法对独立性强、易受暗示的求助者效果较好

案例四

一般资料：求助者，女性，38岁，律师。

案例介绍：求助者因为婚姻问题而内心痛苦近半年时间，经朋友介绍前来咨询。

下面是心理咨询师与求助者的咨询对话：

求助者：张老师您好！

心理咨询师：您好！请坐。天气挺热，我给您倒杯水。

求助者：谢谢！听说您是位非常有水平的咨询师，您也一定是经过严格培训的吧？我能看看您的资格证书吗？

心理咨询师：当然可以。不过我今天没带，下次给您看吧。您这次来是要我帮您解决哪方面的心理问题？

求助者：就是要不要和我老公离婚的事，我已经犹豫了快半年了，但怎么也决定不了，现在想请您帮我出出主意，看看是否应该离婚。

心理咨询师：是否应该离婚我不能替您决定。心理咨询要解决的是心理问题及其引发的行为问题，是咨询师协助求助者解决心理问题的过程，也就是我用心理学的理论和方法帮助您，促使您对自身问题进行探索、最终解决问题。您能不能谈谈您的婚姻出现了什么问题？是怎么出现问题的？

求助者：为了给孩子创造更好的条件，两年前我独自来到省城打拼。近一年时间没有回家。等我春节回家时，发现我老公对我的态度有些变化。我感觉可能出了问题，后来终于在几个月前撞到了他与第三者在一起的事实。我当时愤怒极了，痛骂了他们。后来他给我打过几回电话，也曾经专门向我道歉，但我根本就不想见他。

心理咨询师：您的意思是因为您丈夫出轨导致了婚姻的问题？

求助者：是的。我当初不顾父母的反对嫁给他，为了这个家辛辛苦苦地工作，用我挣的钱买了房子、买了车；现在为了孩子能有好的发展，我又一个人到省城打拼。他不但不体谅我的辛苦，反而干那些伤害我的事……有时候我真有杀了他的想法。

心理咨询师：我能体会到您的情绪，能理解您的想法。但我认为您并非真的想要离婚。

以您的职业背景，办离婚是非常容易的事，您不必等到现在才做决定。您之所以到我这里来咨询，是想通过努力挽救自己的家庭。

求助者：（沉默）……您说得也许对！那您说接下来我该怎么办呢？

心理咨询师：我们先不谈离不离婚的问题，通过咨询，您最终能够自己做出符合您自己愿望的决定。我们目前要从解决您的情绪困扰入手。有一种方法叫合理情绪疗法，认为引起人们情绪困扰的并不是外界发生的事件，而是人们对事件的态度、看法、评价等认知内容，因此改变情绪并不是致力于改变外界事件，而是应该改变认知，通过改变认知，进而改变情绪。

求助者：改变认知？改变我的认知？怎么改变呢？

心理咨询师：这就是我们下一步要讨论的问题了。

单选：29. 本段对话的开始，反映了咨询师对求助者的____。

（A）尊重　（B）热情　（C）真诚　（D）共情

多选：30. 咨询关系的建立与维护受心理咨询师和求助者的双重影响，求助者的____会在一定程度上影响咨询关系及咨询效果。

（A）自我觉察水平　（B）合作态度　（C）智商　（D）期望程度

多选：31. “是否应该离婚我不能替您决定。……促使您对自身问题进行探索、最终解决问题”。这段话表明心理咨询师____。

（A）理解心理咨询的性质　（B）调动求助者的积极性

（C）理解心理咨询的过程　（D）启发引导求助者探索

单选：32. 对该求助者的初步诊断最可能的是____。

（A）社交恐惧症　（B）严重心理问题

（C）精神症性心理问题　（D）一般心理问题

多选：33. 对于该求助者还需要搜集的临床资料包括____。

（A）成长经历　（B）人格特征　（C）身体状况　（D）人际关系

单选：34. 求助者在本段对话中表现出了依赖，其表现形式为____。

（A）不易察觉的形式（B）阻抗的形式　（C）间接的形式　（D）直接的形式

单选：35. 心理咨询师在咨询中使用了合理情绪疗法，通过对话可以判断本段对话处在合理情绪疗法的____。

（A）诊断阶段　（B）领悟阶段　（C）修通阶段　（D）再教育阶段

单选：36. 根据合理情绪疗法的操作过程，咨询师接下来要做的工作最可能是____。

（A）解说合理情绪疗法　（B）分析求助者的不合理信念

（C）修正不合理信念　（D）使新观念强化

多选：37. 根据合理情绪疗法，对该求助者可选择的近期咨询目标包括____。

（A）改变认知　（B）宣泄情绪　（C）改变行为　（D）心理成长

多选：38. 在合理情绪疗法中，咨询师的角色包括____。

（A）监督者　（B）指导者　（C）分析者　（D）说服者

多选：39. 本案例中，求助者不合理信念的特征包括____。

（A）糟糕至极　（B）绝对化要求　（C）过分概括　（D）合理化

单选：40. 根据咨询方案中双方各自特定的责任、权利与义务，出示资格证书是____。

（A）心理咨询师的责任　　（B）心理咨询师的义务
（C）心理咨询师的权利　　（D）心理咨询师的工作

多选：41.“我能体会到您的情绪……是想通过努力挽救自己的家庭”。心理咨询师在这段话中主要表现出了对求助者的____。

（A）尊重　　（B）真诚　　（C）共情　　（D）积极关注

多选：42. 本案例中心理咨询师用到的影响性技术包括____。

（A）封闭式提问　　（B）内容反应　　（C）内容表达　　（D）解释

案例五

一般资料：求助者，男性，29岁，某公司职员。

案例介绍：求助者家在外地，收入一般，一直租住在城乡结合部的平房里。求助者经常有不安全感，晚上在家时要把房屋的门窗紧锁，窗帘全部拉上；冬天里天黑得早，路上行人也比较少，求助者独自走在路上就会担心被抢被劫等不好的事情发生；在手机或电脑上玩游戏时，一定要玩到赢才能停止，否则就会担心有不好的事情在自己身上发生。交往了几个女朋友，对方都觉得他胆小、缺乏男子气，不求上进而拒绝进一步的发展。自己也觉得命运和游戏的输赢应该无关，不应该相信这些东西，但总是控制不住。恨自己耽误了许多时间、恨自己胆小，为此非常苦恼。情绪低落，经常失眠。很想改变这种状况，因此前来寻求帮助。

心理咨询师观察了解到的情况：求助者出生后因父母在城里打工，从半岁起便由奶奶照顾。两岁时奶奶去世，只好在姑姑家生活，直到上初中才进城和父母同住。对求助者进行心理测验，EPQ结果为T分：P40，E35，N65，L40。

单选：43. 根据测验结果，可以判断求助者的气质类型为____。

（A）多血质　　（B）胆汁质　　（C）黏液质　　（D）抑郁质

多选：44. 该求助者EPQ测验结果的T分属于____。

（A）粗分　　（B）量表分　　（C）原始分　　（D）标准分

多选：45. 该求助者出现的情绪症状包括____。

（A）焦虑　　（B）恐惧　　（C）愤怒　　（D）抑郁

单选：46. 该求助者表现出的行为症状主要是____。

（A）回避行为　　（B）刻板行为　　（C）强迫行为　　（D）攻击行为

多选：47. 引发该求助者心理问题的原因包括____。

（A）非常迷信　　（B）不合理信念　　（C）成长经历　　（D）交不到女友

单选：48. 该求助者不合理信念的主要特征是____。

（A）绝对化要求　　（B）追求完美　　（C）过分概括化　　（D）糟糕至极

单选：49. 如果对求助者采用阳性强化法，其基本原理是____。

（A）经典条件反射　　（B）交互抑制　　（C）操作条件反射　　（D）社会学习论

多选：50. 如果对该求助者采用合理情绪疗法，再教育阶段可以使用的方法和技术包括____。

（A）放松训练　　（B）合理情绪想象技术
（C）技能训练　　（D）与不合理信念辩论的技术

案例六

一般资料：求助者，男性，30岁，大学教师。

案例介绍：夫妻感情好，都爱旅游，2个月前与妻子外出游玩时不慎发生意外，妻子死亡。经公安部门鉴定排除他杀，但女方家人不依不饶，指责求助者不负责任，甚至付诸法律。自己承受巨大压力，内心痛苦，情绪低沉，伴有焦虑紧张、头晕、头痛、失眠、食欲差。曾到医院看医生，考虑"神经衰弱"，给予安定类药物后略减轻。尚能坚持工作，生活影响不大。目前，一切后事及纠纷已经处理完毕，情绪稍微稳定，不适感减轻。家人为了使其及早摆脱痛苦，为其介绍了一位对象，现在双方均有意发展关系，但自己不知如何把握，故来寻求咨询师的帮助。

单选：51. 对该求助者特点描述错误的是____。

(A) 情绪反应比较强烈　(B) 内心痛苦无法摆脱

(C) 问题内容尚未泛化　(D) 负性情绪尚不严重

多选：52. 该求助者的躯体症状包括____。

(A) 头晕　(B) 睡眠障碍　(C) 头痛　(D) 进食障碍

多选：53. 能反映该求助者社会功能变化的方面包括____。

(A) 工作　(B) 生活　(C) 学习　(D) 恋爱

单选：54. 引发求助者心理与行为问题的最直接原因是____。

(A) 心理学因素　(B) 生物学因素　(C) 社会性因素　(D) 跨文化因素

多选：55. 该案例需要排除的诊断包括____。

(A) 抑郁症　(B) 焦虑症　(C) 躯体疾病　(D) PTSD

单选：56. 对该求助者的初步诊断是____。

(A) 一般心理问题　(B) 创伤后应激障碍

(C) 严重心理问题　(D) 神经症性心理问题

单选：57. 对该求助者做出诊断的最主要依据是____。

(A) 情绪低落　(B) 焦虑紧张　(C) 没有泛化　(D) 有自知力

多选：58. 该求助者心理状况的改善应主要归功于____。

(A) 自我调节　(B) 生活改变　(C) 心理咨询　(D) 社会支持

案例七

一般资料：求助者，女性，36岁，公司职员，已婚，女儿9岁。

案例介绍：求助者近一个月来买了大量衣物，到处分送给亲朋好友，认为这是"希望工程"，当家人问及此事时，还断然否认，认为"做好事不应声张"。家中经济条件好，但个人的衣着不修边幅，家中卫生差。给女儿的信中写道："天有不测风云，月有阴晴圆缺。让我们在今后的日子里，在各自的工作岗位上，好好做人，力争做个新世纪继往开来的好人，一生平安。虽然我小气，但我从不伤人，让我们携手并肩，向着共同的目标奋进，好吗？"由家人强行送到医院检查身体，勉强到了医院门口，坚决不进，并乘机溜走。医院给开"氯氮平"，看过说明书后坚决不吃，因为"吃了就是精神病了"。其丈夫介绍，谈恋爱时就发现她有时说话不着边际，交流困难，因当时在部队，接触少，未在意。5年前复员回家在一起生活，发现她懒，不理家，不做饭，也不管小孩，现在越来越不像话了。

多选：59. 该求助者存在的异常心理症状包括____。

（A）认知障碍　（B）情绪障碍　（C）意志障碍　（D）行为障碍

多选：60. 对本案例进行定性的依据包括____。

（A）幻觉　（B）思维障碍　（C）妄想　（D）自知力障碍

单选：61. 该求助者典型症状不包括____。

（A）夸大妄想　（B）思维散漫　（C）情感迟钝　（D）意志减退

多选：62. 该求助者的典型症状包括____。

（A）夸大妄想　（B）思维破裂　（C）意志减退　（D）意志缺乏

单选：63. 求助者买衣物分送亲友的表现是____。

（A）思维奔逸　（B）夸大妄想　（C）情感高涨　（D）病理象征性思维

单选：64. 从求助者给女儿写信的内容可以判断其存在____。

（A）思维散漫　（B）思维奔逸　（C）思维破裂　（D）思维云集

多选：65. 本案例的病程是____。

（A）1 年　（B）5 年　（C）6 年　（D）9 年以上

单选：66. 对求助者生活状态的描述可以判断其存在____。

（A）意志增强　（B）意志减退　（C）意志缺乏　（D）意向倒错

单选：67. 本案例可以排除的是____。

（A）严重心理问题　（B）可疑神经症　（C）精神病性障碍　（D）抑郁发作

单选：68. 对该案例处理正确的是____。

（A）心理咨询　（B）药物治疗　（C）行为治疗　（D）转诊治疗

案例八

一般资料：求助者，男性，30 岁，秘书。

以下是心理咨询中的一段对话：

心理咨询师：上次咨询你谈到现在最苦恼的是总担心自己写错东西，尽管你知道自己不会写错，但总是控制不了自己的这种想法，不断地写，又不断地检查，是这样吗？

求助者：没错，两个多月来一直都是这样，我很痛苦。

心理咨询师：我能理解，那你能不能谈谈是什么事情使你感到痛苦？

求助者：年终在写总结报告的时候，把一个重要数据写错了，结果被领导狠狠地批了一顿，其实我本来是很仔细的，没出过这种错误。从那以后，我每次写东西都特别紧张，总担心再写错什么，结果就有这毛病了。

心理咨询师：那你这种担心从最初到现在有什么变化吗？

求助者：变得越来越重了。刚开始主要是写重要文章的时候特担心，总检查，后来写什么都紧张了，都要检查，现在都害怕写东西了。

心理咨询师：你觉得你的问题受什么因素影响呢？

求助者：（沉默）

心理咨询师：（沉默、等待）

求助者：好像与我的心情有关，心烦时重些，高兴时轻些。

心理咨询师：这件事对你生活有什么影响吗？

求助者：这件事把我的生活都搅乱了，现在对家庭的照顾少了，夫妻生活也不和谐了，整天担心写错东西，结果对许多事情都没了兴趣，与朋友交往也少了，经常感到身体不适、疲劳和头痛，吃不下东西。这样下去的话，活着还有什么意思，但是为这点小事去死也不值得呀！您一定帮帮我。

心理咨询师：只要我们共同努力，一定会解决这个问题的，生活中毕竟还有很多令人高兴的事，你说呢？

求助者：确实，我在和女儿一起玩的时候还是挺高兴的，我也喜欢和家人出去散散步或者一个人听听音乐。

心理咨询师：那能否谈谈你睡眠怎么样？

求助者：我这个人习惯晚上写东西，本来入睡就有点困难，自从有了这个毛病，睡眠更差了，有时候不得不吃一两片安眠药。

心理咨询师：那你认为对自己的要求与你现在的问题有怎样的关系呢？

求助者：多年来，我一直要求自己干什么都要做的最好，必须成功，不能失败，因为我对自己要求很高，做事追求完美，使我太在意领导的评价，以至于不能容忍自己出错，才变成这样。

单选：69. 咨询师本次咨询的目的是____。

（A）探讨目标，制定方案　（B）收集资料，探讨目标
（C）收集资料，进行诊断　（D）分析病因，制订方案

多选：70. 该求助者心理问题的特点包括____。

（A）生活事件明显　（B）初始反应强烈　（C）持续时间长久　（D）内容尚未泛化

多选：71. 该求助者社会功能受到影响主要表现在____。

（A）工作效率很低　（B）人际关系紧张　（C）生活兴趣丧失　（D）社交缺乏主动

单选：72. 该求助者没有出现的心理生理障碍是____。

（A）睡眠障碍　（B）头痛　（C）进食障碍　（D）性心理障碍

单选：73. 咨询师在咨询过程中使用的谈话方法属于____。

（A）摄入性谈话　（B）鉴别性谈话　（C）治疗性谈话　（D）咨询性谈话

多选：74. 本案例中求助者的典型症状包括____。

（A）强迫症状　（B）抑郁症状　（C）恐怖症状　（D）焦虑症状

多选：75. 通过对话可以判断求助者具有____。

（A）相对稳定的个性（B）良好的社会功能（C）较完整的自知力（D）现实检验的能力

单选：76. 求助者在谈话中出现了沉默，其类型是____。

（A）怀疑型　（B）茫然型　（C）反抗型　（D）思考型

多选：77. 对求助者的表现评定正确的包括____。

（A）生活兴趣缺失　（B）自我评价降低　（C）社交功能降低　（D）自杀观念明显

多选：78. 引发求助者心理问题的原因主要包括____。

（A）成长经历　（B）工作压力　（C）经济状况　（D）认知评价

单选：79. 本案例可以最先考虑排除的诊断是____。

（A）一般心理问题　（B）可疑神经症　（C）严重心理问题　（D）神经官能症

多选：80. 确定求助者是否在心理咨询范围的依据是____。

（A）符合心理正常与异常三原则　　（B）存在内心冲突

（C）求助动机明显　　（D）有完整自知力

单选：81. 对该求助者的初步诊断是____。

（A）一般心理问题　（B）可疑神经症　（C）严重心理问题　（D）强迫神经症

多选：82. 本案例若与求助者商定咨询目标，正确的包括____。

（A）改善情绪　（B）改变生活　（C）改变认知　（D）改善饮食

案例九

一般资料：求助者，男性，39 岁，某剧团编剧，妻子是演员，女儿 11 岁。

案例介绍：求助者因思念故乡及惦念年迈的双亲，萌生了由本市调回故乡的念头，但妻子坚决不同意，认为丈夫故乡虽然美丽，但工作居住条件很难达到当下在所在城市的水平。在丈夫执意要求下，最后达成协议，男方先调回。回去后，工作不对口，原来特长不能发挥，住房狭小，工作、生活与原来有天壤之别。夫妻见面总是争吵，性生活也不如从前。妻子提出了离婚的要求。而原单位已调入另一位有才华的新编剧，对自己的调回请求并不热情，自己感到世态炎凉，自尊心大受伤害。悔恨失望又无法挽回，不愿做事情，自责、沮丧，感觉未来一片渺茫；失眠、吃不下饭、胸闷气短，只有与父母在一起时才感觉好些，因怕患病，曾到医院检查，但没有查出什么问题。咨询时来回走动，搓双手，请求吸烟（一支接一支）。本来就癖好烟酒，现更无节制，因不满新单位安排的工作，一直未到岗，生活无规律，已经持续 5 个月了，自觉这样下去会出问题，故前来心理咨询寻求帮助。

多选：83. 该求助者临床表现的特点包括____。

（A）自知力完整　（B）求助动机强烈　（C）特异行为表现　（D）社会功能丧失

多选：84. 该求助者主要情绪症状包括____。

（A）恐怖　（B）焦虑　（C）抑郁　（D）易激惹

单选：85. 该求助者面临的压力特点是____。

（A）一般性生活压力　　（B）同时性叠加压力

（C）继时性叠加压力　　（D）破坏性压力

多选：86. 若对求助者进行心理测验，可选用的量表包括____。

（A）SDS　（B）MMPI　（C）CRT　（D）SCL-90

多选：87. 本案例还需要了解的资料包括____。

（A）成长经历　（B）既往病史　（C）经济状况　（D）家族病史

多选：88. 本案例可以排除的诊断包括____。

（A）重性精神病　（B）焦虑性神经症　（C）人格障碍　（D）可疑性神经症

单选：89. 对该求助者的初步诊断是____。

（A）一般心理问题　（B）可疑神经症　（C）严重心理问题　（D）神经官能症

多选：90. 本案例中，与求助者商定的咨询目标的特征应该符合____。

（A）积极又具体　（B）心理学性质　（C）双方可接受　（D）多层次统一

案例十

下面是某求助者的 WAIS-RC 的测验结果：

	言语测验							操作测验							言语	操作	总分
	知识	领悟	算术	相似	数广	词汇	合计	数符	填图	积木	图排	拼图	合计				
原始分	29	21	12	26	14	72		36	18	25	34	17		量表分	83	54	137
量表分	17	13	10	16	12	15	83	9	14	8	16	7	54	智商	124	112	120

单选：91. 根据测验结果，该求助者百分等级为 98 的项目是____。

（A）知识　（B）领悟　（C）相似　（D）词汇

多选：92. 根据该求助者的知识分测验得分，可以判断其____。

（A）接受能力强　（B）一般学习能力强　（C）知识范围广　（D）对日常事物的认识能力强

多选：93. 下列说法正确的包括____。

（A）该求助者有 6 项分测验高于全国常模平均数一个或一个以上标准差

（B）数字广度分测验各项第一题答对便继续进行下一项

（C）该求助者 FIQ 的智力等级属于“高于平常”

（D）该求助者成绩低于全国常模平均水平的分测验有 3 个

案例十一

下面是某求助者的 MMPI 的测验结果：

量表	Q	1	F	K	Hs	D	Hy	Pd	Mf	Pa	Pt	Sc	Ma	Si
原始分	5	3	30	8	9	28	21	25	26	21	30	54	28	46
K 校正分														
T 分	46	39	73	39	50	53	48	63	46	70	65	80	68	66

单选：94. 该求助者精神分裂症量表的 K 校正分应当是____。

（A）28　（B）38　（C）62　（D）64

多选：95. 从测验结果来看，该求助者可能存在____。

（A）多疑、孤独等性格特征

（B）躯体化障碍，以及淡漠、悲观等表现

（C）情绪紊乱、反复无常、行为冲动等表现

（D）胆小、退缩、过分自我控制、紧张等表现

多选：96. 关于该项测验，正确说法包括____。

（A）适用于初中以上文化程度的求助者　（B）该求助者的症状比较严重

（C）可能诊断为偏执性精神分裂症　（D）6 个临床量表超过了中国常模划界值

案例十二

下面是某求助者的 SCL-90 测验结果：

总分：225，阴性项目数：25。

因子名	躯体化	强迫症状	人际关系敏感度	抑郁	焦虑	敌对	恐怖	偏执	精神病性	其他
因子分	1.2	3.1	2.7	1.9	2.5	3.2	2.3	3.7	3.2	2.4

多选：97. 该求助者的测验结果显示____。

(A) 可能存在与人争论、摔东西等冲动　(B) 有较严重的投射性思维、猜疑等问题

(C) 有较重的思维播散和被控制感　(D) 有悲观、失望、苦闷等情感反应

多选：98. 关于本测验结果，下列说法正确的包括____。

(A) 有一半以上的因子分属于筛查阳性

(B) 阳性项目均分约为 3.1

(C) 阳性项目数没有超过划界值

(D) 该量表可用于调查不同职业群体的心理卫生问题

案例十三

下面是某求助者的 EPQ 的测验结果：

	粗分	T 分		粗分	T 分
P	4	55	N	8	61
E	2	26	L	4	43

多选：99. 根据测验结果，可以判断该求助者为____。

(A) 气质类型为黏液质　(B) 神经质为倾向型

(C) 气质类型为抑郁质　(D) 神经质为典型型

多选：100. 以下说法正确的包括____。

(A) 该量表采用标准分数解释结果

(B) 该求助者情绪不稳定

(C) 该求助者内外向量表分高于常模平均数

(D) 该量表属于自陈式人格测验

第二部分　案例问答题

本部分采取专家阅卷，1~4 题，满分 100 分。请在答题纸上写明题号，用钢笔、圆珠笔按要求作答。

一般资料：求助者，女性，29 岁，未婚，公司职员。

案例介绍：求助者生活在一个单亲家庭，父母多年前离异，她一直跟着母亲生活，母亲没有再婚。从学生时代起，母亲就严格禁止她单独与异性来往；大学毕业后，她开始谈恋爱，母亲时常告诫她：男人都不可靠，朝三暮四、喜新厌旧，交往时一定要慎重。并且郑重警告她，如果敢在婚前发生性行为，就和她断绝母女关系。求助者一直与母亲相依为命，觉

得母亲是为了自己而没有再婚，自己不该违背母亲的意愿；想到父亲当年抛弃她们母女的行为，感到男人确实不太可靠。因此与几任男友交往都无果而终。一年前认识了一位从海外留学归来的男士，身材、相貌、经济条件都让她非常满意，男士也有意和她发展。但由于母亲的告诫，求助者与该男士交往时始终保持距离。因为多次拒绝了男士发生亲密关系的要求，她自己感觉男士开始疏远她，跟她在一起时不再像刚认识时那样关心她。半年前的一天，她与男士通过电话之后，突然感觉胸闷、心慌、气短，头晕，两腿无力，此后便经常提心吊胆，担心男友不再喜欢她，自己成为剩女，从此嫁不出去；担心自己如果嫁给男友，以后也许会落得母亲一样的下场……心慌气短等症状也时有出现，曾到多家医院检查，但没有查出明显器质性病变。虽然单位领导减少了她一部分工作量，但工作效率仍然较低，并且精神痛苦难以摆脱。主动前来咨询。

心理咨询师观察了解到的情况：求助者衣着整洁、面貌姣好，但情绪低落，拿杯子喝水时能看到手的颤抖。

请根据案例回答以下问题：

一、本案例最可能的诊断及诊断依据是什么？(30 分)

二、本案例中求助者产生心理问题的原因有哪些？(30 分)

三、请写出合理情绪疗法在修通阶段常用的方法及每种方法中包含的技术。(20 分)

四、在咨询过程中，心理咨询师在表达真诚时需要注意什么？(20 分)

参考答案

卷册一：职业道德与理论知识部分

题号	1	2	3	4	5	6	7	8		
答案	B	A	C	D	A	B	B	D		
题号	9	10	11	12	13	14	15	16		
答案	ABCD	AD	ACD	ABC	ABCD	ABCD	AD	AC		
题号	17	18	19	20	21	22	23	24	25	
答案					——					
题号	26	27	28	29	30	31	32	33	34	35
答案	C	D	C	C	A	C	B	B	D	B
题号	36	37	38	39	40	41	42	43	44	45
答案	B	D	C	B	D	B	B	C	A	C
题号	46	47	48	49	50	51	52	53	54	55
答案	B	C	C	D	D	B	A	B	D	A

题号	56	57	58	59	60	61	62	63	64	65
答案	B	B	A	C	D	D	C	B	D	C
题号	66	67	68	69	70	71	72	73	74	75
答案	B	D	D	C	B	C	C	D	C	B
题号	76	77	78	79	80	81	82	83	84	85
答案	A	B	C	A	B	D	B	B	B	D
题号	86	87	88	89	90	91	92	93	94	95
答案	BC	ABC	ABC	ABCD	AD	AB	BCD	ABD	ABC	BCD
题号	96	97	98	99	100	101	102	103	104	105
答案	AD	BD	ACD	AC	AC	BCD	ABCD	ABCD	ABD	ACD
题号	106	107	108	109	110	111	112	113	114	115
答案	AD	ABC	CD	ABCD	ACD	BCD	ACD	CD	BC	ABC
题号	116	117	118	119	120	121	122	123	124	125
答案	BCD	AC	ABD	ABC	AC	BD	ABC	ABC	ABD	ACD

卷册二：技能选择与案例问答部分

题号	1	2	3	4	5	6	7	8	9	10
答案	AC	C	CD	B	C	B	AC	B	BC	AD
题号	11	12	13	14	15	16	17	18	19	20
答案	D	BC	AB	ABD	A	ABCD	ACD	BC	AC	B
题号	21	22	23	24	25	26	27	28	29	30
答案	ABD	ABCD	CD	ACD	CD	AD	ABCD	C	B	ABD
题号	31	32	33	34	35	36	37	38	39	40
答案	AC	B	ABD	A	A	B	AC	BCD	ABC	B
题号	41	42	43	44	45	46	47	48	49	50
答案	BCD	CD	D	BD	ABCD	C	ABC	D	C	ABCD
题号	51	52	53	54	55	56	57	58	59	60
答案	D	ABCD	ABD	A	ABCD	A	C	ABCD	AC	BCD

题号	61	62	63	64	65	66	67	68	69	70
答案	C	ABCD	B	C	D	C	A	D	C	ABC
题号	71	72	73	74	75	76	77	78	79	80
答案	ABCD	D	AC	ABD	ACD	D	AC	ABD	D	AD
题号	81	82	83	84	85	86	87	88	89	90
答案	C	AC	AB	BCD	C	ABD	ABD	ABCD	C	ABCD
题号	91	92	93	94	95	96	97	98	99	100
答案	C	ABCD	ABD	C	ACD	BCD	ABC	ABD	BC	ABD

一、(30分)

最可能的诊断是焦虑神经症。诊断依据：

(1) 求助者目前情绪和躯体症状与现实因素无密切关系，心理冲突属于变形冲突；

(2) 根据许又新神经症评定标准，该求助者：病程半年左右(记2分)，精神痛苦程度上，依靠自己难以摆脱(记2分)，社会功能上，工作效率显著下降，需要减少工作量(记2分)，总分6分，精神痛苦程度和社会功能评定超过三个月，无任何器质性疾病，故神经症诊断成立；

(3) 求助者有焦虑的情绪症状，伴有精神运动性不安、植物神经功能症状为主要表现，故诊断为焦虑神经症。

二、(30分)

(1) 生物学原因：女性、29岁、无躯体疾病。

(2) 社会性原因：①早年父母离婚，由母亲单独抚养；②母亲管教严厉，大学毕业之前没有与异性深入交往经验；③与现男友交往中产生矛盾。

(3) 心理性原因：①内向；②存在不合理信念：绝对化要求(如母亲为我不再结婚，我必须听母亲的话)、以偏概全(如男人都不可靠)、糟糕至极(如担心成为剩女或结了婚也会被抛弃)；③认为男友开始疏远自己。

三、(20分)

(1) 与不合理信念辩论，常用技术是产婆术式辩论。

(2) 合理情绪想象技术。

(3) 家庭作业。包括：认知性家庭作业、情绪性家庭作业、行为方面的家庭作业。

(4) 其他方法。如：自我管理程序、“停留于此”、放松训练等。

四、(20分)

(1) 真诚不等于实话实说；

(2) 真诚应该实事求是；

（3）真诚不是自我发泄；
（4）表达真诚应该适度；
（5）真诚还体现在非言语交流上；
（6）表达真诚应考虑时间因素。

2014年5月三级心理咨询师鉴定真题

（卷册一：职业道德与理论知识部分）

第一部分 职业道德

（第1~25题，共25道题）

一、职业道德基础理论与知识部分(1~16题)

答题指导：

1. 该部分均为选择题，每题均有四个备选项。其中，单项选择题只有一个选项是正确的，多项选择题有两个或两个以上选项是正确的。

2. 请根据题意的内容和要求答题，并在答题卡上将所选答案的相应字母涂黑。

3. 错选、少选、多选，则该题均不得分。

(一)单项选择题(1~8题)

1. 职业道德是____。

(A) 从业人员的特定行为规范　　(B) 企业上司的指导性要求

(C) 从业人员的自我约束　　(D) 职业纪律方面的最低要求

2. 关于道德与法律的关系，正确的是____。

(A) 在内容上没有交叉　　(B) 在最终目的上没有一致性

(C) 在实践上是相互支撑的　　(D) 在适用范围上完全一致

3. 道德中所谓"应该"的意思是____。

(A) 基于社会利益，按照社会公认的价值取向行事

(B) 考虑自己的利益需求，按照自己的想法行事

(C) 根据实际情况，不断对办事方式做出调整

(D) 从人际关系出发，凡是合乎人情的，就是应该的

4. "科学技术是第一生产力"。这句话的意思是____。

(A) 除了科学技术，其他事物不属于生产力的范畴

(B) 不掌握先进的科学技术，就相当于丧失了生产力

(C) 一般从业人员不在第一生产力之列

(D) 科学技术对生产和经营管理具有极端重要性

5. 关于企业规章制度，理解正确的是____。

(A) 规章制度虽然能够使员工步调一致，但同时抑制了人们的创造性

（B）规章制度是企业管理水平低的表现，好的企业不用规章制度便能够管理有序
（C）在规章制度面前，没有特例和不受规章制度约束的人
（D）由于从业人员没有制定规章制度的权利，遵守与不遵守规章可视情况而定
6. 对企业形象理解正确的是____。
（A）形象是外在的，所以企业形象是企业的“面子”工程
（B）企业形象是企业文化的综合表现
（C）企业形象往往是外在表象，一般不值得信任
（D）企业生存和发展靠的是质量，而不是企业形象
7. 企业从员人员协调与上司之间的关系，其正确的做法是____。
（A）如果认为上司委派自己的工作不合理，可以直接拒绝
（B）对上司委派而自己干不了或干不好的工作，不能推辞
（C）尊重上司的隐私，不在背地议论上司
（D）对上司的错误指责，要敢于当面争辩以维护自身权益
8. 正确使用职业用语的是____。
（A）“不知道”　　（B）“不合适，可以退货”
（C）“不买，别问”　　（D）“不是告诉你了吗”
（二）多项选择题（9~16 题）
9. 在服务领域，符合职业道德要求的做法有____。
（A）在柜台内抱肩、插兜　　（B）捡到顾客物品，送交有关部门处理
（C）没有顾客时，读书看报　　（D）目视前方，以迎接顾客到来
10. 关于职业选择，正确的观念和做法有____。
（A）职业选择属于个人的事情，他人不得干预
（B）职业选择有利于促进广泛就业，实现人力资源科学配置
（C）职业选择有助于培养人的自主、自立精神
（D）倡导职业选择，无异于鼓励“挑肥拣瘦”
11. 所谓企业信誉，正确的理解有____。
（A）企业信誉是树立企业形象的关键
（B）良好的企业信誉能够带来经济效益
（C）企业信誉是短时间通过大规模宣传便能够迅速建立起来的社会信任心理
（D）企业信誉与企业产品质量和服务质量紧密相联
12. 符合办事公道要求的有____。
（A）坚持真理，一切照书本要求去做
（B）不管当事人是谁，出了问题，就要各打五十大板
（C）分清公私界线，不把公与私相混淆
（D）说老实话，办老实事，做老实人
13. 关于勤劳和节俭，正确的认识有____。
（A）在生产发展的今天，社会需要的是勤劳而不是节俭
（B）勤劳与节俭是人们事业成功的两个重要方面
（C）勤劳与节俭是对立统一、相辅相成的关系

（D）勤劳与节俭的形式可以变，但精神不能变

14. 加强从业人员之间的团结协作，要____。

（A）遵从“师徒如父子”的古训，促进老中青三代人和睦相处

（B）强化“主人翁”观念，只当主角，消除配角意识

（C）讲求合作，崇尚竞争，平等互利

（D）做好本职工作，不给同事找麻烦

15. 创新的作用在于____。

（A）创新能够提高产品质量　　（B）创新能够降低产品成本

（C）创新是企业发展的动力　　（D）创新追求的是轰动效应

16. 加强职业道德修养的方式包括____。

（A）学习职业道德规范　　（B）自我约束

（C）以先进典型为标尺　　（D）慎独

二、职业道德个人表现部分（17~25题）

答题指导：

1. 该部分均为选择题，每题均有四个备选项，您只能根据自己的实际状况选择其中一个选项作为您的答案。

2. 请在答题卡上将所选择答案的相应字母涂黑。

17. 如果你有这样一个同事：他工作能力突出，知识丰富，但人品较差。你会____。

（A）杜绝和他来往　　（B）除非不得已，否则不和他往来

（C）和他正常来往　　（D）多与他交往，提高自己

18. 假如你的一个多年未见的同学从外地来到你所工作的地方，想和你见面，但你工作十分忙碌，没有时间陪伴他。你会____。

（A）直接说明情况，表达歉意　　（B）去和同学见一面，打个招呼就走

（C）去和同学见一面，适当待一会儿　　（D）立即去陪伴同学

19. 如果你是某商场的电器销售员，在没有顾客的时候，你会____。

（A）戴着耳机听音乐　　（B）看报，浏览新闻

（C）按要求站在指定地点　　（D）想想下班后的事情

20. 你一般上班时的心情是____。

（A）兴奋的　　（B）平静的　　（C）低沉的　　（D）压抑的

21. 你正在休法定假日，公司却要求你马上返回以处理紧急事务，你会____。

（A）由于没有休完法定假期，委婉拒绝公司的要求

（B）服从命令，马上返回

（C）想一个既可以处理紧急事务，又可以继续度假的办法

（D）向公司说明情况，问问公司能够付多少加班费

22. 在和年轻同事聊天时，你会____。

（A）因为大多数人需要鼓励，所以经常表扬他们

（B）一半表扬，一半批评，这是实事求是的表现

（C）既不批评，也不表扬

（D）多批评，以利于他们的进步

23. 你认为你的朋友中，他们____。

（A）全都对你很了解　　（B）多数对你很了解

（C）少数对你了解　　（D）几乎没有人了解你

24. 你的上司生病，公司决定要你临时代理上司主管工作。你会____。

（A）完全按照上司的思路开展工作　　（B）对上司的工作思路略做修改

（C）按照自己对工作的理解开展工作　　（D）多与上司沟通，以打开工作新局面

25. 在所在单位，你认为自己属于____的人。

（A）能够很快和他人熟悉并交上朋友

（B）不轻易交朋友，但是一旦交上朋友就会持久维持关系

（C）除了儿时交的朋友外，工作后已经很难交上真正的朋友

（D）只管做自己的事，不太注重结交朋友

第二部分　理论知识

（第26~125题，共100道题，满分为100分）

一、单项选择题（26~85题，每题1分，共60分。每小题只有一个最恰当的答案，请在答题卡上将所选答案的相应字母涂黑）

26. 事先没有目的、也不需要意志努力的注意是一种____。

（A）随意注意　　（B）不随意注意　　（C）有意注意　　（D）随意后注意

27. 同一感受器在刺激物的持续作用下感受性发生变化的现象是____。

（A）感觉适应　　（B）感觉对比　　（C）感觉后像　　（D）联觉

28. 看见一朵玫瑰花并能认识它，这种心理活动是____。

（A）色觉　　（B）知觉　　（C）感觉　　（D）统觉

29. 人脑反映客观现实最简单的心理过程是____。

（A）认知过程　　（B）记忆过程　　（C）感觉过程　　（D）知觉过程

30. 人对黑暗环境的适应，是视觉感受性的____。

（A）顺应　　（B）对比　　（C）提高　　（D）降低

31. 在出乎意料的紧急情况下所产生的适应性反应是____。

（A）心境　　（B）激情　　（C）应激　　（D）焦虑

32. 性格是在社会环境中逐渐形成的，受价值观、人生观、世界观的影响，所以性格____。

（A）有好坏之分　　（B）是心理状态　　（C）无好坏之分　　（D）是心理过程

33. 人格特质理论的创始人是____。

（A）奥尔波特　　（B）卡特尔　　（C）吉尔福特　　（D）霍兰德

34. 要使个体对某种活动具有持续的积极性，最好激发他的____动机。

（A）外部　　（B）社会性　　（C）内部　　（D）生理性

35. 社会行为公式B=f(P，E)中，P指____。

(A) 行为　(B) 个体所处情境　(C) 个体　(D) 函数关系

36. 最严重的角色失调是____。

(A) 角色冲突　(B) 角色失败　(C) 角色不清　(D) 角色中断

37. 在印象形成过程中，个体会把各种具体信息综合后，按照保持逻辑一致性和情感一致性的原则，形成____。

(A) 第一印象　(B) 刻板印象　(C) 总体印象　(D) 客观印象

38. 詹姆士的自尊公式是____。

(A) 自尊=成功/自信　(B) 自尊=成功/抱负

(C) 自尊=自信/抱负　(D) 自尊=抱负/成功

39. 刻板印象使人的社会知觉过程简化，因此它具有____的作用。

(A) 概括化　(B) 社会适应　(C) 抽象化　(D) 社会比较

40. 对可控性因素的归因，使人们更可能对未来的行为做出____的预测。

(A) 准确　(B) 变化　(C) 稳定　(D) 系统

41. 每种活动都存在最佳的动机水平，随着任务难度的增加，最佳动机水平有____的趋势。

(A) 逐渐降低　(B) 逐渐上升　(C) 迅速上升　(D) 保持不变

42. 一般情况下，去个性化和个体侵犯性之间的关系是____。

(A) 正相关　(B) 负相关　(C) 零相关　(D) 无相关

43. 关于爱情，错误的说法是____。

(A) 具有浪漫色彩　(B) 是一种高级情感　(C) 幼儿也有爱情　(D) 是一种强烈的人际吸引形式

44. 艾里克森认为童年期(7~12 岁)的主要发展任务是____。

(A) 获得勤奋感，克服自卑感　(B) 获得完善感，避免失望感

(C) 获得自主感，克服羞耻感　(D) 获得亲密感，避免孤独感

45. 皮亚杰的心理发展观认为心理起源于____。

(A) 先天的成熟　(B) 动作　(C) 后天的经验　(D) 吸吮

46. 产生深度知觉的年龄是____。

(A) 2 岁　(B) 6 个月　(C) 1 岁　(D) 3 个月

47. 柯尔伯格的道德发展理论认为____。

(A) 道德发展的先后次序是固定不变的　(B) 道德发展的次序是不分先后的

(C) 道德发展的速度是先慢后快　(D) 道德发展的速度是先快后慢

48. 病理性错觉的症状违背了____。

(A) 主、客观世界统一性原则　(B) 心理活动的内在协调性原则

(C) 人格的相对稳定性原则　(D) 社会适应标准

49. 人在意识障碍的情况下出现语词杂拌，称为____。

(A) 思维松弛　(B) 破裂性思维　(C) 语词新作　(D) 思维不连贯

50. 适应障碍的病程一般不超过____。

(A) 两周　(B) 三个月　(C) 半年　(D) 两个月

51. 内心被揭露感属于____。

（A）知觉障碍　（B）感知综合障碍　（C）思维形式障碍　（D）思维内容障碍

52. 以观念、行为、外貌装饰奇特，情绪冷淡、人际关系明显缺陷为特点的是____人格障碍。

（A）分裂样　（B）偏执型　（C）表演型　（D）反社会型

53. 强大的自然灾害后，人出现焦虑、紧张、失眠、注意力下降等症状，说明其处在“灾难症候群”的____。

（A）惊吓期　（B）警觉期　（C）恢复期　（D）康复期

54. 一般来说，心理测量属于____。

（A）命名量表　（B）顺序量表　（C）等距量表　（D）等比量表

55. 以下没有正确答案的测验是____。

（A）最高行为测验　（B）个别测验　（C）典型行为测验　（D）团体测验

56. 以 10 为平均数、以 3 为标准差来表示的标准分数为____。

（A）离差智商　（B）标准九分　（C）标准十分　（D）标准二十分

57. 如果一个测验在大致相同的情况下，几次测量的分数大体相同，说明此测验有较高的____。

（A）信度　（B）区分度　（C）效度　（D）重复度

58. 反映测验题目对有关行为取样的适用性的效度指标是____。

（A）内容效度　（B）构想效度　（C）效标效度　（D）区分效度

59. 心理测验中用于比较和解释测验结果的参照分数标准是____。

（A）测验分数　（B）导出分数　（C）测验常模　（D）常模分数

60. 弗洛伊德学说在咨询心理学历史上属于____。

（A）行为学派　（B）认知学派　（C）动力学派　（D）结构学派

61. 心理咨询对精神障碍患者的作用是____。

（A）消除症状　（B）系统治疗　（C）预防复发　（D）精神分析

62. 咨询师经过初诊接待，可以初步了解和评估求助者的问题，为____打下基础。

（A）收集一般资料　（B）进行摄入性会谈

（C）形成初步诊断　（D）提出心理评估报告

63. 针对心理问题和行为问题所进行的会谈属于____。

（A）咨询性会谈　（B）治疗性会谈　（C）危机性会谈　（D）鉴别性会谈

64. 严重心理问题的症状持续时间是____。

（A）1～2 个月　（B）3 个月～1 年　（C）2～6 个月　（D）6 个月～1 年

65. 初诊接待中，心理咨询师的主要工作是____。

（A）进行心理诊断　（B）提供释放压抑的空间

（C）进行心理测验　（D）解决求助者的困扰

66. 对鉴别严重心理问题的可疑神经症具有重要意义的是心理冲突的____。

（A）严重程度　（B）性质　（C）持续时间　（D）特征

67. 以反问的形式批评求助者，属于____。

（A）责备性问题　（B）修饰性反问　（C）解释性问题　（D）多重问题

68. 在进行摄入性会谈的过程中，控制会谈和转换话题的技巧不包括____。

（A）中断　　（B）引导　　（C）解释　　（D）释义

69. 一名学生因考试失利而躲在宿舍里不敢外出见人，根据许又新教授的评定标准，该学生社会功能损害的评分为____。

（A）1~2 分　　（B）2~3 分　　（C）3~4 分　　（D）6 分以上

70. 暗示会影响收集资料的可靠性，因此心理咨询师应该重视初诊接待，并建立____，以避免其影响。

（A）严谨的会谈提纲　　（B）有效的小组讨论措施

（C）规范的咨询流程　　（D）规范的咨询环境

71.“完整地接纳”求助者，并不意味着____。

（A）对求助者的恶习无动于衷　　（B）接纳求助者全部的优点和缺点

（C）充分尊重求助者的价值观　　（D）接受求助者的光明面和消极面

72.“真诚不等于实话实说”的含义是____。

（A）真诚与说实话之间没有联系　　（B）表达真诚不能通过言语

（C）表达真诚应有助于求助者成长　　（D）实话实说不利于表达真诚

73. 收集求助者资料时围绕的七个问题中最重要的是____。

（A）when　　（B）what　　（C）why　　（D）who

74. 如果心理咨询师与求助者的目标难以统一，则咨询目标应该以____。

（A）当前问题为主　　（B）咨询师的目标为主

（C）长远发展为主　　（D）求助者的目标为主

75. 精神分析学派的咨询目标是使求助者____。

（A）体验自由感　　（B）潜意识意识化　　（C）建立好习惯　　（D）完成商定的作业

76. 咨询方案中需要明确的求助者的权利是____。

（A）遵守职业道德　　（B）提供真实的资料　（C）提出终止咨询　　（D）完成商定的作业

77. 关于倾听技术，错误的做法是____。

（A）设身处地地听　　（B）适当地表示理解

（C）给予价值评价　　（D）通过言语或非言语形式作出反应

78. 鼓励技术中最常用的方法是____。

（A）不断提问　　（B）给予奖励

（C）及时表扬　　（D）直接重复求助者的话

79. 在合理情绪疗法修通阶段改变不合理信念最常用的技术是____。

（A）与不合理信念辩论（B）家庭作业　　（C）合理情绪想象技术（D）行为技术

80. 我国修订的韦氏成人智力量表的操作部分包括的分测验的数量是____。

（A）4 个　　（B）5 个　　（C）6 个　　（D）7 个

81. 按照韦氏智商分级标准，IQ 值在 110~119 之间属于____。

（A）平常　　（B）低于平常　　（C）超常　　（D）高于平常

82. 我国修订的联合型瑞文测验，每次施测的时间是____。

（A）20 分钟　　（B）30 分钟　　（C）40 分钟　　（D）50 分钟

83. 中国比内测验的统计指标采用____。

（A）比率智商　（B）标准九分　（C）离差智商　　（D）标准十分

84. 16PF 的题目形式是____。

（A）是非式　（B）折中是非式　（C）选择式　（D）文字等级式

85. 在统计 MMPI 的测验结果时，原始分数需要转换成____。

（A）T 分数　（B）标准分数　（C）Z 分数　（D）常模分数

二、多项选择题（86~125 题，每题 1 分，共 40 分。每题有多个答案正确，请在答题卡上将所选答案的相应字母涂黑。错选、少选、多选，均不得分）

86. 脑干包括____。

（A）丘脑　（B）延脑　（C）桥脑　（D）中脑

87. 关于错觉，正确的说法包括____。

（A）是对客观事物的歪曲知觉　（B）只要具备条件，错觉就一定会发生

（C）知道错觉产生原因，错觉可以消除　（D）错觉所产生的歪曲带有固定的倾向

88. 彩色的特性包括____。

（A）饱和度　（B）明度　（C）照度　（D）色调

89. 下列说法中正确的包括____。

（A）语言是一种社会现象　（B）言语是人们进行交流的工具

（C）言语是一种心理现象　（D）言语要借助语言来实现

90. 关于定势，正确的说法包括____。

（A）是一种心理准备状态　（B）有时会促进问题解决

（C）有时会干扰问题解决　（D）是已有的知识和经验

91. 注意分配的条件是同时进行的几种活动____。

（A）其中必须有非常熟练的　（B）必须都是非常熟练的

（C）需要使用同一种心理操作　（D）必须有内在的联系

92. 个体社会化的主要载体包括____。

（A）家庭　（B）通讯工具　（C）学校　（D）交通工具

93. 关于自尊，正确的说法包括____。

（A）自尊是个体对其社会角色进行自我评价的结果

（B）自尊水平是个体对其每一角色进行单独评价的总和

（C）自尊需要的满足会导致自信

（D）自我意识是自尊的一部分

94. 凯利指出，人们的归因所涉及的因素包括____。

（A）刺激客体　（B）背景　（C）行为主体　（D）社会视角

95. 一般来说，近因效应容易在____的人之间产生。

（A）熟悉　（B）不熟悉　（C）亲密　（D）不常见面

96. 下列说法中正确的包括____。

（A）目标的吸引力越大，个体的成就动机越强

（B）目标价值较小，成就动机的激励作用也小

（C）个体的机会越多，成就动机就越强

（D）文化水平越高，成就动机越强

97. 下列说法中正确的包括____。

（A）恐惧越强，亲和动机越弱　（B）恐惧越强，亲和动机越强

（C）焦虑越强，亲和动机越弱　（D）焦虑越强，亲和动机越强

98. 处于前运算阶段的儿童具有的特征包括____。

（A）泛灵论　（B）自我中心　（C）思维可逆　（D）掌握守恒

99. 青春期思维的特点主要包括____。

（A）能够建立假设和检验假设　（B）能够进行辨证思维

（C）思维形式与思维内容分离　（D）认识到解决问题的方法的多样性

100. 老年期记忆力下降的原因包括____。

（A）记忆加工过程的速度变慢　（B）工作记忆容量变小

（C）记忆加工过程的速度变快　（D）工作记忆容量变大

101. 中年期的人格变得较为成熟，具体表现包括____。

（A）内省日趋明显　（B）男性更加男性化，女性化更加女性化

（C）为人处世日趋圆通　（D）心理防御机制运用得越来越少

102. 以下各项，属于社会环境性压力源的包括____。

（A）离婚　（B）性剥夺　（C）战争　（D）气温变化

103. 内感性不适多见于____。

（A）神经症　（B）精神分裂症　（C）抑郁状态　（D）脑外伤后综合症

104. 人们在“一般适应症候群”搏斗阶段的生理、心理、行为特征包括____。

（A）呼吸、心跳加快　（B）敏感、脆弱

（C）血压、体温升高　（D）强烈情绪反应

105. 抑郁发作的特点主要包括____。

（A）情绪低落　（B）言语动作减少　（C）思维贫乏　（D）精神运动性兴奋

106. 心理测量的基本性质包括____。

（A）适用性　（B）间接性　（C）相对性　（D）客观性

107. 心理测验____。

（A）属心理学研究方法　（B）是决策的辅助工具

（C）尚不完善有待改进　（D）有坚实的理论基础

108. 影响测验效度的因素包括____。

（A）系统误差　（B）恒定效应　（C）随机误差　（D）随机效应

109. 心理测验的题目常见的排列方式包括____。

（A）并列直进式　（B）难度均衡式　（C）混合螺旋式　（D）规避猜测式

110. 给临床资料赋予意义的方法包括____。

（A）补充提问　（B）相关分析　（C）分析迹象　（D）就事论事

111. 在心理咨询初诊接待过程中应注意的事项包括____。

（A）避免紧张情绪　（B）尽可能使用专业术语

（C）说明保密原则　（D）不做多余的下意识动作

112. 所谓引发心理问题的关键点，其内涵包括____。

（A）该因素在个体发展中持久地存在　（B）随着生活环境的变化改变其自身性质

（C）该因素与多数临床表现有内在联系　　（D）该因素是多数临床表现的原因

113. 心理测量结果如果与临床观察、会谈的结论不一致，应该____。

（A）重新进行会谈　　（B）以临床观察和会谈的结论为准

（C）重新进行测评　　（D）以测量结果为准

114. 心理咨询师的工作范围包括____。

（A）一般心理问题　（B）严重心理问题　（C）人格障碍　（D）精神病性问题

115. 导致心理问题的社会性因素包括____。

（A）诱发事件　（B）家庭教养　（C）不良认知　（D）性格特点

116. 为了有效地积极关注，应该注意____。

（A）避免盲目乐观　（B）重视负性情绪　（C）反对过分消极　（D）立足实事求是

117. 有效咨询目标的特征包括____。

（A）心理学的　（B）简便易行的　（C）可评估的　（D）尽早见效的

118. 罗杰斯提出的心理健康者的特征包括____。

（A）乐于接受一切经验　　（B）乐于获得他人帮助

（C）时刻保持生活充实　　（D）时刻保持积极乐观

119. 制定心理咨询方案的作用包括____。

（A）便于总结经验教训　　（B）可以满足求助者的知情权

（C）满足形式上的需要　　（D）可以使咨询双方明确行动目标

120. 参与性技术包括____。

（A）倾听　（B）内容反应　（C）面质　（D）情感反应

121. 有关情感反应，正确的理解包括____。

（A）着重于求助者谈话内容　　（B）其最大功用是捕捉求助者瞬间感受

（C）针对求助者现在的情感　　（D）其最大功用是揭示求助者思想核心

122. 在 WAIS-RC 中，属于言语测验的分测验包括____。

（A）算术　（B）相似性　（C）领悟　（D）木块图

123. 我国修订联合型瑞文测验时，合并的原版测验包括____。

（A）标准型　（B）初级型　（C）高级型　（D）彩色型

124. MMPI 的效度量表包括____。

（A）Q 量表　（B）D 量表　（C）F 量表　（D）L 量表

125. 艾森克人格问卷测验结果的分型包括____。

（A）中间型　（B）倾向型　（C）典型型　（D）综合型

（卷册二：技能选择与案例问答部分）

第一部分　技能选择题

（第 1~100 题，共 100 道题）

本部分由十二个案例组成。请分别根据案例回答 1~100 题，共 100 道题。每题 1 分，满分

100 分。每小题有一个或多个答案正确，请在答题卡上将所选答案的相应字母涂黑。错选、少选、多选，则该题均不得分。

案例一

一般资料：求助者，女性，44 岁，公务员。

案例介绍：求助者因孩子的问题来咨询。

下面是心理咨询师与求助者之间的一段咨询对话：

心理咨询师：您好！外边挺冷的，我给您倒杯热水，您稍稍休息一下我们再开始谈。

求助者：谢谢！

心理咨询师：您来咨询的目的是什么？

求助者：我就是想请您帮帮我，我现在都快要崩溃了。

心理咨询师：那您能具体说说是怎么一回事吗？

求助者：都是被我儿子闹的。他今年上初二了，从上小学起，我就想培养他好好学习的习惯，但到现在各种方法我都用过了，竟然没有一点儿效果！真是急死人了！

心理咨询师：从孩子上学一直到现在，您一直为孩子的学习习惯问题着急。那目前孩子的学习成绩怎么样？您都用过什么方法？您究竟想给孩子培养什么样的习惯呢？

求助者：他应该能够自觉学习，至少应该到家就写作业而不是玩游戏、看电视。

心理咨询师：那为了培养这个习惯，您都用了什么方法呢？

求助者：刚上小学的时候是用物质奖励，只要他回家马上写作业，我就给他一个小红旗，攒够 10 个，我就给他买一个他喜欢的玩具。但我发现他学习不上心，总是玩玩具，有时还把玩具带到学校。我买了不少心理学方面的书，按照书上教的去做，可都没有长期效果。现在孩子初二了，人家都说初二特别关键，一旦跟不上就肯定上不了好高中，那以后上大学、找工作就都麻烦了。

心理咨询师：我理解您的心情，您为了孩子的学习花费了很多心血，听您刚才的叙述，感觉您是一个人带孩子吧？

求助者：(沉默)……差不多就是我一个人带吧。

心理咨询师：教育孩子应该是夫妻共同的责任，一个家庭光靠一个人怎么能把孩子管好呢？

求助者：是啊！我一个人既要工作，还要买菜做饭，陪儿子学习。我每天坐在他旁边，帮他检查、改错，整理卷子，再给他弄些水果……只有我在时他才能专心一点。我都快急死了。他爸爸这几年对我们越来越冷淡，总以工作忙、出差为借口不回家，即使回来了对孩子的情况也不闻不问，根本不像个父亲。我总觉得他在外边有了什么情况，但……

心理咨询师：那您对他的行为一定很愤怒吧？

求助者：(沉默)……

单选：1. 心理咨询师在本段咨询的第一段话中表达了对求助者的____。

(A) 尊重　　(B) 共情　　(C) 热情　　(D) 真诚

单选：2. “那您能具体说说是怎么一回事吗？”表明咨询师运用了具体化技术，其目的是针对求助者叙述问题时出现的____。

(A) 过分概括　　(B) 概念不清　　(C) 问题模糊　　(D) 以偏概全

单选：3. 该求助者表现出的主要的情绪是____。

（A）愤怒 （B）恐惧 （C）焦虑 （D）强迫

单选：4.“那目前孩子的学习成绩怎么样？……习惯呢？”心理咨询师所问的问题属于____。

（A）多重选择性问题 （B）多重问题 （C）责备性问题 （D）修饰性反问

多选：5. 求助者对儿子的不合理信念包括____。

（A）绝对化要求 （B）过分概括化 （C）非黑即白 （D）糟糕至极

单选：6. 从行为主义的角度分析，求助者在儿子上小学时所使用的方法属于____。

（A）增强法 （B）惩罚法 （C）消退法 （D）代币管制法

多选：7.“从孩子上学一直到现在，您一直为孩子的学习习惯问题着急”。咨询师所使用的技术包括____。

（A）释义技术 （B）情感反应技术 （C）解释技术 （D）情感表达技术

多选：8.“那为了培养这个习惯，您都用了什么方法呢？”咨询师所使用的技术包括____。

（A）开放式提问技术 （B）面质技术

（C）具体化技术 （D）指导技术

多选：9.“我理解您的心情，您为了孩子的学习花费了很多心血，听您刚才的叙述，感觉您是一个人带孩子吧？”咨询师所使用的技术包括____。

（A）内容反应技术 （B）情感反应技术 （C）情感表达技术 （D）封闭式提问技术

单选：10. 求助者在谈话过程中的两次沉默，最有可能的沉默类型是____。

（A）怀疑型 （B）情绪型 （C）茫然型 （D）思考型

单选：11.“教育孩子应该是夫妻共同的责任，一个家庭光靠一个人怎么能把孩子管好呢？”咨询师所提问题属于____。

（A）责备性问题 （B）修饰性反问 （C）解释性问题 （D）多重性问题

多选：12.“我一个人既要工作，……我总觉得他在外边有了什么情况，但……”咨询师认为求助者出现了多话现象，求助者多话的类型包括____。

（A）倾吐型 （B）宣泄型 （C）表现型 （D）表白型

单选：13. 心理咨询师说“那您对他的行为一定很愤怒吧？”所用的方法是____。

（A）情感表达 （B）情感反射 （C）内容表达 （D）内容反应

单选：14. 在本段咨询对话中，心理咨询师的失误主要表现在____。

（A）咨询理念 （B）咨询态度 （C）提问方式 （D）咨询方法

案例二

一般资料：求助者，男性，37 岁，机关公务员。

案例介绍：一个多月前，求助者为了给煤气表插卡续费而爬进厨房的灶台下面，突然感觉胸闷、心悸，呼吸不畅。赶忙爬出来后又感觉有些头晕，到阳台打开窗子后做了几次深呼吸才缓过来。当晚睡觉时心情烦躁，又出现了胸闷等症状，到阳台站立片刻后症状消失。此后，求助者在任何地方，只要一想到自家灶台下的煤气表，就感觉压抑，继而胸口憋闷、呼吸不畅，有时伴有头晕、头痛和出汗。曾几次到不同医院反复就诊，均未查出器质性疾病，但求助者仍不放心，因此而心烦、失眠，食欲下降，非常痛苦，主动前来咨询。

心理咨询师了解到的情况：求助者老家在农村，父母对其期望很高，进入政府机关后更希望他能出人头地。求助者内向，好胜心强。在工作中曾竞聘失利，影响了情绪。现在经常借故不参加各种聚会，在工作上也出现了几次较大的失误。感觉父母和姐姐对他没有升职有些失望。

多选：15. 该求助者目前的躯体症状包括____。

（A）心烦　（B）头痛　（C）胸闷　（D）食欲下降

多选：16. 引发该求助者产生心理问题的可能的原因包括____。

（A）父母对其期望高（B）内心痛苦　（C）工作负担重　（D）人格特点

多选：17. 该求助者的性格特点包括____。

（A）内向　（B）争强好胜　（C）自信　（D）任劳任怨

单选：18. 该求助者社会功能属于____。

（A）没有受损　（B）轻度受损　（C）中度受损　（D）重度受损

单选：19. 该求助者最可能的初步诊断是____。

（A）焦虑神经症　（B）严重心理问题　（C）可疑神经症　（D）精神病性障碍

多选：20. 对该求助者还需要了解的资料包括____。

（A）身体健康状况　（B）成长教育背景　（C）社会功能状况　（D）婚姻状况

多选：21. 验证临床资料可靠性的方法包括____。

（A）补充提问　（B）心理测验　（C）质疑对峙　（D）验证不同来源的资料

单选：22. 引起该求助者症状的最直接的诱发事件是____。

（A）给煤气表插卡续费　（B）竞聘失利

（C）父母对其失望　（D）内心痛苦

案例三

一般资料：求助者，女性，38岁，公司职员。

案例介绍：求助者与丈夫相识时虽然知道其当时已婚并有孩子，但还是与他同居了。丈夫最终与前妻分手，和求助者结了婚，并生了女儿。丈夫经常到外地出差，有时在外一住就是两、三个月。今年春节期间，求助者的女儿意外去世，求助者很悲痛，而丈夫在女儿去世后不到一周就以工作需要为借口，不顾求助者尚处在悲伤之中，执意离家去了外地。求助者凭直觉认为丈夫在外边一定有女人，并最终得到证实。求助者极度愤怒，砸烂了丈夫所有的收藏品，撕掉了丈夫的照片，吃不下饭、睡不着觉，经常胸闷、头晕，后悔当初轻信了丈夫的花言巧语，让自己多年来背着“第三者”的名声却换来如今被欺骗和被抛弃的结果。求助者觉得自己命苦，没脸见人，现在已无法工作。经朋友劝说前来咨询。

心理咨询师观察了解到的情况：求助者消瘦，神情疲惫，但衣着得体，语言流畅，语速正常。咨询时带来了其丈夫与第三者在一起的视频资料。

多选：23. 该求助者目前的情绪症状包括____。

（A）愤怒　（B）悲伤　（C）抑郁　（D）后悔

多选：24. 该求助者目前的躯体症状包括____。

（A）心慌　　（B）失眠　　（C）头晕　　（D）头痛

单选：25. 该求助者出现的主要行为症状是____。

（A）回避行为　　（B）强迫行为　　（C）刻板行为　　（D）冲动行为

单选：26. 该求助者所经受的压力属于____。

（A）极端压力　　（B）继时性叠加压力　（C）破坏性压力　　（D）同时性叠加压力

单选：27. 根据案例所提供的资料，对该求助者最有可能的诊断是____。

（A）一般心理问题　（B）严重心理问题　（C）焦虑性神经症　（D）创伤后应激障碍

多选：28. 对该求助者还需要了解的资料包括____。

（A）成长经历　　（B）性格特点　　（C）既往病史　　（D）工作状况

多选：29. 该求助者产生心理问题的原因包括____。

（A）38 岁女性　　（B）女儿去世　　（C）丈夫出轨　　（D）性格懦弱

多选：30. 对于该求助者，近期的咨询目标包括____。

（A）改善情绪　　（B）改善躯体症状

（C）改变认知　　（D）促进心理健康和发展

多选：31. 求助者方面对咨询关系的建立与维护有重要影响的因素包括____。

（A）咨询动机　　（B）悟性水平　　（C）期望程度　　（D）合作态度

单选：32. 求助者为了更好地解决她的问题而要求咨询师观看她带来的视频资料，咨询师最恰当的做法是____。

（A）观看而不作任何评判

（B）观看后进行道德性评判

（C）婉拒并指出求助者监视丈夫行为的错误

（D）婉拒而让求助者自己叙述其想说明的事情

案例四

一般资料：求助者，女性，61 岁，退休工人。

案例介绍：求助者是孤寡老人，最近一段时间经常打电话报警说自己夜间听到窗外有人密谋杀害自己并抢夺自己的巨额财产。民警经蹲守，未发现可疑人员。而在民警蹲守的同一时刻，求助者还在打电话报警说听到窗外密谋杀害她的声音。现在求助者白天不敢自己出门，说出门之后就会被街上所有的人指指点点，或者被人跟踪，那些在她家周围卖菜的、卖报纸的、收废品的人都是经过乔装改扮来监视她的人。警察怀疑求助者精神出了问题，但求助者坚持认为自己没病。在警察带领下来到咨询室。

心理咨询师观察了解到的情况：求助者头发没有经过梳理，脸上和身上比较脏，先是用怀疑的眼光打量咨询师，感觉咨询师态度温和，便拿起桌上的笔，在一张废纸的背面写下“五千万”三个字并交给咨询师，说咨询师是个有前途的人，这五千万送给他去发展事业。警察反映求助者近来生活比较懒散，不收拾屋子。

单选：33. 求助者说夜间听到窗外有人密谋，属于____。

（A）言语性幻听　　（B）非言语性幻听　（C）功能性幻觉　　（D）思维鸣响

多选：34. 求助者白天不敢出门的原因可能是其出现了____。

（A）关系妄想　　（B）被害妄想　　（C）夸大妄想　　（D）特殊意义妄想

单选：35. 求助者写下“五千万”三个字，最可能的是____。

（A）随意书写　（B）热情助人　（C）夸大妄想　（D）特殊意义妄想

单选：36. 求助者生活懒散，不收拾屋子，可能原因是____。

（A）意向低下　（B）意志缺乏　（C）意向倒错　（D）情绪淡漠

多选：37. 在本案例中，求助者所出现的症状包括____。

（A）知觉障碍　（B）思维形式障碍　（C）自知力障碍　（D）思维内容障碍

单选：38. 根据求助者的症状表现，最可能的诊断是____。

（A）精神病性障碍　（B）神经症性心理问题

（C）严重心理问题　（D）疑病神经症

单选：39. 求助者“听到窗外有人密谋杀害自己并抢夺自己的巨额财产”，这种症状违背了判断心理正常与异常三原则中的____。

（A）主客观世界的统一性原则　（B）心理活动的内在协调性原则

（C）知、情、意的协调一致性原则　（D）人格的相对稳定性原则

多选：40. 针对该求助者，心理咨询师可做的工作包括____。

（A）进行摄入性谈话　（B）进行心理测验

（C）整理临床资料　（D）转诊至精神科

案例五

一般资料：求助者，男性，25 岁，待业在家。

案例介绍：求助者三个月前经过精心策划，购买了戒指、鲜花，并约上亲朋好友，在女友的公司门口当众向她求婚。没想到女友先是惊诧、而后气愤，最终拂袖而去。求助者受到了极大的打击，当时差点晕倒，之后大病一场，辞掉了自己的工作，也不愿出门见人。经家人劝说前来咨询。

下面是心理咨询师和求助者的一段咨询对话：

求助者：我精心准备了那么浪漫的一个仪式，她却毫不领情，并且连一点面子都没给我留。我做男人的尊严全都被她毁了，这辈子都抬不起头了！

心理咨询师：我当年向第一个女朋友求婚也被拒绝了，我能体会到你内心现在的感受。但你现在的问题是你的女朋友造成的吗？

求助者：当然！我们相处一年多了，感情发展得也挺好，我向她求婚，她就应该答应；即使觉得突然，不能马上答应，也应该给我留点面子，不应该当众指责我幼稚，把我尴尬地留在现场。搞得我现在工作也没了，身体也变差了，整天头痛、胸口堵、晚上睡不着觉。

心理咨询师：有一种疗法叫合理情绪疗法，合理情绪疗法认为引起人们情绪困扰的并不是外界发生的事件，而是人们对事件的态度、看法、评价等认知内容。合理情绪疗法的核心理论是 ABC 理论，A 是外界事件，B 是人们的认知，C 是情绪和行为反应。根据这个理论，您现在的情绪、行为和身体的反应并不是因为你的求婚被女友拒绝引起的，而是你对这件事的看法引起的，这其中包含有“绝对化要求”、“过分概括化”和“糟糕至极”等不合理信念。

求助者：我没觉得我有什么不合理的信念，您能指出什么地方体现出我的不合理信念吗？

心理咨询师：这就是我们下一步要进行的工作。

单选：41. 对该求助者的初步诊断是____。

（A）一般心理问题　（B）神经症性心理问题
（C）严重心理问题　（D）社交恐怖症

单选：42. 心理咨询师使用了合理情绪疗法，通过对话可以判断本段对话处在____。

（A）诊断阶段　（B）领悟阶段　（C）修通阶段　（D）再教育阶段

多选：43. 根据合理情绪疗法，对该求助者可选择的近期咨询目标包括____。

（A）改变认知　（B）改变行为　（C）宣泄情绪　（D）心理成长

多选：44. 根据 ABC 理论，求助者的 C 是____。

（A）辞去工作　（B）女友拒绝了求婚
（C）头痛失眠　（D）女友应该答应求婚

多选：45.“我求婚，女友就应该答应”反映的是____。

（A）黄金规则　（B）反黄金规则　（C）以偏概全　（D）绝对化要求

多选：46. 本案例中，求助者不合理信念的特征包括____。

（A）合理化　（B）绝对化要求　（C）糟糕至极　（D）过分概括化

多选：47. 在合理情绪疗法的再教育阶段可以采用的方法和技术包括____。

（A）与不合理信念辩论　（B）合理情绪想象
（C）问题解决训练　（D）社交技能训练

多选：48. 在合理情绪疗法中，咨询师的角色包括____。

（A）监督者　（B）指导者　（C）分析者　（D）说服者

单选：49. 咨询师说“根据这个理论，……不合理信念”。这段话中咨询师使用的技术是____。

（A）释义技术　（B）解释技术　（C）指导技术　（D）面质技术

单选：50. 根据合理情绪疗法的要求，咨询师接下来要进行的工作应该是____。

（A）解说合理情绪疗法　（B）分析求助者的不合理信念
（C）求助者强化新观念　（D）改变求助者的不合理信念

案例六

一般资料：求助者，女性，19 岁，大学生。

下面是心理咨询师与求助者之间的一段咨询对话：

心理咨询师：你好！请问我能为你提供什么帮助吗？

求助者：我最近总感到紧张，睡不好觉。

心理咨询师：你能谈谈是什么事情让你感到紧张，并出现哪些睡眠方面的问题吗？

求助者：我上大学后各方面都比较顺利。三个月前，学校准备挑选一批优秀的学生去国外做交换生。我特别想争取到这个机会，因此非常努力地为选拔考试做准备。第一轮选拔虽然入选，但成绩很不理想，因此我更加努力地准备下一轮考试。现在我每天都很紧张，几乎每晚都要到凌晨 2 点多才能入睡。而且越是睡眠不好，就越担心影响我的复习，就更加紧张、烦躁。心情越来越差，还经常头痛。这些情况让我的学习效率大大下降，根本没办法正常备考。如果一直这样下去，我真的很难通过后续的考试。您一定要帮帮我啊！

心理咨询师：我非常能理解你的心情。你特别渴望能获得这次机会，但第一次选拔成绩不太理想，所以你更加努力地准备后续的考试，同时又担心自己还会考得不理想，对吗？

求助者：是的。

心理咨询师：因此你经常感到紧张、烦躁，还出现了入睡困难、头痛等症状，明显影响到学习效率。那你能谈谈你是在什么时候，第一次因为学习方面的事情而出现紧张情绪和睡眠问题的吗？

求助者：是在高考前最后一次模拟考试结束之后。当时，我发现平时和我要好的同学都比我考得好，我心里特别接受不了，就暗自下决心一定要在高考时超过他们。备战高考的那段时间，我紧张并第一次出现睡眠问题。不过，那段时间不是特别紧张，并且睡眠问题也只是偶尔出现。高考后，我的成绩比那些同学都要高，我很高兴，这些问题也就自然消失了。

心理咨询师：你的意思是，你必须比与你要好的同学考得好，对吗？

求助者：对啊！

心理咨询师：什么原因使你认为你必须要比所有与你要好的同学考得好呢？

求助者：……(沉默)不知道，但我就是认为我必须比他们所有的人都要表现得好。就像这次考试，我也认为我必须通过才可以。

心理咨询师：除了考试之外，还有其他事情让你紧张吗？

求助者：有的，前几天我们体育课要进行百米达标测试，我紧张得中午都没睡着，就怕自己不及格。

心理咨询师：是什么原因让你为体育考试是否及格而如此担心呢？

求助者：没什么原因啊！我就是觉得我不能有任何科目不及格。要是连百米达标这点小事都做不好，那自己真是一无是处了。

多选：51. 该求助者的情绪症状包括____。

(A) 紧张　(B) 烦躁　(C) 焦虑　(D) 愤怒

多选：52. 该求助者的躯体症状包括____。

(A) 头晕　(B) 睡眠问题　(C) 头痛　(D) 食欲下降

单选：53. 按照合理情绪疗法的 ABC 理论，该求助者的 A 是____。

(A) 高考前模拟考试成绩不理想　(B) 体育考试

(C) 第一次选拔考试成绩不理想　(D) 睡眠问题

多选：54. 按照合理情绪疗法的 ABC 理论，该求助者的 C 包括____。

(A) 烦躁　(B) 选拔考试失利　(C) 紧张　(D) 学习效率下降

多选：55. 按照合理情绪疗法的 ABC 理论，引发该求助者心理问题的原因是____。

(A) 现实的刺激　(B) 歪曲的认知　(C) 不合理信念　(D) 非理性思维

多选：56. 该求助者不合理信念的特征是____。

(A) 个人化　(B) 绝对化要求　(C) 乱贴标签　(D) 过分概括化

多选：57. 心理咨询师还需要了解该求助者的资料包括____。

(A) 人格特征　(B) 身体状况　(C) 情绪症状　(D) 生活事件

多选：58. 该求助者心理问题的特点包括____。

(A) 人格障碍明显　(B) 社会功能受损　(C) 负性情绪明显　(D) 存在认知错误

单选：59. 该求助者症状持续的时间是____。

(A) 一个月　(B) 半年　(C) 三个月　(D) 一年

多选：60. 对该求助者可选用的心理测验包括____。

（A）SAS （B）16PF （C）EPQ （D）SCL-90

单选：61. 对该求助者的初步诊断最可能是____。

（A）一般心理问题 （B）严重心理问题 （C）神经症性问题 （D）精神病性问题

多选：62. 在本案例中，恰当的咨询目标包括帮助求助者____。

（A）改善负性情绪 （B）缓解躯体症状 （C）提高学习效率 （D）改变不良认知

多选：63. 在咨询过程中，心理咨询师使用的提问方式包括____。

（A）间接询问 （B）开放式提问 （C）直接逼问 （D）封闭式提问

多选：64. 在咨询过程中，心理咨询师使用的技术包括____。

（A）倾听 （B）指导 （C）解释 （D）具体化

单选：65. 在咨询过程中，心理咨询师使用的转移话题的技巧是____。

（A）中断 （B）引导 （C）释义 （D）情感反射

多选：66. 在这一咨询阶段，心理咨询师要完成的任务包括____。

（A）寻找求助者问题的 ABC （B）向求助者解说 ABC 理论

（C）与求助者的不合理信念进行辩论 （D）对求助者进行技能训练

多选：67. 在合理情绪疗法的领悟阶段，心理咨询师要帮助求助者真正理解和认识到____。

（A）是信念引起了情绪及行为后果，而不是诱发事件本身

（B）求助者应该对自己的情绪和行为负责

（C）只有改变不合理信念，才能减轻或消除各种症状

（D）只有改变外界事件，才能减轻或消除各种症状

单选：68. 合理情绪疗法中最常用最具特色的技术是____。

（A）合理情绪想象技术 （B）RET 自助表

（C）合理自我分析报告 （D）产婆术式辩论

多选：69. 在合理情绪的再教育阶段中，常用的技能训练包括____。

（A）自信训练 （B）问题解决训练 （C）放松训练 （D）社交技能训练

多选：70. 合理情绪疗法适用于____的求助者。

（A）智力水平较高 （B）领悟困难 （C）文化水平较高 （D）领悟力较强

案例七

一般资料：求助者，女性，42 岁，中学教师。

案例介绍：求助者由于女儿的问题前来咨询。

下面是心理咨询师与求助者之间的一段咨询对话：

心理咨询师：您好！请问我能为您提供什么帮助吗？

求助者：我女儿今年 14 岁，我发现她有咬手指的坏毛病。我怎么说她都没用，有时我气急了就使劲拧她几下，但也就管几分钟的事儿，过一会她还是老样子。现在她的手被她自己咬得伤痕累累。一看到我女儿的手，我就急得不行，您一定要帮帮我啊！

心理咨询师：我也是母亲，因此我非常理解您作为母亲的这种心情，也替您感到着急。您能具体谈谈是怎么回事吗？

求助者：大概四、五个月之前吧，她在思考难题时会偶尔咬咬手指，我看见了就批评她。没想到我越批评，她咬得越频繁。我试过对她咬手指的行为不理不睬，但只坚持一两天，我就又忍不住要批评她。

心理咨询师：您女儿在学校期间咬手指吗？

求助者：据班主任讲，她在学校倒不怎么咬。孩子的爸爸也说，只要我不在家，女儿咬手指的次数好像也少很多。

心理咨询师：您能谈谈您平时是怎样教育女儿的吗？

求助者：我对女儿的教育非常严格，因此她非常听话。到现在，我女儿平时看什么课外书，穿什么衣服，都听我的安排。很多朋友都特别羡慕我有这么乖的女儿。可就是咬手指这个毛病，不管我怎么说她，她就是改不了。您说我该怎么办啊！

心理咨询师：从心理学的角度讲，您女儿咬手指的行为可能与您对她的教育方式有关。

求助者：和我有关？

心理咨询师：您的女儿今年 14 岁，正处于青春发育期。这个阶段的孩子比较容易出现逆反心理。而您对女儿各方面的控制，很可能激起您女儿强烈的逆反心理。她一直是个乖乖女，不愿意公开顶撞您而破坏她自己"好孩子"的形象。当她发现她咬手指的行为能让您生气、着急时，她就把这种行为作为反抗您的一种工具，所以才会出现您越是责骂她，她咬手指的行为越严重的情况。

求助者：……(沉默)这样看来，我女儿的问题确实与我有关系，那我应该怎么办呢？

心理咨询师：当您女儿再咬手指时，您别批评她，也别去关注她。如果她没有咬手指，您要给她鼓励和奖励，比如让她自己决定当晚看什么课外书，第二天穿什么衣服等。

单选：71. 在本案例中，求助者女儿的问题主要是____。

(A) 多动　(B) 咬手指　(C) 缄默　(D) 多余动作

多选：72. 针对女儿的问题，求助者曾经采取的方法包括____。

(A) 增强法　(B) 惩罚法　(C) 消退法　(D) 代币管制法

单选：73. 在本案例中，求助者的沉默最可能是____。

(A) 反抗型　(B) 茫然型　(C) 内向型　(D) 思考型

多选：74. 在本案例中，心理咨询师持有的咨询态度包括____。

(A) 正视现实　(B) 积极关注　(C) 通情达理　(D) 设身处地

多选：75. 在本案例中，心理咨询师使用的参与性技术包括____。

(A) 内容反应　(B) 开放式提问　(C) 情感反应　(D) 封闭式提问

多选：76. 在本案例中，心理咨询师使用的影响性技术包括____。

(A) 内容表达　(B) 自我开放　(C) 情感表达　(D) 正视现实

单选：77. "您的女儿今年 14 岁，正处于青春发育期……所以才会出现您越是责骂她，她咬手指的行为越严重的情况。"在这段表述中，心理咨询师使用的技术是____。

(A) 解释　(B) 释义　(C) 指导　(D) 面质

单选：78. "当您的女儿再咬手指的时候，您别批评她……比如让她自己决定当晚看什么课外书，第二天穿什么衣服等。"在这段表述中，心理咨询师使用的技术是____。

(A) 解释　(B) 说明　(C) 指导　(D) 面质

多选：79. 在本案例中，求助者请求心理咨询师到家中对其女儿进行帮助，心理咨询师恰当的做法是____。

（A）婉言拒绝　　（B）应邀前往

（C）请示上级咨询师　　（D）请求助者带女儿前来咨询

多选：80. 阳性强化法主张____。

（A）又奖又罚　　（B）奖励正常行为　　（C）不奖不罚　　（D）漠视异常行为

多选：81. 阳性强化法可以用来解决儿童的____问题。

（A）偏食　　（B）孤独　　（C）多动　　（D）学习困难

多选：82. 行为疗法的理论基础包括____。

（A）认知理论　　（B）经典条件反射理论

（C）社会学习理论　　（D）操作条件反射理论

案例八

一般资料：求助者，男性，24 岁，硕士研究生。

案例介绍：求助者是一所名牌大学的硕士研究生，成绩优异，准备去国外攻读博士学位。让他没想到的是，他的女友坚决反对其出国留学，希望和他早点组织家庭，不想两地分隔。几个月前，求助者和女友发生了激烈的争吵，两人随即陷入冷战，求助者很苦恼。随后得知自己留学申请未被接受，无奈之下只能参加本校的博士生入学考试，但由于准备不足，未能考取。最近两个多月来，求助者一直郁郁寡欢，心情烦躁，注意力不集中，记忆力下降，学习效率明显下降，连硕士论文也只是勉强完成。借故不与同学、朋友交往，甚至连毕业聚餐都没有参加。导师担心他一直这样消沉下去，劝说他来寻求心理帮助。

心理咨询师观察了解到的情况：求助者在知识分子家庭长大，自小学习成绩优异，争强好胜，追求完美。

多选：83. 该求助者的情绪症状包括____。

（A）愤怒　　（B）易发脾气　　（C）烦躁　　（D）情绪低落

多选：84. 该求助者与认知有关的症状包括____。

（A）焦虑　　（B）记忆力下降　　（C）抑郁　　（D）注意力不集中

多选：85. 该求助者社会功能受损的指标包括____。

（A）考博士失利　　（B）学习效率下降　　（C）与女友吵架　　（D）回避同学聚会

多选：86. 该求助者所遭遇的负性生活事件包括____。

（A）考博士失利　　（B）回避同学聚会　　（C）与女友冷战　　（D）出国申请被拒

多选：87. 该求助者的心理状态属于____。

（A）心理正常　　（B）心理健康　　（C）心理异常　　（D）心理不健康

单选：88. 对该求助者的初步诊断最可能的是____。

（A）一般心理问题　　（B）严重心理问题　　（C）躯体性疾病　　（D）精神病性问题

多选：89. 引发该求助者心理问题的可能原因包括____。

（A）人格特征　　（B）与女友冷战

（C）考试失利　　（D）出国申请未被接受

多选：90. 该求助者的人格特征包括____。

（A）争强好胜　　（B）追求完美　　（C）谨小慎微　　（D）优柔寡断

案例九

下面是某求助者的 WAIS-RC 的测验结果：

	言语测验							操作测验							言语	操作	总分
	知识	领悟	算术	相似	数广	词汇	合计	数符	填图	积木	图排	拼图	合计				
原始分	26	18	14	20	14	78		50	14	32	25	24		量表分	79	55	134
量表分	15	11	12	13	12	16	79	12	11	10	12	10	55	智商	120	113	118

多选：91. 根据测验结果，下列说法正确的包括____。

（A）言语部分的代表性测验百分等级均不低于 84

（B）有 5 个分测验成绩高于常模平均数一个标准差

（C）施测时对其答对的项目应予以肯定

（D）词汇分测验的百分等级为 98

多选：92. 根据该求助者的测验结果，可以判断其____能力很强。

（A）言语理解　（B）知觉组织　（C）抽象思维　（D）辨认空间关系

单选：93. 根据测验结果，该求助者的 VIQ 的智力等级为____。

（A）低于平常　（B）平常　（C）高于平常　（D）超常

案例十

下面是某求助者的 MMPI 的测验结果：

量表	Q	1	F	K	Hs	D	Hy	Pd	Mf	Pa	Pt	Sc	Ma	Si
原始分	1	5	28	12	19	45	32	18	26	16	28	29	16	44
K 校正分														
T 分	43	47	70	47	71	87	68	47	46	58	62	55	45	63

单选：94. 根据中国常模，该求助者可能有病理性异常表现的临床量表是____。

（A）7 个　（B）5 个　（C）3 个　（D）2 个

多选：95. 从测验结果来看，该求助者可能存在的症状包括____。

（A）自杀倾向　（B）退缩、不善交际、屈服

（C）对身体功能的不正常关心　（D）用转换反应来对待压力

多选：96. 关于该项测验，正确说法包括____。

（A）对于全量表来说，若 Q 量表原始分超过 30 分则答卷无效

（B）轻躁狂量表 K 校正分是 18

（C）该量表分为城市和农村两个版本

（D）按照求助者以前有过的想法作答

案例十一

下面是某求助者的 SCL-90 测验结果：

总分：202，阴性项目数：27。

因子名	躯体化	强迫症状	人际关系敏感度	抑郁	焦虑	敌对	恐怖	偏执	精神病性	其他
因子分	1.6	1.7	3.0	2.4	2.6	2.5	1.7	2.7	2.4	2.0

多选：97. 该求助者的测验结果显示____。

（A）有某些无法静息、神经过敏等症状　（B）有某些思维症状，如被动体验与夸大等
（C）有某些不自在感和自卑感　（D）可能有一般的感知障碍

单选：98. 该求助者的阳性项目均分是____。

（A）2.3　（B）2.5　（C）2.7　（D）2.8

案例十二

下面是某求助者的 EPQ 的测验结果：

	粗分	T 分		粗分	T 分
P	5	60	N	12	70
E	11	62	L	3	40

多选：99. 根据测验结果，可以判断该求助者为____。

（A）倾向外向型　（B）典型外向型　（C）多血质类型　（D）胆汁质类型

多选：100. 以下说法正确的包括____。

（A）该求助者可能比较难以适应外部环境
（B）EPQ 原始分的转化是换算出标准十分
（C）该求助者遇到刺激可能会有强烈反应
（D）EPQ 成人问卷适用于 16 岁以上的受测者

第二部分　案例问答题

本部分采取专家阅卷，1~4 题，满分 100 分。请在答题纸上写明题号，用钢笔、圆珠笔按要求作答。

一般资料：求助者，男性，42 岁，外资企业高级管理人员。

案例介绍：多年前，求助者的妻子出国留学，定居国外后向求助者提出离婚。离婚时，女儿判给求助者抚养。由于担心自己再婚会让女儿受委屈，求助者一直没有考虑个人问题，独自带着女儿生活多年。几个月前，求助者得知读高中的女儿谈了恋爱，非常生气，并严肃地批评了女儿。让求助者没想到的是，女儿不仅丝毫没觉得自己有什么不对，还说求助者是“老古董”，并说，如果求助者再干涉她的恋爱自由，她就要去国外和她妈妈一起生活。女儿的话让求助者又生气又伤心，觉得为女儿付出这么多，但在女儿心中自己居然不如前妻，这让他实在受不了。最近三个多月，求助者经常生闷气，还出现了头痛、失眠等情况，工作效率也大大下降。尤其看到谈恋爱的高中生，就会联想起女儿恋爱的事情，进而出现情绪波动。

心理咨询师观察了解到的情况：求助者好强，有责任心，工作认真负责，人际关系良

好，身体健康，历年体检结果正常。

请根据案例回答以下问题：

一、请对该求助者做出初步诊断，并说明诊断依据。（30 分）

二、请对该求助者产生心理问题的原因进行分析。（20 分）

三、良好的咨询关系对心理咨询有哪些重要意义？（20 分）

四、在本案例中，心理咨询师对求助者积极关注时，应该注意哪些事项？（30 分）

参考答案

卷册一：职业道德与理论知识部分

题号	1	2	3	4	5	6	7	8		
答案	A	C	A	D	C	B	C	B		
题号	9	10	11	12	13	14	15	16		
答案	BD	BC	ABD	CD	BCD	AC	ABC	ABCD		
题号	17	18	19	20	21	22	23	24	25	
答案	—									
题号	26	27	28	29	30	31	32	33	34	35
答案	B	A	B	C	C	C	A	A	C	C
题号	36	37	38	39	40	41	42	43	44	45
答案	B	C	B	B	B	A	A	C	A	B
题号	46	47	48	49	50	51	52	53	54	55
答案	B	A	A	D	C	D	A	C	B	C
题号	56	57	58	59	60	61	62	63	64	65
答案	D	A	A	C	C	C	C	B	C	B
题号	66	67	68	69	70	71	72	73	74	75
答案	B	A	C	B	D	A	C	D	D	B
题号	76	77	78	79	80	81	82	83	84	85
答案	C	C	D	A	B	D	C	C	B	A
题号	86	87	88	89	90	91	92	93	94	95
答案	BCD	ABD	ABD	ACD	ABC	AD	AC	ABC	ABC	AC

题号	96	97	98	99	100	101	102	103	104	105
答案	ABC	BC	AB	AC	AB	AC	AC	ABCD	BD	AB
题号	106	107	108	109	110	111	112	113	114	115
答案	BCD	ABC	ABCD	AC	BCD	ACD	ACD	AC	AB	AB
题号	116	117	118	119	120	121	122	123	124	125
答案	ACD	AC	AC	ABD	ABD	BC	ABC	AD	ACD	ABC

卷册二：技能选择与案例问答部分

题号	1	2	3	4	5	6	7	8	9	10
答案	C	C	C	B	AD	D	AB	AC	ACD	B
题号	11	12	13	14	15	16	17	18	19	20
答案	B	ACD	B	C	BCD	AD	AB	C	C	BD
题号	21	22	23	24	25	26	27	28	29	30
答案	ABD	A	ABD	BC	D	B	B	ABC	ABC	AC
题号	31	32	33	34	35	36	37	38	39	40
答案	ABCD	D	A	AB	C	B	ACD	A	A	ABCD
题号	41	42	43	44	45	46	47	48	49	50
答案	C	A	AB	AC	BD	BCD	ABCD	BCD	B	B
题号	51	52	53	54	55	56	57	58	59	60
答案	ABC	BC	C	ACD	BCD	BD	ABD	BCD	C	ABCD
题号	61	62	63	64	65	66	67	68	69	70
答案	B	AD	ABD	AD	C	AB	ABC	D	ABCD	ACD
题号	71	72	73	74	75	76	77	78	79	80
答案	B	BC	D	CD	BD	ABC	A	C	AD	BD
题号	81	82	83	84	85	86	87	88	89	90
答案	ABCD	BCD	CD	BD	BD	ACD	AD	B	ABCD	AB
题号	91	92	93	94	95	96	97	98	99	100
答案	AD	AC	D	B	ABCD	AB	ABC	D	BD	ACD

一、(30 分)

对该求助者做出初步诊断是严重心理问题。依据如下：

(1) 该求助者身体健康，可以排除器质性病变；

(2) 根据区分心理正常与异常的心理学原则，求助者主客观世界统一，精神活动内在协调一致，人格相对稳定，没有幻觉、妄想等精神病性症状，自知力完整，可以排除精神病性问题；

(3) 该求助者心理问题由现实刺激引发，内心冲突为常形，可以排除神经症性问题；

(4) 求助者看到谈恋爱的高中生就会出现情绪波动，说明其情绪反应出现了泛化，可以排除一般心理问题；

(5) 求助者的主导症状是气愤和伤心，情绪反应尚在正常范围内。问题超过三个月，但未满半年；工作效率下降，表明社会功能受损。

二、(20 分)

(1) 生理原因：未见明显的生理原因。

(2) 心理原因：个性好强、存在不合理信念(如绝对化要求、糟糕至极)。

(3) 社会原因：离婚，女儿不听劝阻谈恋爱，女儿声称要和妈妈一起生活等负性生活事件，缺乏有效的社会支持系统的帮助。

三、(20 分)

(1) 建立良好的咨询关系是心理咨询的核心内容之一；

(2) 良好的咨询关系是开展心理咨询的前提条件；

(3) 良好的咨询关系是咨询达到理想效果的先决条件。

四、(30 分)

(1) 辩证、客观地看待求助者；

(2) 帮助求助者辩证、客观地看待自己；

(3) 避免盲目乐观；

(4) 反对过分消极；

(5) 立足实事求是。

2014年11月三级心理咨询师鉴定真题

（卷册一：职业道德与理论知识部分）

第一部分　职业道德

（第1~25题，共25道题）

一、职业道德基础理论与知识部分(1~16题)

答题指导：

1. 该部分均为选择题，每题均有四个备选项。其中，单项选择题只有一个选项是正确的，多项选择题有两个或两个以上选项是正确的。

2. 请根据题意的内容和要求答题，并在答题卡上将所选答案的相应字母涂黑。

3. 错选、少选、多选，则该题均不得分。

（一）单项选择题(1~8题)

1. 关于道德，准确的说法是____。

（A）道德就是做好人好事

（B）做了符合别人利益的事情就是有道德的

（C）道德是处理人与人、人与社会、人与自然之间关系的特殊行为规范

（D）道德因人而异，没有确定唯一的标准

2. 从业人员应该树立的义利观是____。

（A）见利思义，义然后取　　（B）为富不仁，为仁不富

（C）利大大干，无利不干　　（D）不求于利，利在其中

3. 关于职业道德建设，正确的说法是____。

（A）职业道德建设是制约和控制员工的基本手段

（B）职业道德建设是迅速增强企业市场竞争能力的关键

（C）职业道德建设是企业降低成本和提高效益的有效方式

（D）职业道德建设是企业发展的核心

4.《公民道德建设实施纲要》所规定的职业道德规范是____。

（A）爱岗敬业、诚实守信、遵纪守法、服务群众、开拓创新

（B）爱岗敬业、诚实守信、办事公道、服务群众、奉献社会

（C）热爱科学、求实创新、办事公道、艰苦奋斗、服务人民

（D）爱岗敬业、诚实守信、知荣明辱、求真务实、开拓进取

5. 在市场经济条件下，生意兴隆的一条基本经验是____。

（A）人无笑脸莫开店 （B）酒好不怕巷子深

（C）王婆卖瓜，自卖自夸 （D）君子喻于义，小人喻于利

6. 职业用语的基本要求是____。

（A）语气干脆 （B）声音洪亮 （C）语流快速 （D）语调柔和

7. 举止得体的基本要求是____。

（A）态度谦卑 （B）表情严肃 （C）行为适度 （D）言行豪爽

8. 关于创新，正确的说法是____。

（A）创新需要智慧，非一般员工所能为 （B）创新的本质是突破旧的思维模式

（C）创新仅指取得重大发明创造的成果 （D）无创新能力的员工不是合格的员工

（二）多项选择题（9~16 题）

9. 关于劳动纪律，正确的看法有____。

（A）劳动纪律是对员工实施管、卡、压的手段

（B）劳动纪律是由企业领导制定的、员工无权参与的规定

（C）劳动纪律既约束员工的行为，也维护员工的权益

（D）违背劳动纪律要受到相应的处罚

10. 关于职业责任的说法中，正确的有____。

（A）职业责任具有明确的规定性

（B）职业责任的履行以公司是否作出了明文规定为前提

（C）职业责任仅与物质待遇有关

（D）职业责任一般具有法律及其纪律的强制性

11. 关于节俭，正确的说法有____。

（A）节俭的内容和形式具有时代性

（B）节约时间是节俭的重要内容

（C）节俭是修身养性的重要方式和内容之一

（D）由于人们的生活水平和情趣不同，节俭不应该成为普遍性要求

12. 下列做法中，符合坚持真理要求的有____。

（A）服从领导不仅是职业道德的要求，也是坚持真理的表现

（B）坚持师徒如父子这一理念，一切按照师父的要求做事

（C）要多读书，但不要迷信书本知识

（D）实践是检验真理的唯一标准

13. 属于职业“忌语”的有____。

（A）“靠边点” （B）“如有意见，找经理去”

（C）“到点了，你快点” （D）“后边等着去”

14. 从业人员做到公私分明，正确的观念和做法有____。

（A）个人利益的取得要以集体发展为条件

（B）在维护自身利益的前提下，做好公家的事

（C）在细微之处严格要求自己

（D）在劳动中创造和满足个人的需求

15. 可持续发展所包含的意思有____。
(A) 只要发展没有间断或者停滞，不管快慢都是可持续发展
(B) 兼顾当代人及子孙后代发展的需要
(C) 正确处理人口、资源、环境与发展的关系
(D) 发展要合乎道德要求
16. 关于创新，正确的说法有____。
(A) 创新需要实事求是的科学态度，不能标新立异
(B) 创新包括产品内容和外观形式上的创造
(C) 把产品推入一个以前不曾进入的市场属于创新的范畴
(D) 实行一种新的企业组织形式，建立或打破一种垄断属于创新

二、职业道德个人表现部分(17～25题)

答题指导：

1. 该部分均为选择题，每题均有四个备选项，您只能根据自己的实际状况选择其中一个选项作为您的答案。

2. 请在答题卡上将所选择答案的相应字母涂黑。

17. 在你心目中，好的上司是____。
(A) 对你好的人
(B) 要求下属做到的，自己能够率先垂范的那种人
(C) 口才好的人
(D) 善于运用各种手段为下属和单位谋利益的人
18. 在比较正式的场合，当着众人讲话，你一般会____。
(A) 感到不好意思，会说不出话来，或者说话慌张
(B) 除非感到特别有把握的事情，否则不会在众人面前讲话
(C) 总是在别人的鼓动下，勉强讲几句话
(D) 人越多，自己讲话越放得开，发挥越好
19. 在单位，你一般倾向于____。
(A) 积极主动接触领导　　(B) 与性格相近的人多接触
(C) 和工作做得好的人多接触　　(D) 多接触老乡或同学
20. 如果有同事向你借了50元钱，表示三日内即还，却长时间不还，你会____。
(A) 认为他可能忘记了，找机会暗示一下他
(B) 责备他的做法，直接跟他说明，要他明确还钱的时间
(C) 向别人讲这件事情
(D) 不提这事，以后也不会再借钱给他
21. 宴请比较熟悉、亲密的朋友，你一般会____。
(A) 找档次稍高一点的饭馆　　(B) 随便找一家饭馆
(C) 找朋友喜欢吃的饭馆　　(D) 找离自己比较近的饭馆
22. 当你感觉自己的工作压力有些难以承受时，你会____。
(A) 默默承受　　(B) 向上司说明情况

(C) 只向家人倾诉一下　　(D) 慢慢做吧，干到哪里算哪里

23. 上司安排你一项新的工作，你感觉难度很大，你会____。

(A) 推荐胜任人选　　(B) 直接予以拒绝

(C) 尽管难以胜任，还是接受安排　　(D) 说明情况，予以拒绝

24. 你始终感觉目前这个单位虽然离不开你，但并不是特别重视你。假如这时，竞争对手明确告诉你，如果你跳槽过去，工资会翻一番。你会____。

(A) 离开目前这个单位，直接跳槽到新单位

(B) 再干上一段时间，思考一下到底该怎么办

(C) 坚守岗位，绝不跳槽

(D) 与领导沟通，征求他们的意见

25. 假如你生病住院，平时对你很不好的一个同事来看望你。你会想的是____。

(A) 他不是在看我，而是在气我

(B) 他不是真心来看我的，只是应付面子而已

(C) 这个人原来不像自己想象的那样坏

(D) 自己过去也有对不住人家的地方

第二部分　理论知识

(第 26~125 题，共 100 道题，满分为 100 分)

一、单项选择题(26~85 题，每题 1 分，共 60 分。每小题只有一个最恰当的答案，请在答题卡上将所选答案的相应字母涂黑)

26. 认为人有自我实现的需要，提倡应充分发挥人的潜能的心理学理论是____。

(A) 精神分析　　(B) 行为主义　　(C) 人本主义　　(D) 构造主义

27. 对甜味最敏感的部位是____。

(A) 舌尖　　(B) 舌边前部　　(C) 舌根　　(D) 舌边后部

28. 最难以适应的感觉是____。

(A) 痛觉　　(B) 嗅觉　　(C) 味觉　　(D) 视觉

29. 人脑对客观事物本质特性的反映是____。

(A) 思维　　(B) 概念　　(C) 记忆　　(D) 判断

30. 运动性言语中枢在大脑的____。

(A) 左半球额下回靠近外侧裂的部位　　(B) 顶叶和枕叶交会处的角回

(C) 额中回靠近中央前回的部位　　(D) 顶、枕、颞叶交汇处的颞上回

31. 与他人建立情感联系，隶属于某一群体并在群体中享有地位的需要是____。

(A) 生理和安全需要　　(B) 他尊和自尊需要

(C) 爱和归属的需要　　(D) 自我实现的需要

32. 最古老的感觉是____。

(A) 味觉　　(B) 嗅觉　　(C) 视觉　　(D) 听觉

33. 气质类型为多血质的个体的特点是____。

(A) 直爽热情，但脾气暴躁，难以自我克制
(B) 活泼好动，但注意力易分散，兴趣多变
(C) 稳定性强，但容易循规蹈矩，不善言谈
(D) 敏感机智、做事认真，但防御反应明显

34. “江山易改，秉性难移”，说的是____很难变化。
(A) 气质　(B) 性格　(C) 能力　(D) 智力

35. 按罗杰斯的观点，对个体行为及人格有重要影响的是个体的____。
(A) 本我　(B) 自我概念　(C) 超我　(D) 真实自我

36. 个体的全部社会化往往是以____社会化为条件的。
(A) 性别　(B) 语言　(C) 道德　(D) 符号

37. 第一印象作用的机制是____。
(A) 首因效应　(B) 近因效应　(C) 光环效应　(D) 刻板印象

38. 大多数人在印象形成过程中的信息整合加工过程符合____模式。
(A) 加法　(B) 加权平均　(C) 平均　(D) 中心品质

39. 按照归因的协变原则，低特异性、低共同性、高一致性情况下，人们往往将行为的原因归于____。
(A) 情境　(B) 行为主体　(C) 时间　(D) 刺激客体

40. 态度的 ABC 模型中，C 是指____成分。
(A) 行为　(B) 情感　(C) 认知　(D) 行为倾向

41. 一般情况下，最能准确反映个体内心世界的身体语言是____。
(A) 表情　(B) 目光　(C) 妆饰　(D) 姿势

42. 由于他人在场，个体工作绩效降低的现象是____。
(A) 社会促进　(B) 社会抑制　(C) 社会懈怠　(D) 社会逍遥

43. 在海德的平衡理论中，P 是指____。
(A) 对象　(B) 他人　(C) 个体　(D) 关系

44. 主体改变原有图式或创造新图式以适应环境需要的过程是____。
(A) 图式　(B) 同化　(C) 顺应　(D) 平衡

45. 一般来说，记忆广度达到巅峰是在个体的____。
(A) 童年期　(B) 少年期　(C) 青年期　(D) 中年期

46. 个体第一逆反期主要反抗的对象是其____。
(A) 父母　(B) 同学　(C) 朋友　(D) 老师

47. 一般来说，老年期退行性变化出现最早的心理过程是____。
(A) 感觉　(B) 想象　(C) 思维　(D) 记忆

48. 对脑外伤性精神障碍的诊断有典型参考价值的症状是____。
(A) 顺行性遗忘　(B) 逆行性遗忘　(C) 心因性遗忘　(D) 选择性遗忘

49. 记忆障碍中的“错构”多见于____。
(A) 神经衰弱症状群　(B) 抑郁发作　(C) 脑器质性疾病　(D) 精神分裂症

50. 在意识障碍情况下出现词语杂拌，被称为____。
(A) 思维散漫　(B) 破裂性思维　(C) 思维中断　(D) 思维不连贯

51. 病理性赘述常见于____。

（A）精神分裂症　（B）脑器质性精神障碍
（C）焦虑神经症　（D）持续性心境障碍

52. 许又新教授提出的心理健康三标准，包括体验标准、发展标准和____。

（A）医学标准　（B）统计标准　（C）操作标准　（D）实践标准

53. 适应障碍通常在遭遇生活事件后____内起病。

（A）1个月　（B）2个月　（C）3个月　（D）半个月

54. 编制世界上第一个正式心理测验的学者是____。

（A）高尔顿　（B）比内　（C）卡特尔　（D）奥蒂斯

55. 系统抽样法的关键是计算____。

（A）样本量　（B）总体　（C）统计量　（D）组距

56. 常模分数又叫____。

（A）导出分数　（B）原始分数　（C）粗分数　（D）总体分数

57. 某分数的百分等级为75，表示在常模样本中有75%的分数____。

（A）比这个分数高　（B）与这个分数相等
（C）比这个分数低　（D）与这个分数有显著差异

58. 影响信度的是____。

（A）系统误差　（B）随机误差　（C）恒定效应　（D）实验效应

59. 若用P代表项目难度，难度越低P值越____。

（A）大　（B）小　（C）低　（D）接近1

60. 长程心理咨询的时间一般是____以上。

（A）1个月　（B）2个月　（C）3个月　（D）6个月

61. 对____岁以前的个体来说，心理发展的最大威胁是安全感得不到满足。

（A）1　（B）3　（C）5　（D）6

62. 中国修订的韦氏成人智力量表共计包括____个分测验。

（A）10　（B）11　（C）12　（D）13

63. 按照韦氏智商分级标准，智力平常指的是IQ在____之间。

（A）80~119　（B）85~115　（C）90~109　（D）70~130

64. 我国修订的联合型瑞文测验是____的合并本。

（A）标准型与彩色型　（B）标准型与高级型
（C）彩色型与高级型　（D）城市版与农村版

65. 中国比奈测验智商的平均数为100，标准差为____。

（A）15　（B）16　（C）17　（D）18

66. 在MMPI的399题版本中，Q量表原始得分超过____分，就表明答卷无效。

（A）30　（B）8　（C）22　（D）10

67. 一般将16PF测验结果得到的原始分数转化成____。

（A）T分数　（B）标准十分　（C）标准二十分　（D）标准九分

68. EPQ共有4个人格量表，其中英文字母E指的是____量表。

（A）神经质　（B）精神质　（C）内外向　（D）掩饰性

69. SDS 共包括 20 个项目，每个项目按症状的____。

（A）强度分为四级评分　　（B）频度分为四级评分

（C）强度分为五级评分　　（D）频度分为五级评分

70. 应对方式问卷（CSQ）评定的时间范围是最近____。

（A）三个月　　（B）半年　　（C）一年　　（D）两年

71. 心理咨询室的面积一般以____平方米左右为宜。

（A）5　　（B）10　　（C）15　　（D）20

72. 针对心理问题和行为问题所进行的会谈属于____。

（A）鉴别性会谈　　（B）咨询性会谈　　（C）治疗性会谈　　（D）摄入性会谈

73. 心理咨询师在与求助者会谈过程中，提出了如“你现在有什么感受，是懊悔还是愤怒？”这种问题属于____。

（A）修饰性反问　　（B）多重选择性问题

（C）责备性问题　　（D）多重问题

74. 不同的职业倾向会对理解临床资料产生影响，一般来说，从教育工作者的角度看问题，则____。

（A）倾向于认为问题的关键是自我发展上受到了阻碍

（B）觉得求助者的问题是与环境失去了平衡

（C）倾向于求助者有病

（D）倾向于强调求助者在学习、行为或认知方面出现障碍

75. 心理咨询中需要保密的内容不包括求助者的____。

（A）姓名住址　　（B）心理测验结果　　（C）诊断结果　　（D）虐待儿童问题

76. 在会谈中，心理咨询师控制会谈和转换话题的技巧不包括____。

（A）引导　　（B）情感反射　　（C）中断　　（D）多重提问

77. 为使咨询取得进展，最关键的是____。

（A）建立良好的咨询关系　　（B）克服阻抗

（C）调动求助者的积极性　　（D）矫正错误认知

78. 关于真诚，错误的说法是____。

（A）真诚不是实话实说　　（B）表达真诚应随咨询进程而变化

（C）真诚要有感而发　　（D）身体语言可以更好地表达真诚

79. 对于参与性技术的描述，正确的是____。

（A）求助者描述其困惑的第一个主题可能最重要，应给予鼓励

（B）释义技术目的之一是帮助求助者更清晰地表达

（C）参与性概述的目的之一是帮助求助者再次剖析自己的困惑

（D）情感反应最有效的方式是针对求助者过去的情感

80. 在咨询中，无论出现哪种类型的多话，均可利用“内容反应技术”加____的方式处理。

（A）提出新问题　　（B）具体化　　（C）情感反应　　（D）解释

81. 关于不同心理流派的咨询目标，错误的说法是____。

（A）完形学派引导求助者学习真实与负责任的行为，最终成为独立自主的人

（B）交互分析学派帮助求助者检验早年的决定，并在觉察的基础上做新的决定
（C）理性情绪学派帮助求助者消除对人生的自我失败观，过上有理性的生活
（D）精神分析学派是将潜意识意识化，帮助求助者作理智的觉察

82. 与求助者会谈时，错误的说法是____。
（A）与儿童交流适合边玩边谈
（B）与儿童会谈的重心是建立平等友好的关系
（C）与青少年交流的重心是现实生活
（D）与老年人会谈的重心是现在和过去

83. 关于放松训练，错误的说法是____。
（A）放松训练可单独使用，也可联合使用，一般以一两种为宜
（B）首次进行放松训练时，咨询师应采用专业指导语以减轻求助者的焦虑
（C）放松训练可提高求助者改善症状的速度
（D）放松的引导语包括口头、播放录音两种

84. 对于非语言行为，公认的说法是____。
（A）双手摊开表明一种疏远　（B）抬头表示陈述句的结束
（C）握紧拳头表示一种强调　（D）讲者比听者更多注视对方

85. 在行为矫正的惩罚法中，一般性惩罚包括____。
（A）劳动改造　（B）行为塑造　（C）束缚身体　（D）代币管制法

二、多项选择题（86～125 题，每题 1 分，共 40 分。每题有多个答案正确，请在答题卡上将所选答案的相应字母涂黑。错选、少选、多选，均不得分）

86. 关于影响时间知觉的因素，正确的说法包括____。
（A）听觉估计时间准确度比视觉高　（B）通常活动内容丰富可能导致对时间的低估
（C）视觉估计时间准确度比触觉高　（D）心情好的时候觉得时间过得快

87. 与他人交往的需要属于____。
（A）遗传性需要　（B）社会性需要　（C）获得性需要　（D）生理性需要

88. 原始情绪的基本形式包括____。
（A）快乐　（B）愤怒　（C）悲哀　（D）焦虑

89. 从事各种活动都必须具备的最基本的心理条件属于____。
（A）特殊能力　（B）智力　（C）一般能力　（D）技能

90. 中枢神经系统包括____。
（A）脑神经　（B）脑　（C）脊神经　（D）脊髓

91. 老年人听觉感受性降低的特点包括____。
（A）首先丧失对高频音的听觉　（B）首先丧失对低频音的听觉
（C）逐渐从高频向低频方向发展　（D）逐渐从低频向高频方向发展

92. 利他行为的影响因素包括____。
（A）利他者的人格特点　（B）对象的特点
（C）利他者的心境　（D）时间压力

93. 奥尔波特认为，社会存在的方式包括____。
(A) 现实的 (B) 想象的 (C) 隐含的 (D) 间接的
94. 情绪对亲和动机的影响包括____。
(A) 恐惧情绪越强烈，亲和倾向越明显 (B) 焦虑情绪越强烈，亲和倾向越明显
(C) 恐惧情绪越强烈，独处倾向越明显 (D) 焦虑情绪越强烈，独处倾向越明显
95. 一般来说，婚姻的动机主要包括____。
(A) 经济 (B) 利他 (C) 繁衍 (D) 爱情
96. 侵犯的构成因素包括____。
(A) 伤害行为 (B) 愤怒的情绪 (C) 侵犯动机 (D) 负面的社会评价
97. 关于态度转变，正确的说法包括____。
(A) 说服者的吸引力越强，说服效果越好
(B) 信息唤起的畏惧情绪越强，说服效果越好
(C) 逆反心理会使人抗拒说服
(D) 接受者的分心总是有利于说服
98. 按照皮亚杰的观点，影响儿童心理发展的因素包括____。
(A) 成熟 (B) 内心体验 (C) 经验 (D) 社会环境
99. 婴儿的主要动作包括____。
(A) 手的抓握 (B) 啃咬咀嚼 (C) 视觉定向 (D) 独立行走
100. 按照认知发展理论，幼儿期的游戏主要包括____。
(A) 模仿性游戏 (B) 象征性游戏 (C) 假装游戏 (D) 规则性游戏
101. 促进儿童产生高自尊的因素包括____。
(A) 父母能给孩子表达观点的自由 (B) 父母要求明确但不强制性管束
(C) 与同伴的亲密程度高 (D) 被集体接纳的程度高
102. 巴甫洛夫用高级神经活动学说直接说明人的异常心理现象，他认为____。
(A) 神经症和精神病的产生是由兴奋和抑制两个基本神经过程的冲突造成
(B) 通过对临床病人的观察可以认识到高级神经系统功能的病理生理机制
(C) 神经衰弱的特征是兴奋过程的优势和抑制过程的薄弱
(D) 神经衰弱和癔病有相同的神经机制
103. 强迫观念包括____。
(A) 强迫性回忆 (B) 强迫性计数
(C) 强迫性怀疑 (D) 强迫性穷思竭虑
104. 弗洛伊德将焦虑分为____。
(A) 主体性焦虑 (B) 客体性焦虑 (C) 神经性焦虑 (D) 道德性焦虑
105. 关于精神分裂症，正确的说法包括____。
(A) 以精神活动的不协调和脱离现实为特征 (B) 多起病于中老年
(C) 病程迁延 (D) 发作期自知力基本丧失
106. 心理测量的性质包括____。
(A) 外显性 (B) 间接性 (C) 相对性 (D) 客观性
107. 抽样的方法包括____。

（A）随机抽样　　（B）系统抽样　　（C）分组抽样　　（D）计划抽样

108. 评估信度的方法主要包括____。

（A）重测信度　　（B）内部一致性信度

（C）复本信度　　（D）评分者信度

109. 实施测验时，主测者必须熟悉测验的内容包括____。

（A）测验内容　　（B）适用范围　　（C）测验程序　　（D）理论假设

110. 初诊接待中，心理咨询师的主要工作在于____。

（A）解决求助者的困扰　　（B）提供一个让求助者释放压抑的空间

（C）初步了解和评估求助者的问题　　（D）帮助求助者有机会深层次地觉察自己

111. 心理咨询师对求助者的"理解"，只说明心理咨询师对求助者的行为或情绪发生的____有了肯定的看法。

（A）规律性　　（B）社会效应　　（C）必然性　　（D）其他后果

112. 心理咨询师与求助者进行会谈时，选择会谈内容的原则包括____。

（A）积极　　（B）可量化　　（C）有效　　（D）求助者可接受

113. 心理咨询师在与求助者会谈时，如果提问过多，可能带来的消极作用包括____。

（A）造成依赖　　（B）增加求助者的自我探索

（C）责任转移　　（D）减少不准确的信息

114. 在咨询过程中需要对求助者的会谈内容进行区分和鉴别的内容包括____。

（A）情绪与行为　　（B）会谈内容真伪

（C）想法与行为　　（D）引发症状的真实原因

115. 所谓求助者的主要问题，就是求助者____。

（A）最关心的问题　　（B）最先提出的问题

（C）最困扰的问题　　（D）最迫切需要解决的问题

116. 在合理情绪疗法的修通阶段，常用的方法包括____。

（A）放松训练　　（B）合理情绪想象技术

（C）家庭作业　　（D）与不合理信念辩论

117. 合理情绪想象技术的具体步骤包括____。

（A）使求助者在想象中进入产生过不适当的情绪反应的情境

（B）提高求助者解决自身问题的信心，强化求助者改变自我的内在动力

（C）帮助求助者改变不适当的情绪体验，并使他能体验到适度的情绪反应

（D）停止想象，让求助者讲述他的情绪有哪些变化，学到了哪些观念

118. 关于移情，正确的说法包括____。

（A）移情者寻求心理依靠　　（B）移情可帮助求助者宣泄情绪

（C）移情可引发求助者沉默　　（D）移情是一种过渡症状

119. 心理咨询中如果出现由咨询师引起的咨询失误现象，恰当的处理方式包括____。

（A）转介给其他咨询师或机构　　（B）鼓励求助者适应咨询师

（C）制定新的方案和咨询目标　　（D）进行督导

120. 属于 WAIS-RC 言语测验的分测验包括____。

（A）知识　　（B）数字广度　　（C）领悟　　（D）数字符号

121. 瑞文测验的分型主要包括____。

（A）儿童型　（B）彩色型　（C）标准型　（D）高级型

122. MMPI 的临床量表包括____。

（A）精神衰弱　（B）轻躁狂　（C）社会内向　（D）神经质

123. 16PF 测验的次元人格因素包括____。

（A）适应与焦虑性　（B）支配与顺从性　（C）怯懦与果断性　（D）激进与保守性

124. 按照中国常模，可考虑筛选阳性的 SCL-90 指标包括____。

（A）总分超过 150 分　（B）阳性项目数超过 43 项

（C）因子分超过 2 分　（D）阴性项目数低于 47 项

125. 肖水源编制的社会支持量表的评定维度包括____。

（A）客观支持　（B）主观支持

（C）心理支持　（D）对社会支持的利用度

（卷册二：技能选择与案例问答部分）

第一部分　技能选择题

（第 1~100 题，共 100 道题）

本部分由十四个案例组成。请分别根据案例回答 1~100 题，共 100 道题。每题 1 分，满分 100 分。每小题有一个或多个答案正确，请在答题卡上将所选答案的相应字母涂黑。错选、少选、多选，则该题均不得分。

案例一

一般资料：求助者，男性，41 岁，国企职员。

案例介绍：求助者由于亲子问题前来咨询。

下面是心理咨询师与求助者之间的一段咨询对话。

求助者：我儿子今年十四岁，读初中二年级。他上小学的时候，我一直在外地工作，一个月才回一次家，只有他妈妈和他生活在一起。儿子小时候就很顽皮，他妈妈根本管不了他。每次我回家，他妈妈就会和我说孩子又如何地不听话，我听了以后就会特别生气，然后就把孩子揍一顿。孩子读初一的时候，我申请调动工作回到本地。回来一段时间后，我发现孩子很怕我，平时基本不和我交流，更不会和我说心里话。孩子处在青春期，作为家长，我居然一点都不清楚孩子心里的想法，我很着急。于是我就经常找机会和孩子沟通，试着和他做朋友。可是，我儿子根本就不愿意理我，一回到家就躲在自己的房间里。我现在特别烦躁，孩子有时候做错事，我忍不住就狠狠地训他，甚至会像他小时候那样揍他。因为这个，孩子更加躲着我了。您说，我该怎么办啊？

心理咨询师：您的孩子正值青春期，很少和您交流，尽管您非常努力地尝试着与孩子多沟通，但似乎没有什么效果，这让您很着急，对吗？

求助者：是啊！我现在不仅着急，还特别生气。我这个当爸爸的都主动向他示好了，这孩子不但不领情还总躲着我，您说气人不气人！

心理咨询师：我非常理解您作父亲的这种心情。您刚才说您认为只要主动和孩子沟通，孩子就应该积极配合您，对吗？

求助者：那当然，我是他爸爸，他就应该听我的！

心理咨询师：那您的意思是，孩子一定要事事听从家长的安排。

求助者：是呀，家长做的一切都是为了孩子好啊。

心理咨询师：那您小的时候，事事都听从您父母的安排？

求助者：……(沉默)那倒也不是。

心理咨询师：那是什么原因，使您没有事事听从您的父母呢？

求助者：小孩子嘛，总会有些自己的想法，而且有时候明知道父母是对自己好，但就是接受不了父母的一些教育方法。

心理咨询师：您说得很对。那您有没有想过您的孩子也许就是接受不了您的教育方法呢？

求助者：……(沉默)也许我的方法真的有问题？您有什么好的建议吗？

心理咨询师：您以前的教育方法主要是批评甚至是体罚，这样很容易引起孩子的逆反心理。我建议您在教育孩子的过程中，对孩子的积极行为多给予奖励和表扬，对孩子不太过分的消极行为进行漠视和淡化。

多选：1. 该求助者的情绪症状包括____。

(A) 紧张　(B) 抑郁　(C) 烦躁　(D) 愤怒

单选：2. 在本案例中，求助者不合理信念的特征主要是____。

(A) 个人化　(B) 绝对化要求

(C) 选择性消极关注　(D) 过分概括化

单选：3. 在本案例中，求助者教育孩子的方法属于____。

(A) 消退法　(B) 阳性强化法　(C) 惩罚法　(D) 代币管制法

单选：4. 在咨询对话中，求助者第一次沉默可能是____。

(A) 反抗型　(B) 思考型　(C) 内向型　(D) 情绪型

多选：5. 在本案例咨询过程中，心理咨询师表现出的咨询态度包括____。

(A) 面质　(B) 设身处地　(C) 尊重　(D) 积极关注

多选：6. 在咨询过程中，心理咨询师使用的参与性技术包括____。

(A) 倾听　(B) 开放式提问　(C) 说明　(D) 封闭式提问

多选：7. 在咨询过程中，心理咨询师使用的影响性技术包括____。

(A) 指导　(B) 内容表达　(C) 释义　(D) 情感表达

单选：8. 在本案例中，心理咨询师建议求助者对孩子尝试的新方法属于____。

(A) 增强法　(B) 代币管制法　(C) 消退法　(D) 阳性强化法

单选：9. 本案例中咨询师针对求助者所用的咨询方法属于____。

(A) 合理情绪疗法　(B) 阳性强化法　(C) 行为渐隐技术　(D) 代币管制法

多选：10. 行为矫正的常用方法包括____。

(A) 增强法　(B) 惩罚法　(C) 消退法　(D) 代币管制法

案例二

一般资料：求助者，男性，40岁，外企高管。

案例介绍：求助者于国外名牌大学博士毕业，回国后一直在一家知名外企工作。求助者全心扑在事业上，一直无暇顾及个人问题。两年前经人介绍，结识了现在的女友。虽然求助者比女友大了十几岁，但相处一年多以后，双方都觉得对方比较适合自己，很快发展到谈婚论嫁的阶段。但让求助者没想到的是，女友的父母以求助者年龄过大为由，坚决反对两人的婚事。求助者希望女友能够冲破家庭的阻挠，尽快和自己结婚。但女友觉得父母年纪大了，身体又不好，应该耐心做父母的工作，不应不顾老人的感受而仓促结婚。三个月前，求助者和女友为了结婚的事情，发生了激烈的争吵，随即两人陷入冷战。正当求助者为感情问题烦恼的时候，求助者的下属在工作中出现了重大失误，险些给公司造成巨大损失。因为这件事，求助者受到了总公司高层领导的批评。这让求助者觉得很没面子。两个多月来，求助者一直郁郁寡欢，心情烦躁，食欲下降，经常失眠，工作时也无精打采，工作效率明显下降，回避同事同学的聚会。

心理咨询师观察了解到的情况：求助者是家中独生子，从小学习成绩优异，争强好胜，追求完美，较自我中心。

多选：11. 该求助者目前的情绪症状包括____。

（A）烦躁　（B）恐惧　（C）愤怒　（D）抑郁

多选：12. 该求助者遭遇的负性生活事件包括____。

（A）四十岁未结婚　（B）女友父母反对婚事

（C）比女友年龄大　（D）受到公司领导批评

多选：13. 该求助者社会功能受损的指标包括____。

（A）与女友冷战　（B）工作效率明显下降

（C）被领导批评　（D）回避同事同学聚会

单选：14. 该求助者承受的压力属于____。

（A）单一性生活压力（B）叠加性压力　（C）破坏性压力　（D）精神性压力

多选：15. 引发该求助者心理问题的可能原因包括____。

（A）与女友冷战　（B）人格特征　（C）被领导批评　（D）情绪困扰

单选：16. 对该求助者最可能的诊断是____。

（A）一般心理问题　（B）严重心理问题

（C）神经症性心理问题　（D）精神病性问题

多选：17. 对该求助者可以采用的心理测验包括____。

（A）SAS　（B）EPQ　（C）SDS　（D）16PF

单选：18. 在本案例中，最恰当的咨询目标是____。

（A）改善负性情绪　（B）与女友结婚　（C）提高工作效率　（D）缓解躯体症状

单选：19. 在本案例中，心理咨询师要与求助者商定咨询目标与方案，应该在____。

（A）诊断阶段　（B）咨询阶段　（C）巩固阶段　（D）提高阶段

多选：20. 心理咨询师应当持有的咨询态度包括____。

（A）尊重　（B）热情　（C）真诚　（D）积极关注

案例三

一般资料：求助者，女性，38 岁，事业单位职工。

案例介绍：求助者大专学历，工作能力强，人际关系好，深受领导和同事的好评。一年前，因为没有本科学历，在单位的干部竞聘中，未能如愿竞聘为副处级干部。这件事情让求助者认识到学历的重要性。此后，求助者对自己读小学的女儿开始严格要求。半年前开始，求助者除了要求女儿完成学校的学习任务外，还让女儿参加很多的校外补习班。两个月前，求助者和丈夫商量再给女儿多报一个补习班时，丈夫表示强烈反对，并指责求助者剥夺了女儿所有的业余时间，让女儿成为学习机器。求助者当即和丈夫大吵一架，此后一直和丈夫处于冷战状态。近一个月来，求助者每当想到丈夫不但不理解自己的苦心，还对自己横加指责，就感到很伤心，同时也非常愤怒，有时还有头痛、头晕的情况。只有不想这件事的时候，心情才会好些。

心理咨询师观察了解到的情况：求助者是家中长女，好强，追求完美。

多选：21. 该求助者的情绪症状包括____。

（A）恐惧　（B）悲伤　（C）烦躁　（D）愤怒

多选：22. 该求助者的躯体症状包括____。

（A）头痛　（B）食欲下降　（C）头晕　（D）睡眠问题

单选：23. 该求助者症状持续的时间是____。

（A）一个月　（B）半年　（C）两个月　（D）一年

多选：24. 心理咨询师还需要了解该求助者的资料包括____。

（A）性格特征　（B）体检报告　（C）认知倾向　（D）病程长短

多选：25. 该求助者的心理状态属于____。

（A）心理正常　（B）心理异常　（C）心理健康　（D）心理不健康

单选：26. 对该求助者最可能的诊断是____。

（A）一般心理问题　（B）严重心理问题

（C）神经症性心理问题　（D）精神病性问题

多选：27. 在本案例中，恰当的咨询目标包括____。

（A）让丈夫理解自己　（B）改善情绪症状

（C）让女儿努力学习　（D）学会理解别人

单选：28. 如果在咨询阶段，该求助者一直处于强烈的情绪反应状态，这说明该求助者出现了阻抗，其阻抗的表现形式属于____。

（A）理论交谈　（B）情绪发泄　（C）谈论小事　（D）假提问题

多选：29. 在本案例中，咨询师方面对咨询关系的建立与维护有至关重要的影响因素包括____。

（A）咨询理念　（B）咨询态度　（C）个性特征　（D）咨询理论

多选：30. 心理咨询师控制会谈和转移话题的技巧包括____。

（A）释义　（B）引导　（C）中断　（D）情感反射

案例四

一般资料：求助者，女性，32 岁，公务员。

案例介绍：求助者两年前离异，一直独自带着孩子生活。一年前，求助者与多年未联系的初恋男友偶遇。初恋男友一直未婚，当得知求助者离异后，便对求助者展开追求。随着时间的推移，两人相处越来越融洽。几个月前，求助者正式向孩子介绍自己的男友。没想到 8 岁的儿子对男友非常排斥，甚至表示如果求助者再婚，他就要去和爸爸一起生活。儿子的强烈反对让求助者非常为难，一方面舍不得让孩子离开自己，另一方面又不愿辜负真心对待自己的男友。两个多月来，求助者一直情绪低落，无精打采，注意力不集中，记忆力下降，工作效率因此明显下降。求助者甚至开始回避和同事聊天，因为一旦听到他人聊起家庭、婚姻的话题，求助者心里就会觉得很不舒服。

心理咨询师观察了解到的情况：求助者是家中独生女，父母均是军队退休干部，家教非常严格。求助者内向，依赖性强，优柔寡断。

多选：31. 该求助者与认知有关的症状包括____。

（A）记忆力下降　（B）情绪低落　（C）注意力不集中　（D）头痛头晕

单选：32. 该求助者所遭遇的负性生活事件是____。

（A）孩子反对求助者再婚　（B）与初恋男友相遇

（C）离异独自带孩子生活　（D）回避和同事聊天

多选：33. 该求助者的人格特征包括____。

（A）优柔寡断　（B）内向　（C）争强好胜　（D）依赖他人

多选：34. 该求助者心理问题的特点包括____。

（A）人格障碍　（B）存在心理冲突　（C）负性情绪　（D）社会功能受损

多选：35. 评估该求助者临床症状的严重程度，可选用的心理测验包括____。

（A）SDS　（B）SCL-90　（C）LES　（D）16PF

单选：36. 对该求助者最可能的诊断是____。

（A）一般心理问题　（B）严重心理问题

（C）神经症性心理问题　（D）精神病性障碍

多选：37. 引发该求助者心理问题的可能原因包括____。

（A）社会功能受损　（B）人格特征　（C）负性生活事件　（D）情绪困扰

单选：38. 如果在咨询过程中，该求助者的某些表述出现了与常理不符的情况，心理咨询师想要进一步澄清事实，可以使用____。

（A）面质技术　（B）鼓励技术　（C）解释技术　（D）重复技术

多选：39. 选择会谈内容的原则包括____。

（A）可接受　（B）有效　（C）积极　（D）量化

多选：40. 制约心理咨询有效性的因素包括____。

（A）一般性有效因素　（B）求助者的潜在适应能力

（C）特殊性有效因素　（D）求助者的生长、复愈能力

案例五

一般资料：求助者，男性，30岁，国企职员。

案例介绍：近几个月来，求助者开始自言自语，仿佛在和他人对话，同时还会伴有恐惧的表情。最近一个月，求助者的情况更加严重，躲在家里不肯出门，更不肯去上班，说是有人要谋害他。求助者要求报警，亲人朋友反复劝说无效，因此被家人强行带来咨询。下面是心理咨询师与求助者的一段对话：

心理咨询师：什么原因使您觉得有人要害您呢？

求助者：我听到的啊！总有人对我说"你是坏人，我们要为了正义除掉你"，可是我真的没做过什么坏事，但我怎么和他们解释都没有用，最近他们还派人监视我，跟踪我！

心理咨询师：您怎么知道有人在监视您、跟踪您呢？

求助者：我看见的啊！我每次到楼下，总能看见周围有人经过。走在路上的时候，总有各种车跟着我，这不就是在监视我、跟踪我嘛！对了，还有人经常骂我！

心理咨询师：您知道是谁骂您吗？

求助者：不知道！不过我每次打开电视机，就能听到里面有声音骂我"坏蛋、坏蛋"，只有关上电视机，这个声音才会消失。

心理咨询师：如果我建议您去医院做个检查，您愿意去吗？

求助者：我才不去呢，我又没病！

多选：41. 求助者的主要症状包括____。

（A）思维奔逸　（B）幻觉　（C）感觉过敏　（D）妄想

多选：42. 求助者认为有人要害他，并认为有人跟踪监视他，表明其可能存在____。

（A）被害妄想　（B）钟情妄想　（C）自罪妄想　（D）关系妄想

单选：43. 求助者说他一打开电视机，就能听到里面有声音骂他"坏蛋、坏蛋"，只有关上电视机，这个声音才会消失，这种情况表明其可能存在____。

（A）假性幻觉　（B）功能性幻听　（C）思维鸣响　（D）物理影响妄想

多选：44. 求助者躲在家里不去上班，甚至不肯出门，表明其可能存在____。

（A）焦虑情绪　（B）社会功能受损　（C）恐惧情绪　（D）人际关系不良

多选：45. 本案例中该求助者的特点包括____。

（A）主动求治　（B）自知力完整　（C）被动求治　（D）无自知力

单选：46. 求助者目前的心理状态属于____。

（A）心理健康　（B）心理不健康　（C）心理正常　（D）心理异常

单选：47. 对该求助者最可能的诊断是____。

（A）一般心理问题　（B）严重心理问题　（C）神经症性问题　（D）精神病性障碍

单选：48. 对求助者的情况，心理咨询师应做的工作是____。

（A）心理咨询　（B）心理治疗　（C）转诊精神科　（D）药物治疗

多选：49. 心理咨询的主要对象包括____。

（A）精神正常，心理健康的人群　（B）精神正常，心理健康出现问题的人群

（C）临床治愈的精神病性障碍患者　（D）早期发现的精神病性障碍患者

案例六

一般资料：求助者，女性，39岁，小学教师。

案例介绍：求助者3年前与丈夫离婚，无子女，离婚后与父母共同生活。求助者有一个哥哥，已婚，与父母在同一城市生活。两年前求助者的哥哥与父母发生矛盾，从此再也没有看望过父母，也从不给求助者主动打电话。今年父亲七十大寿，求助者想借全家团聚的机会帮助父母和哥哥消除隔阂，给哥哥打电话，希望哥哥一家回来一起祝寿，但哥哥说他们一家三口要去国外旅游。在打电话的过程中，求助者的父母一直站在她的身旁。通话结束后，她能够明显感觉到父母的失望，父亲还责怪她多事儿，说她连自己的家都保不住还来管别人的事。求助者很委屈，那段时间过得非常难受。每当想起这件事，求助者都暗自伤心，后悔自己多事，感觉自己很无能，每天回家看到父母都有些不自在。最近一个多月里，茶饭不香，胃里总觉得像是堵着什么东西，头痛，睡眠差，感觉疲惫。主动前来求助，强烈要求摆脱内心痛苦。

多选：50. 引发求助者心理问题的社会原因包括____。

（A）父亲的指责　（B）调节家庭矛盾未果

（C）工作压力大　（D）后悔自己离婚

单选：51. 该求助者最可能的诊断是____。

（A）一般心理问题　（B）严重心理问题　（C）可疑神经症　（D）抑郁性神经症

多选：52. 对于该求助者，还需要了解的资料包括____

（A）对家庭的看法　（B）成长经历　（C）身体状况　（D）工作记录

多选：53. 咨询师对于该求助者的尊重可以表现为____。

（A）保护求助者的隐私　（B）指出其介入父母与兄长矛盾的错误

（C）相信求助者改变自我的主观愿望　（D）难以接纳求助者时实施转介

多选：54. 咨询师在倾听时应做到____。

（A）认真地听　（B）适度地听　（C）关注地听　（D）积极参与

单选：55. 咨询师在与求助者商定咨询目标时，应把握的是____。

（A）咨询目标尽量高　（B）注重与求助者协商

（C）咨询目标尽量低　（D）与上级咨询师协商

单选：56. 本案例咨询中求助者曾出现阻抗，其原因可能是____。

（A）失调的行为满足心理需求　（B）建立新行为带来的影响

（C）失调的行为掩盖深层次矛盾　（D）抵抗心理咨询的动机

案例七

下面是咨询师与求助者的一段对话。

心理咨询师：刚才您讲到本想利用父亲生日来调解父母和哥哥的矛盾，但由于您哥哥的原因这个愿望没有实现，您受到了父亲的埋怨，感觉很伤心、很后悔，身体也不舒服，是吧？

求助者：是，那段时间我心里一直不舒服。父亲埋怨我多事儿，找个话题就唠叨我几句，说我如果会办事，当初就不至于离婚。我现在也感觉我做人确实挺失败的，离婚前老公（前夫）就曾经说不该和我结婚。

心理咨询师：我能理解您的感受，也为您的经历难过。那以后您哥哥和您联系过吗？您父母也没再想和他联系吗？他们当初的矛盾究竟是什么原因呢？

求助者：……(沉默)说实话，我那时候刚离婚不久，心里很乱，没精力顾及其他的事，所以我也不知道他们究竟是为了什么。……(沉默)不过就算再有矛盾，即便是错在我爸妈，但作为晚辈，他也不能几年都不露面，甚至连个电话也不打。去年我爸生病，我一个人忙前忙后，家里、医院两头跑，白天还要上班；事后我打电话告诉他，他只是说"你辛苦了"。作为儿子，父亲得病竟然不闻不问，这也太不孝顺了吧！我父母做事也够绝，2 年了，不但不理儿子、儿媳，孙子的事也从不过问。这两年我侄子过生日，都是我买了礼物去看他，考初中的事也是我帮着去办的……

心理咨询师：您稍微休息一下，喝口水。那您这次来主要是想解决什么问题呢？

求助者：我心里难受，憋屈。我平时夹在他们中间，为他们做了很多事，他们应该能给我这个做女儿、做妹妹的一点面子；而且我觉得时间过了那么久了，他们对过去的事应该能够想开一点了；父亲七十大寿是个重要的日子，这个机会我认为把握得也非常好。但是我哥找了个出国旅游的借口，还是不想回家。鬼知道他们一家是不是真的去旅游了。现在这事办砸了，爸爸埋怨我，我哥也不接我电话，弄不好他还会觉得是我在他和爸妈之间搅合，在爸妈面前买好。我现在觉得日子都要过不下去了。

心理咨询师：那么您认为您现在的情绪是父母和哥哥造成的？

求助者：应该是吧，至少大部分是，还有可能就是我自己确实能力差吧。

心理咨询师：您刚才所讲，我们称之为诱发事件，但它们可能并不是造成您情绪困扰的直接原因。

求助者：那您觉得直接的原因是什么呢？

心理咨询师：是您对这些事情的看法。人们对所遇到的事情会有自己的看法，这些想法有的是合理的、有的是不合理的，不同的想法会导致不同的结果。按照合理情绪疗法的 ABC 理论，您刚才所提到的诱发事件是 A，事件之后您产生了情绪和身体上的反应，是结果 C，但是 A 并不是造成 C 的直接原因，而您对这些事件的看法 B 才是产生情绪困扰的真正原因。比如您后悔自己多事儿，感觉父亲也埋怨您多事，但您刚才提到，您在给哥哥打电话的过程中父母一直待在您的身旁，而且没有阻止您给哥哥打电话，这说明他们对儿子回家团聚是有期待的。作为女儿，您在这件事上尽到了自己的责任。至于能不能成功，不是您所能决定的。

求助者：听您这么说，我感觉心里舒服多了。您说得有道理，看来是我对这些事情的看法导致了我现在的问题。您接着给我分析吧！

心理咨询师：您能够接受这个理论我很高兴。接下来还有很多工作要做，咱们一步一步地进行。

多选：57. 咨询师说"刚才您讲到本想利用……是吧？"在这段话里，咨询师运用的技术包括____。

(A) 内容反应技术　(B) 内容表达技术　(C) 情感反应技术　(D) 情感表达技术

多选：58. 在本段对话中，咨询师的提问包括____。

(A) 开放式提问　(B) 封闭式提问

(C) 多重问题　(D) 多重选择性问题

单选：59. 求助者在对话过程中两次出现沉默，其类型可能是____。

（A）情绪型　　（B）思考型　　（C）茫然型　　（D）怀疑型

单选：60. 咨询师说“您稍微休息一下，喝口水”，表明咨询师____。

（A）要指导求助者该怎么做　　（B）对求助者的尊重

（C）要控制会谈内容和方向　　（D）对求助者的共情

多选：61. 根据 ABC 理论，该求助者的不合理信念的特征包括____。

（A）绝对化要求　　（B）糟糕至极　　（C）过分概括化　　（D）主观推断

多选：62. 在对话中，求助者出现了多话现象“不过就算再有矛盾……，即便是错在我爸妈，但作为晚辈……考初中的事也是我帮着去办的……”，这种多话类型可能属于____。

（A）宣泄型　　（B）倾吐型　　（C）表现型　　（D）表白型

单选：63. 咨询师说“但您刚才提到，……您在这件事上尽到了自己的责任。”这段话表达了咨询师对求助者的____。

（A）真诚　　（B）热情　　（C）尊重　　（D）共情

多选：64. 咨询师说“我能理解您的感受，也为您的经历难过”，咨询师使用的技术包括____。

（A）内容反应　　（B）内容表达　　（C）情感反应　　（D）情感表达

多选：65. 咨询师说“您能够接受这个理论我很高兴”，咨询师使用的技术包括____。

（A）内容反应　　（B）情感反应　　（C）情感表达　　（D）自我开放

单选：66. 这段对话应该属于____。

（A）心理诊断阶段　　（B）领悟阶段　　（C）修通阶段　　（D）再教育阶段

案例八

一般资料：求助者，女性，23 岁，某公司职工。

案例介绍：求助者自述最近一段时间总是莫名地担忧和害怕，失眠，经常做噩梦，感觉非常痛苦。当问及症状产生的原因时，求助者不愿回答，由母亲代为叙述。并且在母亲讲述事件的时候，求助者走出咨询室，在另外的屋子里等候。母亲说求助者在一家大型公司担任前台接待工作，地点为一高层建筑的一楼大堂。几个月前的一个上午，求助者听到楼上传来惊叫声，紧接着听到身后不远的拐角处“嘭”的一声，她和一名同事急忙跑过去，看到地上趴着一个人，身下流了一大滩血。求助者当时一边安抚身边的同伴，一边打电话通知自己的领导，之后又帮忙维护现场秩序。在其后的一段时间里，求助者一直能够正常地生活和工作，只是在上下班时会躲开出事地点而从大楼的另外一个门出入。但是最近开始害怕大的房子，如果不得不身在其中，她一定要待在房子的一个角落，使自己能够一眼看清整个屋子；经常会被关门声或突如其来的声响惊吓；晚上睡觉不能关灯，否则精神紧张难以入睡；经常做噩梦。以前求助者是个性格开朗、活泼的女孩，喜欢和男朋友逛街，有时间就会陪父母聊天、讲单位里的事情。但最近工作之余不愿意出门，不爱多说话，与男友的关系也疏远了。在事件发生之后，求助者向公司申请调换了工作岗位。由母亲陪同前来咨询。

心理咨询师观察了解到的情况：求助者神情疲惫，情绪低落，不愿回忆自己所经历的事件。

多选：67. 求助者目前的主要生理症状包括____。

（A）焦虑　　（B）抑郁　　（C）失眠　　（D）多梦

单选：68. 在本案例中，求助者所体验到的压力是____。

（A）一般单一性压力　　（B）破坏性压力

（C）同时性叠加压力　　（D）继时性叠加压力

单选：69. 求助者目前的主要表现是____。

（A）创伤性体验反复重现　　（B）意识障碍

（C）植物神经过度兴奋　　（D）情绪脆弱

单选：70. 该求助者社会功能受损程度是____。

（A）轻度受损　　（B）中度受损　　（C）重度受损　　（D）极重度受损

单选：71. 对于该求助者，可能的诊断是____。

（A）严重心理问题　　（B）急性应激障碍　　（C）抑郁症　　（D）灾难症候群

多选：72. 临床资料的来源包括____。

（A）求助者自身　　（B）求助者的亲属　　（C）其他咨询师　　（D）求助者的朋友

多选：73. 验证临床资料可靠性的办法包括____。

（A）补充提问　　（B）比较同一资料的不同来源

（C）使用问卷　　（D）有经验的上级咨询师的分析

多选：74. 该求助者在母亲讲述事件经过时自己躲到其它房间，可能的原因包括____。

（A）无自知力　　（B）咨询关系上的阻抗

（C）反应对象泛化　　（D）回避唤起创伤回忆的刺激

案例九

一般资料：求助者，女性，46 岁，已婚，退休职工。

案例介绍：求助者 23 岁结婚，33 岁怀孕，但怀孕 5 个月时检查出胎儿畸形，被迫做了人工流产手术。术后求助者情绪十分低落，经常流泪。在丈夫、家人及朋友的陪伴和帮助下，求助者一年左右才基本恢复正常生活。之后虽然用尽各种办法，但始终未能生育。2 个月前求助者参加同学聚会，聊到子女问题时，求助者突然感觉胸口憋闷、心慌气短，头晕、头痛，手心出汗，只好以身体不适为由提前离开。此后，求助者经常会有类似的症状，同时伴有紧张和担忧，想到自己和丈夫老无所依十分害怕，担心自己躺在病床上无人照料。不愿做家务，对生活的兴趣也明显降低，觉得现在做任何事情都是徒劳。求助者担心这样下去丈夫也会因无法忍受而离开自己，以后就彻底无依无靠了，越想越害怕，经常失眠，内心十分痛苦。

心理咨询师观察了解到的情况：求助者曾经从事有毒有害作业的工作，夫妻感情一直很好。在丈夫的陪伴下前来咨询。

多选：75. 引发该求助者心理问题的生物学因素包括____。

（A）女性　　（B）不能生育

（C）曾做人工流产手术　　（D）更年期

多选：76. 引发该求助者心理问题的社会因素包括____。

（A）近期参加同学聚会　　（B）曾经从事有毒有害作业

（C）对老无所依的担忧　　（D）曾经接受人工流产手术

多选：77. 对于该求助者的问题，目前可以考虑的诊断包括____。

（A）焦虑神经症　　（B）躯体疾病
（C）恐惧神经症　　（D）神经症性心理问题
单选：78. 对该求助者进行心理评估，首先应排除的是____。
（A）精神病性障碍　（B）人格障碍　（C）疑病症　（D）躯体疾病
多选：79. 对于该求助者，咨询师可以进行的工作包括____。
（A）进行咨询性会谈　　（B）收集和整理临床资料
（C）进行鉴别性会谈　　（D）商定咨询方案和目标
单选：80. 对该求助者不曾生育的问题，咨询师恰当的做法是____。
（A）给予充分的同情　　（B）启发其不要将此看得过重
（C）给予充分的理解　　（D）帮助其看清无子女的好处
多选：81. 本案例中，咨询师应该对求助者关注的方面包括____。
（A）想生孩子　　（B）体验到情绪低落
（C）不曾生育　　（D）曾从事有毒作业

案例十

一般资料：求助者，男性，29 岁，未婚，本科毕业，工程师。

案例介绍：求助者大学毕业后进入一家国企任职，工作稳定。近期企业招聘了一些硕士研究生，求助者为自己学历低感到有些自卑。2 个多月前，在某技术问题上与新同事产生分歧，领导最终选择了同事的设计方案，求助者心中感到很不平衡，因为是领导的决定，也只好压住心中的怒气，继续工作。当晚翻来覆去总是不能入睡，认为领导是因为自己的学历不如新同事，所以否定了自己的方案。第二天起来后感觉头痛、疲劳、全身酸痛。以后又有几次相似的经历，求助者开始觉得领导不重视自己了，担心长久下去失去晋升的机会，甚至可能会被辞掉，觉得当初如果听从父母的建议读研究生就好了，内心感到十分痛苦和担忧。于是工作中越发谨慎小心，但却经常出错，偶尔会向同事、家人发脾气。

心理咨询师观察了解到的情况：求助者是独子，家教严格，学习成绩优秀。自幼身体健康，未患过严重疾病，性格比较内向。工作认真、勤奋，经常主动加班。近 2 周来，睡眠严重不足，食欲也有所下降，偶尔会出现心慌、眩晕等情况。

单选：82. 引发该求助者心理问题的原因中可能不存在的是____。
（A）青年男性　　（B）领导认为其学历低
（C）个体的不良认知　　（D）工作中与同事产生分歧
多选：83. 引发该求助者心理问题的社会因素包括____。
（A）工作中与同事产生分歧　　（B）领导认为其学历低
（C）工作认真、勤奋　　（D）领导否定了自己的方案
多选：84. 在本案例资料分析阶段，咨询师应重点考虑的内容包括____。
（A）是否存在冲突　　（B）反应对象是否泛化
（C）症状持续时间　　（D）是否曾经进行咨询
多选：85. 一般心理问题与严重心理问题的鉴别要点包括____。
（A）咨询持续时间　　（B）社会功能受损情况
（C）症状持续时间　　（D）症状严重程度如何
单选：86. 对该求助者最可能的诊断是____。

(A) 一般心理问题 (B) 严重心理问题

(C) 焦虑神经症 (D) 神经症性心理问题

多选：87. 对于该求助者，恰当的近期咨询目标包括____。

(A) 改善情绪 (B) 改善睡眠质量

(C) 改变认知 (D) 增加与领导的交流

多选：88. 本案例中，求助者的不合理信念的特征包括____。

(A) 反黄金规则 (B) 以偏概全 (C) 糟糕至极 (D) 黄金规则

单选：89. 与该求助者协商制定的咨询方案中不应包含____。

(A) 咨询时间 (B) 咨询理论 (C) 咨询地点 (D) 咨询费用

多选：90. 能表明咨询效果的指标包括____。

(A) 工作中差错明显减少 (B) 不向家人和同事发脾气

(C) 睡眠质量提高 (D) 不再为学历低苦恼

案例十一

下面是某求助者的 WAIS-RC 的测验结果：

	言语测验							操作测验							言语	操作	总分
	知识	领悟	算术	相似	数广	词汇	合计	数符	填图	积木	图排	拼图	合计				
原始分	15	20	16	17	15	38		45	19	37	34	33		量表分	67	66	133
量表分	9	12	14	11	13	8	67	10	15	12	16	13	66	智商	106	121	113

单选：91. 下列说法正确的包括____。

(A) PIQ、FIQ 的智力等级都属于“高于平常”

(B) 有 8 个分测验的结果高于常模平均数

(C) 同时接受了农村式和城市式两个版本测验

(D) 分测验都需要严格限制时间

多选：92. 根据该求助者的图片排列得分，可以判断其____。

(A) 综合分析能力强 (B) 善于辨认空间关系

(C) 言语理解能力强 (D) 善于观察因果关系

多选：93. 根据测验结果，该求助者百分等级低于 50 的项目包括____。

(A) 知识 (B) 词汇 (C) 相似 (D) 数符

案例十二

下面是某求助者的 MMPI 的测验结果：

量表	Q	l	F	K	Hs	D	Hy	Pd	Mf	Pa	Pt	Sc	Ma	Si
原始分	2	4	31	13	15	28	18	30	31	25	22	42	23	46
K 校正分					?			?			?	?	?	
T 分	44	43	75	51	63	53	42	75	58	81	55	68	58	66

单选：94. 该求助者社会病态量表的 K 校正分应当是____。

(A) 22　　(B) 26　　(C) 35　　(D) 55

多选：95. 从测验结果来看，该求助者可能存在____。

(A) 胆小、退缩、过分自我控制　　(B) 对身体功能不正常的关心

(C) 不恰当的情感反应、行为退缩　　(D) 诈病倾向

多选：96. 以下正确的说法包括____。

(A) 说谎分数原始分超过 22 分，答卷无效

(B) 该求助者可能有人格异常

(C) 测验结果支持偏执型精神病的临床诊断

(D) 可能表现为强迫思维、紧张、焦虑

案例十三

下面是某求助者的 SCL-90 测验结果：

总分：177，阳性项目数：54。

因子名	躯体化	强迫症状	人际关系敏感度	抑郁	焦虑	敌对	恐怖	偏执	精神病性	其他
因子分	1.5	2.3	2.0	1.8	2.1	3.0	1.4	3.3	1.5	1.4

多选：97. 该求助者的测验结果显示____。

(A) 有明显的主观躯体不适感

(B) 有明显的厌烦、争论、摔东西等症状

(C) 有轻微的明知没有必要但又无法摆脱的想法或冲动

(D) 有明显的恐怖状态或社交恐怖症状

单选：98. 该求助者的阳性项目均分是____。

(A) 2.0　　(B) 2.5　　(C) 2.6　　(D) 3.4

案例十四

下面是某求助者的 EPQ 的测验结果：

	粗分	T 分		粗分	T 分
P	9	65	N	10	50
E	5	40	L	3	20

多选：99. 根据测验结果，可以判断该求助者为____。

(A) 典型内向型　　(B) 倾向内向型

(C) 神经质得分处于常模平均水平　　(D) 粘液质和抑郁质的混合型

多选：100. 关于应对方式问卷，正确的说法包括____。

(A) “退避-自责”的组合可解释为不成熟型

(B) 评定的时间范围是最近一年

(C) 属于他评工具

(D) 分为 6 个分量表

第二部分　案例问答题

本部分采取专家阅卷，1~4题，满分100分。请在答题纸上写明题号，用钢笔、圆珠笔按要求作答。

一般资料：求助者，男性，20岁，大学生。

案例介绍：求助者是某重点大学三年级学生。求助者不仅学习成绩优异，社会活动能力也很强，担任学院学生会主席。半年前，求助者代表学院参加全校的辩论赛。由于赛前准备充分，求助者顺利带领队友闯入决赛。没想到，求助者在决赛中几次出现口误，惹得对手和台下观众哄堂大笑。最后，求助者所在团队没有获得名次。这件事以后，求助者一直闷闷不乐，他认为自己连累了整个团队，觉得自己辜负了老师和同学们的信任，甚至认为自己根本就是不堪重任。两个多月来，求助者情绪低落，烦躁不安，学习效率下降，学生会的工作也经常出错，借故不参加有比赛性质的校园活动，不像以前那样经常和朋友、同学交流，常常一个人在宿舍里发呆。求助者的同学担心他继续这样消沉下去，建议他来接受心理咨询。

心理咨询师观察了解到的情况：求助者是独生子，家庭经济条件较好，父母都是医生，对求助者管教比较严格。求助者自幼学习成绩优异，一直是班干部，好强，追求完美。身体健康，历年体检结果平常。

请根据案例回答以下问题：

一、请对该求助者做出初步诊断，并说明诊断依据。(30分)

二、请简述心理咨询保密原则中保密内容及保密例外。(20分)

三、在本案例中，如果心理咨询师采用合理情绪疗法解决求助者的问题，请简述合理情绪疗法的原理与步骤。(30分)

四、在本案例中，咨询师与求助者共情时应注意什么？(20分)

参考答案

卷册一：职业道德与理论知识部分

题号	1	2	3	4	5	6	7	8		
答案	C	A	C	B	A	D	C	B		
题号	9	10	11	12	13	14	15	16		
答案	CD	AD	ABC	CD	ABCD	ACD	BCD	BCD		
题号	17	18	19	20	21	22	23	24	25	
答案					——					
题号	26	27	28	29	30	31	32	33	34	35
答案	C	A	A	B	A	C	B	B	A	B

题号	36	37	38	39	40	41	42	43	44	45
答案	B	A	D	B	C	B	B	C	C	B
题号	46	47	48	49	50	51	52	53	54	55
答案	A	A	B	C	D	B	C	A	B	D
题号	56	57	58	59	60	61	62	63	64	65
答案	A	C	B	A	C	B	B	C	A	B
题号	66	67	68	69	70	71	72	73	74	75
答案	C	B	C	B	D	B	C	B	D	D
题号	76	77	78	79	80	81	82	83	84	85
答案	D	C	C	B	A	A	B	B	C	A
题号	86	87	88	89	90	91	92	93	94	95
答案	ABD	BC	ABC	BC	BD	AC	ABCD	ABC	AD	ACD
题号	96	97	98	99	100	101	102	103	104	105
答案	ACD	AC	ACD	AD	ABCD	ABCD	AC	ABCD	BCD	ACD
题号	106	107	108	109	110	111	112	113	114	115
答案	BCD	ABC	ABCD	ABC	BCD	AC	ACD	AC	ABCD	ACD
题号	116	117	118	119	120	121	122	123	124	125
答案	ABCD	ACD	BD	ACD	ABC	BCD	ABC	AC	BCD	ABD

卷册二：技能选择与案例问答部分

题号	1	2	3	4	5	6	7	8	9	10
答案	CD	B	C	B	BC	ABCD	AB	D	A	ABCD
题号	11	12	13	14	15	16	17	18	19	20
答案	AD	BD	BD	B	ABC	B	ABCD	A	A	ABCD
题号	21	22	23	24	25	26	27	28	29	30
答案	BD	AC	A	BC	AD	A	BD	B	ABC	ABCD
题号	31	32	33	34	35	36	37	38	39	40
答案	AC	A	ABD	ACD	AB	B	BC	D	ABC	ABCD
题号	41	42	43	44	45	46	47	48	49	50
答案	BD	AD	B	BC	CD	D	D	C	ABC	AB

题号	51	52	53	54	55	56	57	58	59	60
答案	A	ABC	ACD	AC	B	B	AC	ABC	A	C
题号	61	62	63	64	65	66	67	68	69	70
答案	ABC	ABD	D	BD	ACD	A	CD	B	C	B
题号	71	72	73	74	75	76	77	78	79	80
答案	A	ABCD	ABC	CD	ABCD	AC	BD	D	BCD	C
题号	81	82	83	84	85	86	87	88	89	90
答案	AB	B	AD	ABCD	BCD	B	ACD	BC	C	ABCD
题号	91	92	93	94	95	96	97	98	99	100
答案	B	AD	AB	C	ABCD	BC	BC	D	BCD	AD

一、(30 分)

对该求助者的初步诊断是严重心理问题。诊断依据：

(1) 该求助者身体健康，历年检查结果正常，因此可以排除器质性病变基础；

(2) 根据区分心理学正常与异常的心理学原则，该求助者主客观世界统一，精神活动协调一致，人格相对稳定，自知力完整，没有幻觉、妄想等精神病性问题；

(3) 该求助者心理问题由现实刺激引发，内心冲突变形，因此可以排除神经症性问题；

(4) 求助者的心理问题由辩论赛决赛发挥失常引起，属于较强烈的现实刺激，时间超过两个月，但未满半年。求助者回避一切具有比赛性质的校内活动，说明其问题出现了泛化，并影响了学习、社会工作和人际交往，导致社会功能受损。

二、(20 分)

(1) 需要保密的内容：①心理咨询过程中求职者暴露的内容；②心理咨询过程中与求助者的接触过程。

(2) 保密例外的情况：①求助者同意将保密信息透露给他人；②司法机关要求心理咨询师提供保密信息；③出现针对心理咨询师的伦理或法律诉讼；④心理咨询中出现法律规定的保密问题限制；⑤求助者可能对自身会他人造成即刻伤害或死亡威胁；⑥求助者有危及生命的传染性疾病。

三、(30 分)

(1) 原理：合理情绪疗法由美国心理学家埃利斯创立。其理论认为，引起人们情绪困扰的并不是外界发生的事件，而是人们对事件的态度、看法、评价等认知内容，因此要改变情绪困扰不是致力于改变外界事件，而是应该改变认知，通过改变认知，进而改变情绪。

ABC 理论是合理情绪疗法的核心理论，其中：A 代表诱发事件，B 代表个体对这一事件的看法，解释及评价即信念，C 代表这一事件后个体的情绪反应和行为结果。

(2) 步骤：心理诊断阶段、领悟阶段、修通阶段、再教育阶段。

四、(20分)

(1) 咨询师应从求助者而不是自己的角度看待求助者及其存在的问题;
(2) 能够设身处地地理解求助者的感受;
(3) 表达共情应把握时机, 共情应适度;
(4) 表达共情要善于把握角色;
(5) 要善于使用躯体语言;
(6) 考虑求助者的特点与文化特征;
(7) 应验证自己是否与求助者产生共情。

2015年5月三级心理咨询师鉴定真题

（卷册一：职业道德与理论知识部分）

第一部分　职业道德

（第1~25题，共25道题）

一、职业道德基础理论与知识部分(1~16题)

答题指导：

1. 该部分均为选择题，每题均有四个备选项。其中，单项选择题只有一个选项是正确的，多项选择题有两个或两个以上选项是正确的。

2. 请根据题意的内容和要求答题，并在答题卡上将所选答案的相应字母涂黑。

3. 错选、少选、多选，则该题均不得分。

(一)单项选择题(1~8题)

1. 关于道德的说法中，正确的是____。

(A) 道德是一种社会规范性力量

(B) 道德是领导意志的集中体现

(C) 个体的道德表现差异很大，判定一个人的道德优劣是不可能的

(D) 普遍良好的道德，仅仅是人的善良愿望而已

2. 与法律相比，道德____。

(A) 产生得时间晚　　(B) 比法律的适用范围广

(C) 内容上显得十分笼统　　(D) 评价标准难以确定

3. 关于企业形象，正确的说法是____。

(A) 文明礼貌是企业形象的核心与关键

(B) 企业形象的本质是企业的环境卫生和企业员工的服饰状况

(C) 企业形象是社会公众和企业员工对企业的整体印象和评价

(D) 通过持久、大规模的媒体宣传，就能树立起企业形象

4. 在企业文化中，居于核心地位的是____。

(A) 企业礼俗　　(B) 企业价值观　　(C) 企业作风　　(D) 规章制度

5. 海尔总裁张瑞敏曾经说过这样的话，企业要靠无形资产来盘活有形资产，只有先盘活人，才能盘活资产。对这句话，准确的理解是____。

(A) 企业存在着无形资产和有形资产两种形式

（B）人是有形资产，人作为资产通过劳动产生价值
（C）人是企业发展的决定性因素
（D）企业的无形资产是一种神秘的物质
6. 员工处理与领导的关系时，正确的做法是____。
（A）即使知道领导的决策是错误的，也要不折不扣地执行
（B）对于领导含糊交办的任务，要含糊执行
（C）如果不同意领导的意见，要敢于随时说出自己的想法
（D）一般不越级汇报工作
7. 科学发展观指的是____。
（A）科学发展，高效发展，健康发展　（B）以科学为本，科学、平稳、顺利发展
（C）以人为本，全面、协调、可持续发展　（D）以人为本，科学、高效、健康发展
8. 关于职业劳动，正确的说法是____。
（A）职业劳动是人们无奈的选择
（B）职业劳动是人们谋生的手段
（C）职业劳动是市场经济条件下就业竞争加剧的结果
（D）职业劳动是人生的全部内涵

（二）多项选择题（9~16 题）

9. 下列言语中，属于职业忌语的有____。
（A）“有完没完”　（B）“我就这态度”
（C）“我解决不了，愿意找谁找谁去”　（D）“后边等着去”
10. 关于职业责任，正确的说法包括____。
（A）职业责任属于道德范畴，而不属于法律范畴
（B）凡是社会职业，都有明确的职业责任规定
（C）只有明文规定的职业责任，才必须履行
（D）职业责任具有一定的强制性
11. 一般情况下，人的职业理想实现的条件包括____。
（A）个人内在条件　（B）社会需要　（C）后天努力程度　（D）领导赏识
12. 诚信的内涵包括____。
（A）真实　（B）信任　（C）不欺骗对方　（D）不欺骗自己
13. 下列做法中，属于不诚实劳动的有____。
（A）某员工利用因特网技术成功下载了竞争对手的设计软件
（B）某电脑供应商在消费者购买的电脑上安装了盗版的操作软件
（C）某员工完成某项工作原计划需要 8 天，实际上用了 18 天
（D）某员工在参考别人软件的基础上，制作了本公司的财务软件
14. 从业人员保守企业秘密，正确的做法有____。
（A）闲谈莫涉及企业的核心技术
（B）制作所谓的假秘密散发出去，迷惑竞争对手
（C）向亲朋好友讲述企业内幕时，要控制在很小的范围内
（D）企业有危害社会和国家的“秘密”，要敢于揭露

15. 关于坚持真理，正确的观念有____。
(A) 真理往往掌握在少数人手中，要树立相信少数人的观念
(B) 书本知识往往是错误的，破除本本主义，不再相信书本知识
(C) 老师的话往往不一定正确，要敢于对老师得出的结论提出质疑
(D) 树立实践观点，坚持实践是检验真理的唯一标准
16. 关于节俭，正确的说法有____。
(A) 节俭纯属个人之事，不适宜作为普遍性的要求
(B) 节俭是物质短缺时代的特殊要求，在物质产品充裕情况下无须节俭
(C) 节俭是安邦定国的法宝，因为国家的发展进步时时需要节俭
(D) 节俭作为一种美德，不应以财富多寡作为评价的前提

二、职业道德个人表现部分(17~25题)

答题指导：

1. 该部分均为选择题，每题均有四个备选项，您只能根据自己的实际状况选择其中一个选项作为您的答案。

2. 请在答题卡上将所选择答案的相应字母涂黑。

17. 你路遇熟人，与之打招呼，结果对方“视而不见”，没有回应，你会____。
(A) 感到没有面子，下次不再主动打招呼了
(B) 感到这人突然有了变化，心想，他不是升官了，就是发财了
(C) 心想，他走路时真专注
(D) 心想，他遇到了什么不愉快的事情了
18. 在单位工作时，你会____。
(A) 怕有的人说三道四，不敢多与异性同事交往
(B) 怕领导挑剔自己的工作，总是躲避与同事说话
(C) 怕信息传导错误，不在背地对人评头论足
(D) 怕影响工作，即使对要好的同事，说话也会注意分寸
19. 假如你在某个问题上与其他同事存在意见分歧，彼此争论激烈，但你相信你自己的观点是正确的，在争论结束时，你会____。
(A) 直截了当告诉对方：“你肯定错了”
(B) 规劝对方：“做人不要固执，为什么要死死抱着错误的东西当真理呢”
(C) 邀请对方：“我不相信说服不了你，我们找时间再讨论”
(D) 和对方讲：“尽管我们彼此没有同意对方的观点，但我从你那里学到许多”
20. 在与同事们闲聊时，你通常会____。
(A) 说说学习、工作的感受
(B) 聊聊自己家里的事情
(C) 聊聊新闻
(D) 传播小道消息
21. 你与同事交往时，常用的方式是____。
(A) 时不时地搞个小型聚餐
(B) 基本没有什么来往
(C) 经常利用午餐时间或工作间隙，找人聊聊天

（D）等同事来找自己

22. 你把一瓶家乡老酒放在办公室，一次，你的一位朋友无意间发现了这瓶酒，但这时只剩下半瓶，你会____。

（A）怀疑酒被人偷偷喝掉了　　　　　（B）心想可能逐渐挥发了

（C）心想幸好剩下半瓶，可以招待朋友　（D）怀疑自己记忆不准确了

23. 一次，你的一位很健谈、很有学识的朋友不请自到，来你家做客，这位朋友穿戴邋遢、坐卧随意。你的妻子（丈夫）是一位爱洁净的人，你朋友的这些举动惹得你的妻子（丈夫）怒形于色。你会____。

（A）告诉妻子（丈夫），自己并没有请他来做家里

（B）委婉地告诉朋友，你自己一会儿有事情要做，不能多陪朋友说话

（C）耐心听朋友聊下去，因为他很有学识

（D）示意妻子（丈夫）回避一下

24. 办公室的张小姐体态肥胖，今天上班时穿了一件在你看来很不得体的衣服。张小姐征求你对她的服装的意见，你会____。

（A）告诉张小姐，她穿这件衣服，显得更难看

（B）对张小姐说，穿衣服只是形式，保持良好的心态更重要

（C）对张小姐说，你自己觉得好是最重要的

（D）告诉张小姐，自己的看法是不准确的，征求别人意见吧

25. 在日常工作和生活中，对于自己所接触的那些人，你一般会____。

（A）接触一次就能够记住对方的姓名、容貌

（B）只有多接触几次，才能记住对方

（C）总也记不住对方是谁，经常会弄混淆

（D）不管能不能记住对方，但总能够通过交谈回忆起来过去的一些事情

第二部分　理论知识

（第 26~125 题，共 100 道题，满分为 100 分）

一、单项选择题（26~85 题，每题 1 分，共 60 分。每小题只有一个最恰当的答案，请在答题卡上将所选答案的相应字母涂黑）

26. 一般单一性生活压力对当事人是____。

（A）灾难性的　（B）有延缓作用的　（C）高强度的　（D）有积极作用的

27. 关于一般心理问题的特点，错误的说法是____。

（A）内容泛化　（B）近期发生　（C）反应不强　（D）原因明确

28. 患者在听收音机时能听到骂他的声音，关闭收音机时骂他的声音随即消失，这种幻觉是____。

（A）内脏性幻觉　（B）思维鸣响　（C）功能性幻觉　（D）心因性幻觉

29. 对于人格障碍者，心理咨询的效果是____。

（A）良好的　（B）极差的　（C）有限的　（D）未知的

30. 遭受强烈的精神创伤事件后，数周至数月后出现精神障碍，称为____。
(A) 情感障碍 (B) 急性应激障碍 (C) 认知障碍 (D) 创伤后应激障碍
31. 关于神经症，以下描述正确的是____。
(A) 自知力相对完整 (B) 是一种短暂的精神障碍
(C) 不会有人格基础 (D) 症状有器质性病变的基础
32. 个体认知发展中最早发生，也是最早成熟的心理过程是____。
(A) 动作 (B) 感觉 (C) 知觉 (D) 意志
33. 4 个月以后的婴儿对熟悉的人比对不熟悉的人有更多的微笑，这属于____。
(A) 条件反射性的微笑 (B) 无选择的社会性微笑
(C) 自发性微笑 (D) 有选择的社会性微笑
34. 幼儿思维的主要特征是____。
(A) 直观动作思维 (B) 形象逻辑思维 (C) 具体形象思维 (D) 抽象逻辑思维
35. 口头言语发展的关键时期是____。
(A) 童年期 (B) 婴儿晚期 (C) 幼儿期 (D) 婴儿早期
36. 社会存在有现实、想象和隐含的三种方式，这是心理学家____的观点。
(A) W·詹姆士 (B) G·W·奥尔波特 (C) W·麦独孤 (D) F·H·奥尔波特
37. 让符合法定条件的罪犯在社区中执行刑罚的"社区矫正"，是一种____机制。
(A) 早期社会化 (B) 再社会化 (C) 继续社会化 (D) 终身社会化
38. 在个体社会化过程中起核心作用的是____。
(A) 工具 (B) 语言 (C) 知识 (D) 习俗
39. 人们对某种角色的社会期待不同，会导致个体体验____。
(A) 角色间冲突 (B) 角色不清 (C) 角色内冲突 (D) 角色失败
40. "吃大锅饭"容易导致消极怠工，这属于____现象。
(A) 社会促进 (B) 社会逍遥 (C) 群体干扰 (D) 群体极化
41. 按照沙赫特的情绪理论，在情绪发生的过程中，起决定作用的是____。
(A) 环境刺激 (B) 生理唤起 (C) 认知标签 (D) 反应类型
42. 根据 N·安德森的研究，最让人喜欢的人格品质是____。
(A) 尊重 (B) 热情 (C) 共情 (D) 真诚
43. 一般情况下，最能反映个体内心世界的身体语言是____。
(A) 触摸 (B) 人际距离 (C) 目光 (D) 面部表情
44. 属于虚拟沟通的情况是____。
(A) 同学之间通过网络聊天 (B) 不认识的同行之间通过 QQ 谈业务
(C) 彼此一无所知的网友之间通过 QQ 聊天 (D) 不同国家的人通过网络协同工作
45. 心理过程包括____。
(A) 能力、气质和性格 (B) 认知、情感和意志
(C) 知、情、意和能力 (D) 感觉、知觉和动机
46. 脑干网状结构是____。
(A) 呼吸与心跳的中枢 (B) 调节睡眠与觉醒的神经结构
(C) 较高级的感觉中枢 (D) 调节全身运动平衡的中枢

47. 感受性与感觉阈限之间是____。
(A) 指数关系　(B) 对数关系　(C) 正比关系　(D) 反比关系
48. 从进化的角度来看，最古老的感觉是____。
(A) 视觉　(B) 听觉　(C) 嗅觉　(D) 味觉
49. 用双耳听觉最容易判断的方位是____。
(A) 上下　(B) 左右　(C) 正前　(D) 正后
50. 人们运用语言进行交际的过程叫____。
(A) 思维　(B) 语境　(C) 言语　(D) 副语言
51. 注意是一种____。
(A) 心理过程　(B) 认知活动的过程
(C) 意志过程　(D) 心理活动的状态
52. 由生理需要引起的，推动个体为恢复机体内部平衡的唤醒状态叫____。
(A) 情绪　(B) 兴趣　(C) 内驱力　(D) 诱因
53. 影响能力发展的遗传因素主要指人的____。
(A) 秉性　(B) 素质　(C) 智能　(D) 神经
54. 韦克斯勒将离差智商的平均数定为 100，标准差定为____。
(A) 16　(B) 15　(C) 14　(D) 13
55. 重测信度即____。
(A) 等值系数　(B) 稳定性系数　(C) 相关系数　(D) 等位性系数
56. 检验测验分数能否有效地划分由效标所定义的团体的一种方法是____。
(A) 相关法　(B) 区分法　(C) 命中率法　(D) 失误法
57. 比内—西蒙量表的编排方法是____。
(A) 并列直进式　(B) 混合螺旋式　(C) 因素分析法　(D) 逻辑分析法
58. 受应试动机影响最小的测验是____测验。
(A) 成就　(B) 智力　(C) 能力　(D) 投射
59. 以再测法求信度，两次测验相隔时间越短，其信度系数越____。
(A) 大　(B) 可靠　(C) 小　(D) 不确定
60. 不属于行为主义理论体系的概念是____。
(A) 替代学习　(B) 自我实现　(C) 自我奖赏　(D) 行为自控
61. 心理咨询对精神障碍患者的作用是____。
(A) 消除症状　(B) 系统治疗　(C) 预防复发　(D) 精神分析
62. 心理咨询师与求助者之间的交往距离应该属于____距离。
(A) 公众　(B) 个人　(C) 社交　(D) 亲密
63. 受工作范围限制，心理咨询师____。
(A) 对精神障碍患者无法提供任何帮助
(B) 可以对求助者作出各种有益其生活的承诺
(C) 对心理危机无法提供有效的干预
(D) 不能在心理咨询范围外向求助者提供帮助
64. 摄入性会谈中由于特殊原因需要录音和录像，必须____。

（A）征得督导师同意　　　　　　　　（B）符合求助者的利益
（C）征得求助者同意　　　　　　　　（D）符合咨询进程需要

65. 在整理临床资料时，应该对来自求助者亲友和中介人的资料____。
（A）进行可靠性验证，并做必要的说明
（B）直接使用，并作为重要的参考依据
（C）先行筛选，避免对求助者构成偏见
（D）注意排序，不对求助者形成暗示

66. 对求助者做出一般心理问题诊断前，应该分析求助者____。
（A）是否有严重精神病家族史　　　　（B）是否有器质性病变
（C）其症状能否用心理学理论来解释　（D）其症状能否被心理咨询师所理解

67. 提出心理评估报告时，需要对临床资料进行核实，一般使用的方法是____。
（A）个案法　（B）推测法　（C）实验法　（D）调查法

68. 咨询关系的建立受到____的双重影响。
（A）咨询动机与期望程度　　　　　　（B）咨询师与求助者
（C）合作态度与咨询方法　　　　　　（D）觉察水平与行为方式

69. 正确的咨询态度包括的五种要素是尊重、热情、真诚、积极关注和____。
（A）咨询特质　（B）共情　（C）咨询技巧　（D）执业理念

70. 积极关注指的是关注求助者的____。
（A）身体状况　（B）言行的积极面　（C）负性情绪　（D）对咨询师的态度

71. 如果心理咨询师与求助者的目标不一致，并难以统一，则咨询目标应该____。
（A）以当前问题为主　　　　　　　　（B）以咨询师的目标为主
（C）以长远发展为主　　　　　　　　（D）以求助者的目标为主

72. 方案中需要明确的求助者的权利包括____。
（A）遵守职业道德　（B）提供真实资料　（C）提出终止咨询　（D）完成自我探索

73. 心理咨询的次数一般是____。
（A）每周 1~2 次　（B）每周 3~4 次　（C）每周 5~6 次　（D）两周 1 次

74. 倾听时最容易出现的错误是____。
（A）迟迟不下结论　　　　　　　　　（B）做出道德或正确性的评价
（C）过分重视求助者的问题　　　　　（D）不好意思打断求助者的叙述

75. 影响性技术中不包括____。
（A）指导　（B）具体化　（C）面质　（D）自我开放

76. 自我管理程序依据的原理是____。
（A）投射技术　（B）操作条件反射　（C）关注技术　（D）经典条件反射

77. 在实施 16PF 测验时，应注意的是____。
（A）允许有无法回答项目　　　　　　（B）每一测题都按 0、1 记分
（C）尽量不选择中性答案　　　　　　（D）有的测题可同时选两个答案

78. 1908 年比内—西蒙量表的主要创新点是____。
（A）设计了儿童版　（B）使用智力年龄　（C）设计了成人版　（D）使用比率智商

79. 再生性能力____。

（A）是智能活动的能量　　　　　（B）可通过非言语测验评估
（C）是智能活动的质量　　　　　（D）可以通过言语测验测量

80. WAIS-RC 的测验问题"'趁热打铁'是比喻什么?"属于____分测验。
（A）知识　　（B）领悟　　（C）词汇　　（D）相似性

81. WAIS-RC 中数字符号分测验正式测验限时____秒。
（A）60　　（B）120　　（C）90　　（D）150

82. 使用 LES 时应注意____。
（A）只适用于一般人群的一般性生活事件　（B）可用于不同职业群体
（C）调查既往事件不受认知或情绪状态影响（D）对作出的肯定项不用说明具体时间

83. 按照 CRT 施测程序，主测者应向受测者两次报告时间，具体安排在测验开始后____。
（A）20 及 40 分钟　　（B）30 及 40 分钟　　（C）15 及 30 分钟　　（D）20 及 30 分钟

84. CRT 测量的是____能力。
（A）操作　　（B）再生性　　（C）运动　　（D）推断性

85. 在施测中国比内测验时，主测者与受测者的位置关系应是____。
（A）并排坐　　（B）呈 90 度角　　（C）面对面　　（D）呈 120 度角

二、多项选择题（86～125 题，每题 1 分，共 40 分。每题有多个答案正确，请在答题卡上将所选答案的相应字母涂黑。错选、少选、多选，均不得分）

86. 破坏性压力可以造成____。
（A）利他行为　　　　　（B）灾难症候群
（C）兴奋行为　　　　　（D）创伤后应激障碍

87. 一般适应症候群包括____。
（A）恢复阶段　　（B）衰竭阶段　　（C）搏斗阶段　　（D）康复阶段

88. 社会环境性压力源的种类包括____。
（A）纯社会性问题　（B）人际适应问题　（C）自然条件改变　（D）物理属性改变

89. 躯体疾病患者的一般心理特点包括____。
（A）对自身价值的态度变化　　　（B）注意力集中在自身体验上
（C）对客观世界的态度不变　　　（D）时间感觉发生变化

90. 幼儿象征性游戏的特征包括____。
（A）具有创造性　　　　　（B）重视结果而不重视过程
（C）想象的特点　　　　　（D）替代物与实物有某种相似性

91. 青春期的情绪变化特点包括____。
（A）容易攻击　　　　　（B）容易依赖
（C）不易自我控制情绪的波动　　　（D）青春期躁动

92. 少年期记忆的主要特点包括____。
（A）多方面的记忆效果达到个体记忆的最佳时期
（B）有效地运用各种记忆策略
（C）短时记忆容量达到一生中的最高峰

（D）自觉地运用意义记忆，但机械记忆的效果较差

93. 童年期思维的基本特点包括____。

（A）经历一个思维发展的质变过程　（B）没有发生质变

（C）不能摆脱形象性的逻辑思维　（D）可以摆脱形象的逻辑思维

94. 暗示，正确的说法包括____。

（A）一般年龄越小，越容易接受暗示　（B）自尊水平高的人容易被暗示

（C）总体上女性比男性容易接受暗示　（D）有人格魅力的人暗示效果较好

95. R·斯坦伯格的爱情三角形中，组成爱情的因素包括____。

（A）亲密　（B）浪漫　（C）承诺　（D）激情

96. 人类婚姻的动机主要包括____。

（A）经济　（B）繁衍　（C）爱情　（D）性满足

97. 家庭的结构模式主要包括____。

（A）核心家庭　（B）主干家庭　（C）联合家庭　（D）单身家庭

98. 社会促进现象包括____。

（A）光环效应　（B）结伴效应　（C）观众效应　（D）异性效应

99. 模仿的意义包括____。

（A）是学习的基础　（B）适应作用　（C）促进群体形成　（D）促进身体发育

100. 小脑的功能包括____。

（A）实现对内脏系统活动的调节　（B）保持身体平衡

（C）实现随意运动和不随意运动　（D）调节肌肉紧张度

101. 无条件反射包括____。

（A）吃东西流口水　（B）强光照射下瞳孔收缩

（C）看见酸梅就流口水　（D）一朝被蛇咬十年怕井绳

102. 感觉后像的特点包括____。

（A）可分为正后像和负后像　（B）彩色的负后像是刺激色的补色

（C）感觉后像的感受性更高了　（D）正后像和负后像是可以相互转换的

103. 人们的时间知觉可以依据____。

（A）心理活动的周期性变化　（B）一年四季的变化

（C）生理活动的周期性变化　（D）日出日落的交替

104. 在快速眼动的睡眠阶段里____。

（A）能觉察到外界刺激　（B）出现类似于清醒状态下的脑电波

（C）眼球开始上下左右移动　（D）梦境开始出现

105. 性格____。

（A）容易受社会历史文化的影响　（B）直接反映了一个人的道德风貌

（C）更多体现了人格的社会属性　（D）是个体间人格差异的核心

106. 测量的主要元素包括____。

（A）事物　（B）数字　（C）法则　（D）描述

107. 心理测验具有____。

（A）外显性　（B）间接性　（C）相对性　（D）客观性

108. 我国目前心理咨询中运用较多的心理测验包括____。
(A) 智力测验　　(B) 态度量表　　(C) 人格测验　　(D) 心理评定量表
109. 离差智商的优点包括____。
(A) 建立在统计学的基础之上
(B) 表示的是个体智力在年龄组中所处的位置
(C) 是表示智力高低的一种较理想的指标
(D) 可以消除测量误差
110. 心理评估要求心理咨询师确定求助者在____方面的问题。
(A) 生理　　(B) 社会功能　　(C) 心理　　(D) 健康知识
111. 重性精神病的早期症状可能不典型，为了避免误诊，心理咨询师应该____。
(A) 全面综合分析各项资料　　(B) 适时地请求会诊或转诊
(C) 征得求助者家属的配合　　(D) 尽量委婉地拒绝求助者
112. 对求助者形成初步印象的内容包括____。
(A) 对心理问题严重程度形成大致判断　　(B) 对可能采取的干预措施的初步设计
(C) 对引发问题的深层原因的初步分析　　(D) 对心理问题的类型形成大致的诊断
113. 选择会谈内容的原则包括____。
(A) 应该能适合咨询师的专业水平　　(B) 应该能符合求助者的接受能力
(C) 对病因有直接或间接针对性　　(D) 必要时讨论精神分裂症症状
114. 移情的类型包括____。
(A) 正移情　　(B) 假移情　　(C) 负移情　　(D) 泛移情
115. 阻抗产生的原因中，来源于求助者方面的原因包括____。
(A) 生理功能的严重失调　　(B) 成长带来的某种痛苦
(C) 机能性行为失调　　(D) 反抗咨询师的动机
116. 适宜的求助者应具备的条件包括____。
(A) 智力正常　　(B) 年龄适宜　　(C) 人格正常　　(D) 动机正确
117. 合理情绪疗法中，常用的修通技术包括____。
(A) 与不合理信念辩论　　(B) 阳性强化
(C) 合理情绪想象技术　　(D) 社会学习
118. 合理情绪疗法中，咨询师需要帮助求助者达到的领悟是____。
(A) 诱发事件是产生不良情绪的根源
(B) 信念引起了情绪及行为后果，而不是诱发事件本身
(D) 求助者应对自己的情绪和行为反应负有责任
(D) 只有消除诱发事件，才能减轻或消除他们目前存在的症状
119. 目光注视的一般规律是____。
(A) 倾听时，注视对方双眼
(B) 说话时比倾听时注视对方多一些
(C) 开始说话时，将目光从对方身上移开
(D) 讲话结束时，将目光重新回到对方身上
120. WAIS-RC 施测的基本步骤为____。

（A）一般先做言语测验　（B）一般先做操作测验
（C）测验通常都是一次做完　（D）各分测验从第一题开始

121. 对于 CSQ，正确说法包括____。
（A）适用于 16 岁以上群体　（B）文化程度在初中或初中以上
（C）做出肯定回答后需评估效果　（D）可分为三部分内容

122. 在 CRT 的记分系统中，采用了____。
（A）标准九分　（B）IQ 分数　（C）标准 T 分　（D）百分等级

123. 使用中国比内测验应该注意____。
（A）态度和善　（B）房间安静　（C）先做例题　（D）不限制时间

124. 如果一个有效的 MMPI 测验结果显示 F 量表分数高，表明____。
（A）受测者伪装疾病　（B）受测者回答问题不认真
（C）其临床症状比较严重　（D）得分越高则精神病严重程度越高

125. MMPI 的适用范围是____的人群。
（A）年龄 16 岁以上　（B）年龄 10 岁以上
（C）小学毕业以上的文化水平　（D）初中毕业以上的文化水平

（卷册二：技能选择与案例问答部分）

第一部分　技能选择题

（第 1～100 题，共 100 道题）

本部分由九个案例组成。请分别根据案例回答 1～100 题，共 100 道题。每题 1 分，满分 100 分。每小题有一个或多个答案正确，请在答题卡上将所选答案的相应字母涂黑。错选、少选、多选，则该题均不得分。

案例一

一般资料：求助者，男性，61 岁，退休教师。

案例介绍：求助者的一位老朋友半月前因心脏病救治无效去世，求助者得知消息后当晚即感到胸闷、心慌，出现入睡困难并容易惊醒的现象。经一周的住院检查，并未发现患心脏病的迹象。但求助者还是怀疑自己得了冠心病，只是医院查不出来。因而情绪较低落，茶饭不香，睡眠越来越差，反复和家属交待后事。求助者家属要求医院心理科协助治疗。

多选：1. 该求助者的躯体症状包括____。
（A）心慌　（B）长期失眠　（C）胸闷　（D）情绪低落

单选：2. 该求助者的情绪症状主要是____。
（A）失眠　（B）情绪脆弱　（C）焦虑　（D）自杀观念

单选：3. 该求助者心理问题的关键点是____。

（A）患冠心病　　（B）担心心脏疾病　　（C）患失眠症　　（D）存在疑病妄想

单选：4. 该求助者的心理冲突属于____。

（A）变形冲突　　（B）趋避冲突　　（C）常形冲突　　（D）双趋冲突

多选：5. 心理咨询师在初诊接待中应了解该求助者的资料包括____。

（A）婚姻史　　（B）心脏检查结果　　（C）成长史　　（D）冠心病的体验

多选：6. 心理咨询师对于该求助者的接纳应该包括____。

（A）怀疑自己得病　　（B）情绪较低落　　（C）主动求助　　（D）躯体症状

多选：7. 对于该求助者，恰当的咨询目标包括____。

（A）改善情绪　　（B）改变错误认知　　（C）改善睡眠　　（D）促进心理成长

多选：8. 心理咨询师在本案例中应该注意的问题包括____。

（A）关注求助者的隐私内容　　（B）对求助者无条件的接纳

（C）密切关注求助者的情绪　　（D）随时调整求助者服药剂量

多选：9. 引发该求助者心理问题的原因包括____。

（A）老年男性　　（B）患冠心病　　（C）认知偏差　　（D）胸闷心慌

多选：10. 可以作为评估该求助者咨询效果的指标包括____。

（A）焦虑已减轻　　（B）睡眠质量改善　　（C）心脏病好转　　（D）胸闷心慌改善

单选：11. 初诊接待中心理咨询师最主要的工作是____。

（A）解决求助者的困扰　　（B）对求助者进行评估诊断

（C）双方商定咨询目标　　（D）提供释放压抑的空间

多选：12. 咨询师在咨询过程中没有耐心倾听，并且责备求助者怕死，说明咨询师没有做到____。

（A）尊重　　（B）温暖热情　　（C）共情　　（D）积极关注

案例二

一般资料：求助者，女性，32岁，已婚，会计。

案例介绍：求助者在3个月前突然发现丈夫有外遇，精神上受到强烈打击，从此每天痛哭流涕，吃不下饭，睡不好觉，认为自己全完了。尽管丈夫认了错，但她仍想离婚，认为男人没有一个是好东西。现在，如果丈夫回家晚了，她就再三审问，脾气越来越大。夜晚休息不好，白天上班打不起精神。做事心不在焉，以致工作上出差错，受到领导的批评，情绪更加烦躁不安。为了摆脱苦恼前来求助。

心理咨询师观察了解到的情况：求助者衣着整齐，但愁眉苦脸，坐立不安。说话时条理清晰，说到伤心处，情绪激动，多次哭泣。求助者出生在干部家庭，妈妈脾气大，经常向她发火。她从小就小心谨慎，好朋友不多。

单选：13. 该求助者的行为症状是____。

（A）做事心不在焉　　（B）工作满不在乎　　（C）处世小心谨慎　　（D）一度决意离婚

单选：14. 该求助者的躯体症状是____。

（A）头晕　　（B）激动　　（C）伤心　　（D）失眠

多选：15. 该求助者的情绪症状是____。

（A）悲伤　　（B）焦虑　　（C）恐惧　　（D）愤怒

多选：16. 引发该求助者心理问题的原因包括____。

（A）认知方式　（B）人格特点　（C）职业特点　（D）生活事件

多选：17. 心理咨询师还应该重点了解的临床资料包括____。

（A）成长环境　（B）应对方式　（C）人格特点　（D）身体状况

单选：18. 对该求助者最可能的初步诊断是____。

（A）一般心理问题　（B）可疑神经症　（C）严重心理问题　（D）社交恐怖症

多选：19. 咨询过程中求助者大量叙述丈夫的过错，咨询师认为其出现了多话，这种多话的类型可能包括____。

（A）表现型　（B）倾吐型　（C）表白型　（D）宣泄型

多选：20. 案例中求助者表现出不合理信念的特征包括____。

（A）过分概括化　（B）追求完美　（C）绝对化要求　（D）糟糕至极

单选：21. 求助者认为“男人没有一个是好东西”，其不合理信念的特征是____。

（A）归纳推理　（B）绝对化要求　（C）糟糕至极　（D）过分概括化

单选：22. 该求助者对心理咨询师的理论方法持不信任态度，双方在匹配关系上是____。

（A）欠缺型　（B）忌讳型　（C）冲突型　（D）匹配型

单选：23. 本案例中，如果咨询师使用合理情绪疗法，工作的重点应该是____。

（A）请求助者丈夫一起来咨询　（B）找准引发求助者心理困扰的事件

（C）教求助者缓解情绪的方法　（D）调整求助者对于事件的看法

单选：24. 该求助者在说话的过程中多次出现情绪激动，这是____。

（A）讲话方式上的阻抗　（B）讲话内容上的阻抗

（C）讲话程度上的阻抗　（D）咨询关系上的阻抗

案例三

一般资料：求助者，男性，28 岁，外企员工。

案例介绍：求助者高大英俊，工作能力强，人际关系好，深受领导和同事的好评。求助者与女友是大学同学，大学毕业时确立恋爱关系，两人相恋 5 年，感情融洽，已谈及婚嫁。三个月前，求助者正准备为结婚购置婚房的时候，女友却突然提出分手，理由是两个人不合适。求助者竭力挽回这段感情，但女友坚持分手，这让求助者受到很大打击。两个多月来，求助者想起结婚的事就郁郁寡欢，心情烦躁。最近食欲下降，经常失眠，工作时无精打采，工作效率明显下降，有时还喝闷酒。时常向家人发脾气，说家人不能体会他的心情，不够体谅自己。家人担心他一直这样消沉下去，劝说他来寻求帮助。

心理咨询师观察了解到的情况：求助者是独生子，家庭条件优越，父母比较溺爱，好强。

多选：25. 该求助者的情绪症状包括____。

（A）烦躁　（B）无精打采　（C）强迫　（D）心情郁闷

多选：26. 该求助者的躯体症状包括____。

（A）食欲下降　（B）失眠　（C）担心害怕　（D）头痛

多选：27. 该求助者社会功能受损的表现包括____。

（A）与女友分手　（B）工作效率下降　（C）有时喝闷酒　（D）对家人发脾气

多选：28. 对该求助者还需重点了解的资料包括____。

（A）对女友分手的认识　（B）以往恋爱情况

（C）对女友分手的反应　（D）自身经济状况

单选：29. 对该求助者的初步诊断最可能是____。

（A）一般心理问题　（B）严重心理问题　（C）躯体性疾病　（D）精神病性问题

多选：30. 在本案例中，较恰当的近期咨询目标包括____。

（A）让女友回心转意（B）改善负性情绪　（C）让家人体谅自己（D）改变不适行为

多选：31. 关于心理咨询目标，以下说法正确的包括____。

（A）咨询师对求助者进行帮助，最终促使其实现的目标

（B）求助者通过自我探索和自我改变，努力去实现的目标

（C）咨询师、求助者双方共同要实现的目标

（D）咨询师、求助者双方共同商定的目标

多选：32. 该求助者心理问题的特点包括____。

（A）行为症状明显　（B）负性情绪严重　（C）社会功能受损　（D）人格障碍明显

多选：33. 评估该求助者临床症状的严重程度，可选用的心理测验包括____。

（A）SCL-90　（B）SDS　（C）CSQ　（D）CRT

单选：34. 在咨询过程中，该求助者一再向心理咨询师说“您就直接告诉我该怎么办吧！”这说明该求助者出现了____。

（A）依赖　（B）移情　（C）多话　（D）顺从

单选：35. 在本案例中，心理咨询师帮助求助者调整求助动机，应该在心理咨询的____进行。

（A）诊断阶段　（B）咨询阶段　（C）巩固阶段　（D）提高阶段

多选：36. 在本案例中，如果心理咨询师提问过多，可能带来的消极作用包括____。

（A）造成求助者依赖　（B）造成责任转移

（C）影响必要的概括和说明　（D）产生不准确信息

案例四

一般资料：求助者，男性，15岁，高中一年级学生。

案例介绍：求助者去年9月升入重点高中。第一学期期末考试时因为感冒发烧，成绩不理想。一个多月前，求助者在复习功课时头脑中突然出现“这次如果再考不好可怎么办”的想法。求助者非常紧张，努力集中精力学习，可越是这样就越难以集中注意力，还出现了头晕、头疼、记忆力下降的情况。求助者担心学习成绩会一直下降，将来考不上大学，找不到好工作，担心自己没有能力让父母安享晚年。这些担心让求助者紧张不安，烦躁。只有在不想学习问题的时候，心情才会好些。

心理咨询师观察了解到的情况：求助者内向，追求完美，父母对其要求严格。以往学习成绩优异。

单选：37. 该求助者目前的心理状态主要是____。

（A）恐惧　（B）焦虑　（C）抑郁　（D）强迫

多选：38. 该求助者与认知有关的症状包括____。

（A）注意力不集中　（B）烦躁不安　（C）记忆力下降　（D）情绪低落

单选：39. 该求助者的病程是____。

（A）一个月　（B）一年　（C）三个月　（D）半年

多选：40. 引发该求助者心理问题的原因可能包括____。

（A）父母要求严格　（B）考试失利　（C）紧张烦躁不安　（D）错误认知

多选：41. 本案例中已了解的求助者的临床资料包括____。

（A）人格特征　（B）病程长短　（C）躯体症状　（D）认知倾向

单选：42. 对该求助者的初步诊断最可能的是____。

（A）一般心理问题　（B）严重心理问题

（C）神经症性心理问题　（D）精神病性问题

多选：43. 该求助者不合理信念的特征是____。

（A）绝对化要求　（B）过分概括化　（C）糟糕至极　（D）追求完美

单选：44. 该求助者面对的压力源是____。

（A）生物性压力源　（B）精神性压力源　（C）社会性压力源　（D）叠加性压力源

多选：45. 该求助者在咨询中还谈及了自己的隐私问题，心理咨询师恰当的做法包括____。

（A）无需保密　（B）绝对保密　（C）酌情保密　（D）考虑例外

多选：46. 在咨询过程中，心理咨询师控制会谈内容和方向的方法包括____。

（A）释义　（B）情感反射　（C）中断　（D）指导

多选：47. 与该求助者商定咨询方案的内容应该包括____。

（A）咨询时间　（B）咨询目标　（C）咨询地点　（D）咨询费用

多选：48. 该求助者心理问题的特点包括____。

（A）具有强烈的现实刺激　（B）无明确的现实刺激

（C）与性格因素密切相关　（D）社会功能完好无损

案例五

一般资料：求助者，女性，48岁，某公司副总经理。

下面是心理咨询师与求助者的一段咨询对话：

心理咨询师：您好！您希望在哪些方面得到我的帮助呢？

求助者：我最近一段时间经常莫名其妙地紧张和担忧，在单位有时还控制不住自己的情绪对下属发脾气。

心理咨询师：这种情况大概持续了多长时间呢？

求助者：2个月左右吧。

心理咨询师：您能具体说说是什么原因导致这样的情况吗？

求助者：具体原因我也说不准。其实最近我们公司的老总看我工作很辛苦，嘱咐我多注意休息，还为我增加了两个助手，让我指挥他们去做各种具体的事。

心理咨询师：您的意思是说您最近的工作负担减轻了。我觉得对您来说是件好事啊！

求助者：可是看着助手做事我总是着急，怕他们没有经验做不好，影响公司的业绩。有时我勉强控制住自己不对他们发脾气，但就会胸闷、心慌、出虚汗，手脚也不自主地颤抖。一天下来，感觉头紧头胀，脖子僵硬。我的朋友说我可能是焦虑症，所以我就到您这儿来了。

心理咨询师：非常感谢您的信任！我能体会您的感受，也为您的情况着急。我想问您一下，您布置的工作助手们都不能很好地完成吗？

求助者：也不是。布置给他们的工作基本都能完成，只是我觉得他们没有我的工作效率高，不如我做得圆满。

心理咨询师：感觉您是个追求完美的人。

求助者：是。从小父母对我的要求就非常严格，所以我才有今天的成就。我希望我的下属也像我一样把所有工作完成好。您现在能理解我为什么看他们工作时总是紧张和担忧了吧？

心理咨询师：是的。我现在对您的情况已经有了初步了解。针对您的情况，我今天想先教您做放松训练，希望您学会后每天坚持练习；另外，鉴于您现在的年龄，我建议您到医院做一下检查。

多选：49. 咨询师在咨询中所使用的提问方式包括____。

（A）直接逼问　（B）开放式提问　（C）间接询问　（D）封闭式提问

多选：50. 该求助者的躯体症状包括____。

（A）胸闷心慌　（B）头痛头晕　（C）手足颤抖　（D）紧张焦虑

单选：51. 求助者目前的主要情绪症状是____。

（A）抑郁　（B）烦恼　（C）焦虑　（D）恐惧

单选：52. 求助者说控制不住自己的情绪，这可能是____。

（A）陈述客观事实　（B）内心活动的表现

（C）意志薄弱　（D）已经出现了阻抗

单选：53. “您的意思是说您最近的工作负担减轻了。我觉得对您来说是件好事啊！”在这里咨询师没有做到____。

（A）积极关注　（B）释义　（C）自我开放　（D）共情

多选：54. 对于该求助者，目前可以排除的诊断包括____。

（A）更年期综合症　（B）神经症性心理问题

（C）严重心理问题　（D）焦虑神经症

多选：55. “非常感谢您的信任！我能体会您的感受，也为您的情况着急。”咨询师使用的技术包括____。

（A）情感表达　（B）内容表达　（C）自我开放　（D）内容反应

单选：56. 咨询师在最后一段谈话中所使用的技术是____。

（A）释义　（B）指导　（C）解释　（D）鼓励

多选：57. 下列关于“放松训练”的描述中，正确的包括____。

（A）放松训练是使用最广的认知技术之一

（B）放松训练的基本假设是改变生理反应，主观体验也会随着改变

（C）放松训练时，心理咨询师最好用非专业指导语

（D）首次进行放松训练时，心理咨询师应进行示范并讲解要点

单选：58. 呼吸放松法不包括____。

(A) 鼻腔呼吸放松法　　(B) 胸式呼吸放松法

(C) 腹式呼吸放松法　　(D) 控制呼吸放松法

多选：59. 心理咨询师建议求助者到医院检查的目的可能是____。

(A) 想排除躯体疾病　　(B) 违反了心理咨询的基本原则

(C) 有利于明确诊断　　(D) 超出了心理咨询的工作范围

多选：60. 通过案例介绍，心理咨询师可以掌握的资料包括____。

(A) 求助者成长史　　(B) 求助者的症状表现

(C) 求助者婚姻史　　(D) 求助者的人格特点

案例六

一般资料：求助者，女性，29岁，工人。

案例介绍：求助者结婚两年，因工作关系一直两地分居。最近经常因小事与丈夫发生争执，目前处于“冷战”状态。求助者感觉非常苦恼，主动前来求助。

下面是心理咨询师与求助者的一段咨询谈话：

求助者：我们俩总是吵架，我都快烦死了，现在失眠、健忘，还经常忍不住要发脾气，注意力不能集中，很影响工作，您说我该怎么办？

心理咨询师：你能说说吵架的具体原因吗？

求助者：我们两地分居，见面机会少。我一直建议他使用微信、QQ什么的，好方便我们视频联系。可是他嫌浪费时间、精力，就是不用。所以我们只能电话联系，还总是我打给他。最可气的是，他的电话还经常占线。后来发现他那是在跟别人聊天。为这事我跟他吵了好多次，可他说是跟同事谈工作。我现在一听占线气就不打一处来，恨不得把电话都摔了。我曾跟他说，再这样没法跟你过了。但他仍然我行我素。我已经一个多月没理他了，他也不主动找我，您说我该怎么办？

心理咨询师：你觉得你是因为什么生气呢？

求助者：我对他那么好，可他为什么会这样对待我？我觉得他不爱我了。

心理咨询师：我似乎明白你的意思了，你是说你希望他和你一样经常主动给你打电话，时时刻刻关心你，是吗？

求助者：是的，最起码能够随时找到他。

心理咨询师：你对他的关心是经常给他打电话，他就一定要像你对他那样的对你吗？

求助者：……(沉默)好像也不一定……是我对他要求太高了？

心理咨询师：他对你其它方面都不好吗？

求助者：好像也不是，他对我和我的父母都挺好。

心理咨询师：是啊，其实夫妻之间的关心除了打电话还有很多表达方式，打电话并不代表全部，是吗？

求助者：我好像明白点儿了，可我一打不通他的电话就特别生气，什么坏的想法都来了。你说我该怎么办？

心理咨询师：你先回去好好想一想，下次咱们再接着谈好吗？

求助者：好吧。谢谢您。

单选：61. 心理咨询师在这段咨询对话开始时使用的提问方式是____。
（A）开放式提问　　（B）直接逼问　　（C）封闭式提问　　（D）修饰性反问
多选：62. 从该求助者的表述中可以判定，其非理性观念的主要特征是____。
（A）绝对化要求　　（B）过分概括化　　（C）错误评价　　（D）糟糕至极
单选：63.“我对他那么好，可他为什么会这样对待我”，反映出求助者____。
（A）违反黄金规则　（B）违反平等规则　（C）符合黄金规则　（D）符合平等规则
单选：64. 该求助者在对话中的沉默最有可能是____。
（A）情绪型　　（B）怀疑型　　（C）思考型　　（D）内向型
单选：65. 从对话可以看出，心理咨询师认为引起该求助者心理问题的最主要原因不是____。
（A）妻子对丈夫的评价　　（B）个性因素
（C）丈夫不主动打电话　　（D）不合理的信念
多选：66. 在咨询过程中，心理咨询师使用的参与性技术包括____。
（A）内容表达　　（B）开放式提问　　（C）具体化　　（D）封闭式提问
多选：67. 在咨询过程中，心理咨询师使用的影响性技术包括____。
（A）内容表达　　（B）面质　　（C）情感表达　　（D）指导
多选：68. 合理情绪疗法认为____。
（A）人是理性的　　（B）人有自我完善的能力
（C）人也是非理性的　　（D）人是理性占主导的
多选：69. 合理情绪疗法不适用于____的求助者。
（A）领悟力较低　　（B）偏执　　（C）领悟力较高　　（D）自闭
单选：70. 心理咨询师在这段咨询中的主要目的是帮助求助者____。
（A）寻找不合理信念　　（B）改变不合理信念
（C）对抗不合理信念　　（D）建立合理的信念
单选：71. 根据合理情绪疗法的 ABC 理论，该求助者的 A 是____。
（A）夫妻两地分居　　（B）经常因小事与丈夫发生争吵
（C）夫妻冷战　　（D）丈夫不主动给求助者打电话
单选：72. 根据合理情绪疗法的 ABC 理论，该求助者的 B 最主要的是____。
（A）丈夫应该主动给我打电话　　（B）丈夫应该像我关心他那样关心我
（C）丈夫不该总跟别人聊天　　（D）丈夫不该因为小事与我争吵
多选：73. 根据合埋情绪疗法的 ABC 理论，该求助者的 C 包括____。
（A）与丈夫冷战　　（B）与丈夫争吵　　（C）失眠健忘　　（D）与丈夫分居
多选：74. 合理情绪疗法的操作过程包括____。
（A）心理诊断阶段　（B）领悟阶段　　（C）修通阶段　　（D）巩固阶段
多选：75. 在合理情绪疗法的修通阶段，改变不合理信念的方法和技术包括____。
（A）“产婆术式”辩论术　　（B）合理自我分析报告
（C）自信训练　　（D）问题解决训练
多选：76. 合理情绪疗法的最后阶段可使用的方法和技术包括____。
（A）“产婆术式”辩论术　　（B）问题解决训练

(C) 合理情绪想象技术　　　　　　　　(D) 放松训练

多选：77. 埃利斯等人认为合理情绪疗法可以帮助个体达到的目标包括____。

(A) 自我关怀　　(B) 自我指导　　(C) 自我开放　　(D) 自我接受

单选：78. 合理情绪疗法中咨询师的角色不包括____。

(A) 指导者　　(B) 分析者　　(C) 诊断者　　(D) 说服者

多选：79. 合理情绪疗法中，心理咨询师的对求助者的工作包括____。

(A) 改变不合理信念　　　　　　(B) 鼓励情绪宣泄

(C) 指导技能训练　　　　　　　(D) 建立以合理观念为主的行为

多选：80. 合理情绪疗法中的行为技术包括____。

(A) 放松训练　　(B) 自我管理程序　　(C) 系统脱敏　　(D) "停留于此"技术

案例七

一般资料：求助者，女性，23 岁，个体商贩。

案例介绍：求助者家在农村，初中未毕业就开始务农。20 岁结婚，近一年多在经商。三天前不明原因突然情绪激动，不停地说话，哭泣不止，被家属送来求助。

下面是心理咨询师与求助者的一段咨询谈话：

心理咨询师：你今天来需要我向你提供什么帮助？

求助者：我好几次看见狗吃小孩，所以特别害怕。

心理咨询师：狗吃小孩？

求助者：狗也吃我，我害怕不敢还手。

心理咨询师：你害怕什么？

求助者：城里的帅哥都喜欢我，不让我上学。可我不能为谈恋爱就不上学了。

心理咨询师：你怎么知道有人喜欢你？

求助者：他们知道我要来城里，就不去别的地方了，早早地就来等我了。

心理咨询师：你家是哪里的？

求助者：市政府大院的。

心理咨询师：今天是几号？

求助者：今天是星期六。

心理咨询师：让家属带你到精神科检查一下好吗？

求助者：我才不去呢，我只是不想谈恋爱，我又没病。

单选：81. 求助者说"看见狗吃小孩……"，最可能的是____。

(A) 被害妄想　　(B) 幻听　　(C) 夸大妄想　　(D) 幻视

单选：82. 求助者说"狗也吃我"，最可能是____。

(A) 钟情妄想　　(B) 被害妄想　　(C) 夸大妄想　　(D) 嫉妒妄想

单选：83. 求助者说"他们知道我要来城里，就不去别的地方了，早早地就来等我了"，最可能的是____。

(A) 钟情妄想　　(B) 被害妄想　　(C) 夸大妄想　　(D) 自罪妄想

单选：84. 求助者说家是"市政府大院的"，最可能是____。

(A) 钟情妄想　　(B) 物理影响妄想　　(C) 夸大妄想　　(D) 特殊意义妄想

单选：85. 心理咨询师提问“今天是几号”，是想了解求助者的____。
(A) 理解力　(B) 情商　(C) 定向力　(D) 智商
多选：86. 心理咨询师结束谈话后不宜将初步诊断结果透露给____。
(A) 求助者本人　(B) 求助者的邻居　(C) 求助者家属　(D) 求助者的同事
单选：87. 对该求助者的初步判断可能是____。
(A) 恐惧性神经症　(B) 人格障碍　(C) 严重心理问题　(D) 精神病性障碍
多选：88. 本案例中求助者出现的心理异常症状包含____。
(A) 感觉障碍　(B) 思维内容障碍　(C) 知觉障碍　(D) 思维形式障碍
单选：89. 求助者目前的表现主要是违背了____。
(A) 主观世界与客观世界的统一性原则　(B) 知、情、意的统一协调性原则
(C) 心理活动的内在协调性原则　(D) 人格的相对稳定性原则
多选：90. 在此阶段心理咨询师对该求助者可以开展的工作包括____。
(A) 进行摄入性会谈　(B) 进行心理测验
(C) 整理临床资料　(D) 制定咨询方案

案例八

下面是某求助者的 WAIS-RC 的测验结果：

	言语测验							操作测验							言语	操作	总分
	知识	领悟	算术	相似	数广	词汇	合计	数符	填图	积木	图排	拼图	合计				
原始分	24	22	16	25	14	78		33	17	26	30	17		量表分	94	50	144
量表分	14	13	14	15	12	16	94	8	13	8	14	7	50	智商	132	101	120

多选：91. 在 WAIS-RC 中，不严格限制时间的分测验包括____。
(A) 知识　(B) 领悟　(C) 算术　(D) 拼图
多选：92. 该求助者成绩低于全国常模平均水平的分测验包括____。
(A) 词汇　(B) 填图　(C) 拼图　(D) 积木
单选：93. 该求助者 FIQ 的智力等级为____。
(A) 超常　(B) 高于平常　(C) 平常　(D) 低于平常

案例九

下面是某求助者的 MMPI 的测验结果：

量表	Q	1	F	K	Hs	D	Hy	Pd	Mf	Pa	Pt	Sc	Ma	Si
原始分	11	2	22	12	19	35	26	25	25	19	22	31	16	41
K 校正分					?			?			?	?	?	
T 分	50	35	61	47	70	67	57	63	43	65	55	58	48	59

单选：94. 社会病态量表的 K 校正分应当是____。
(A) 34　(B) 35　(C) 30　(D) 29
多选：95. 关于 MMPI，正确的说法包括____。

（A）中国常模是 T 分大于或等于 60 分　　（B）美国常模是 T 分大于或等于 65 分
（C）前 399 题与 14 个基本量表有关　　（D）14 个基本量表涉及到所有题目

多选：96. 从临床量表得分来看，该求助者可能会表现出____。

（A）抑郁、悲观　（B）疑病倾向　（C）多疑、孤独　（D）躁狂倾向

单选：97. 某求助者艾森克人格问卷的 N 量表标准分数为 60，属于____。

（A）典型型　（B）倾向型　（C）中间型　（D）混合型

单选：98. 某求助者 SAS 结果为粗分 48，表明其出现____。

（A）轻度焦虑　（B）中度焦虑　（C）中度抑郁　（D）重度抑郁

多选：99. 某求助者 SCL-90 各因子得分为：躯体化 1.4，强迫症状 3.5，人际关系敏感 3.8，抑郁 3.4，焦虑 2.5，敌对 2.0，恐怖 1.9，偏执 2.5，精神病性 1.9，其他 2.7，该求助者____。

（A）可列为筛查阳性　　（B）有明显自卑感
（C）有明显躯体症状　　（D）需进一步检查

多选：100. 应对方式问卷的分量表，包括____。

（A）求助　（B）自责　（C）退避　（D）理想

第二部分　案例问答题

本部分采取专家阅卷，1~4 题，满分 100 分。请在答题纸上写明题号，用钢笔、圆珠笔按要求作答。

一般资料：求助者，男性，33 岁，公司职员。

案例介绍：今年春节前求助者的父亲在老家突发心脏病去世，求助者将母亲接来同住。最初的一个多月的时间里，妻子和母亲还能够和平相处，但随着时间的推移，双方的矛盾逐渐显现出来，从日常的饮食起居到孩子的培养教育都能成为两人争吵的话题。一方面求助者夹在两人之间感到非常为难，母亲的到来确实打破了家中原有的秩序，但求助者不忍心将母亲送回老家，让她一个人孤零零地生活；另一方面，求助者对妻子感到有些内疚的同时，也埋怨妻子不能体谅自己的苦衷，不能对老人宽容大度。现在，求助者一想到家里的事就觉得头疼、心烦，饮食、睡眠都受到一定的影响。因不知道如何处理家庭矛盾，主动前来寻求帮助。

心理咨询师观察了解到的情况：求助者是独生子，与妻子是大学同学，结婚 8 年，有一个 5 岁的女儿。女儿出生后妻子在家做全职太太。

请根据案例回答以下问题：

一、请对该求助者进行初步诊断并写出诊断依据。（30 分）

二、对该求助者表达真诚应注意什么？（20 分）

三、该求助者在咨询过程中出现阻抗，请写出讲话内容上的阻抗所包含的形式。（20 分）

四、咨询师在咨询中使用了合理情绪疗法，请简述修通阶段常用的方法及目的。（30 分）

参考答案

卷册一：职业道德与理论知识部分

题号	1	2	3	4	5	6	7	8		
答案	A	B	C	B	C	D	C	C		
题号	9	10	11	12	13	14	15	16		
答案	ABCD	ABD	ABC	ABC	AB	AD	CD	CD		
题号	17	18	19	20	21	22	23	24	25	
答案					——					
题号	26	27	28	29	30	31	32	33	34	35
答案	D	A	C	C	D	A	B	D	C	C
题号	36	37	38	39	40	41	42	43	44	45
答案	B	B	B	C	B	C	D	C	C	B
题号	46	47	48	49	50	51	52	53	54	55
答案	B	D	C	B	C	D	C	B	B	B
题号	56	57	58	59	60	61	62	63	64	65
答案	B	B	D	A	B	C	C	D	C	A
题号	66	67	68	69	70	71	72	73	74	75
答案	B	D	B	B	B	D	C	A	B	B
题号	76	77	78	79	80	81	82	83	84	85
答案	B	C	B	D	C	C	A	D	D	C
题号	86	87	88	89	90	91	92	93	94	95
答案	BD	BC	AB	ABD	ACD	CD	ABC	AD	ACD	ACD
题号	96	97	98	99	100	101	102	103	104	105
答案	ABCD	ABCD	BC	ABC	BCD	AB	ABD	ABCD	BCD	ABCD
题号	106	107	108	109	110	111	112	113	114	115
答案	ABC	BCD	ACD	ABC	ABC	AB	AD	BC	AC	BCD
题号	116	117	118	119	120	121	122	123	124	125
答案	ABCD	AC	BC	ACD	AC	BC	BD	AB	ABD	AC

卷册二：技能选择与案例问答部分

题号	1	2	3	4	5	6	7	8	9	10
答案	ABC	C	B	A	BCD	ABCD	ABCD	BC	AC	ABD
题号	11	12	13	14	15	16	17	18	19	20
答案	D	ABC	A	D	ABD	ABCD	ABCD	C	BD	ACD
题号	21	22	23	24	25	26	27	28	29	30
答案	D	C	D	B	AD	AB	BCD	AB	B	BD
题号	31	32	33	34	35	36	37	38	39	40
答案	ABCD	ABC	AB	A	A	ABCD	B	AC	A	ABD
题号	41	42	43	44	45	46	47	48	49	50
答案	ABCD	A	AC	B	CD	ABC	AB	AC	BCD	AC
题号	51	52	53	54	55	56	57	58	59	60
答案	C	A	D	CD	ABC	B	BD	B	AC	BD
题号	61	62	63	64	65	66	67	68	69	70
答案	A	AB	A	C	C	BCD	ABD	AC	ABD	B
题号	71	72	73	74	75	76	77	78	79	80
答案	D	B	ABC	ABCD	AB	ABCD	ABD	C	ACD	ABCD
题号	81	82	83	84	85	86	87	88	89	90
答案	D	B	A	C	A	ABD	D	BC	B	ABC
题号	91	92	93	94	95	96	97	98	99	100
答案	AB	CD	A	C	AC	ABC	B	B	ABD	ABC

一、(30 分)

初步诊断：一般心理问题。

诊断依据：

(1) 该求助者没有器质性病变；

(2) 根据区分正常与异常的心理学原则，该求助者自知力完整，主客观世界统一，无幻觉产生，排除精神病性问题；

(3) 该求助者的内心冲突是由现实因素产生的，这种内心冲突是常形的(有明显的道德性质)，情绪没有出现泛化；

(4) 该求助者心理问题持续时间不长，出现一些躯体症状，但没有影响正常的社会功能。

二、(20 分)

(1) 心理咨询师必须理解真诚不等于实话实说，说实话不完全是真诚；

(2) 真诚不能脱离事实，应该实事求是，不能不懂装懂；

(3) 心理咨询师不能有感而发，忘情发泄自己的内心世界；

(4) 表达真诚应适可而止，过度的真诚反而适得其反；

(5) 表达真诚还体现在非言语上，身体姿势、目光、声音、语调等都可以表达真诚；

(6) 表达真诚应根据咨询的进程有所变化。

三、(20 分)

咨询中，求助者还经常通过其对会谈内容的某种直接、间接控制，来表现他对心理咨询及其个人行为变化的阻抗。其常见形式有：理论交谈、情绪发泄、谈论小事和假提问题等。

(1)“理论交谈”指求助者竭力用心理学或医学上的术语与咨询师交谈。

(2)“情绪发泄”指求助者对于某些咨询内容的强烈情绪反应。求助者可表现为大哭大闹、泪流不止，或不自然地大笑。

(3)“谈论小事”指求助者对会谈中无关紧要的小事谈论不止，目的在于回避谈论某一议题或加深某种印象。

(4)“假提问题”指求助者通过向咨询师提出表面上适宜但实际上毫无意义的问题来回避谈论某一议题或加深某种印象。

四、(30 分)

修通阶段：咨询师运用多种技术，使求助者修正或放弃原有的非理性信念，并代之以合理的信念，从而使情绪症状得以减轻或消除。

(1) 与不合理信念辩论(“产婆术式”的辩论)。咨询师可运用“黄金规则”反驳求助者对别人和周围环境的绝对化要求。目的是迫使求助者改变不合理信念。

(2) 合理情绪想象技术。其具体步骤可以分为三步：①使求助者在想象中进入产生过不适当的情绪反应或自感最受不了的情境之中，让他体验强烈的负性情绪反应。②帮助求助者改变这种不适当的情绪体验，并使他能体验到适度的情绪反应③停止想象。对求助者情绪和观念的积极转变，咨询师应及时给予强化，以巩固他所获得的新的情绪反应。

(3) 家庭作业。认知性的家庭作业也是合理情绪疗法常用的方法。它实际上是在咨询师与求助者之间的一次咨询性辩论结束后的延伸，即让求助者自己与自己的不合理信念进行辩论，主要有两种形式：RET 自助表和合理自我分析报告。

(4) 其他方法。自我管理程序是常用的方法之一，这是根据操作条件反射的原理，要求求助者运用自我奖励和自我惩罚的方法来改变其不良行为方式。另一种方法称为“停留于此”，即鼓励求助者待在某个不希望的情境中，以对抗逃避行为和糟糕至极的想法。此外，合理情绪疗法中的行为技术还包括放松训练、系统脱敏等。

2015年11月三级心理咨询师鉴定真题

（卷册一：职业道德与理论知识部分）

第一部分　职业道德

（第1~25题，共25道题）

一、职业道德基础理论与知识部分(1~16题)

答题指导：

1. 该部分均为选择题，每题均有四个备选项。其中，单项选择题只有一个选项是正确的，多项选择题有两个或两个以上选项是正确的。

2. 请根据题意的内容和要求答题，并在答题卡上将所选答案的相应字母涂黑。

3. 错选、少选、多选，则该题均不得分。

(一)单项选择题(1~8题)

1. 关于道德的说法中，正确的是____。

(A) 道德是一种社会规范性力量

(B) 道德是领导意志的集中体现

(C) 个体的道德表现差异很大，判定一个人的道德优劣是不可能的

(D) 普遍良好的道德，仅仅是人的善良愿望而已

2. 与法律相比，道德____。

(A) 产生的时间晚　　(B) 比法律的适用范围广

(C) 内容上显得十分笼统　　(D) 评价标准难以确定

3. 关于企业形象，正确的说法是____。

(A) 文明礼貌是企业形象的核心与关健

(B) 企业形象的本质是企业的环境卫生和企业员工的服饰状况

(C) 企业形象是社会公众和企业员工对企业的整体印象和评价

(D) 通过持久、大规模的媒体宣传，就能树立起企业形象

4. 在企业文化中，居于核心地位的是____。

(A) 企业礼俗　　(B) 企业价值观　　(C) 企业作风　　(D) 规章制度

5. 海尔总裁张瑞敏曾经说过这样的话，企业要靠无形资产来盘活有形资产，只有先盘活人，才能盘活资产。对这句话，准确的理解是____。

(A) 企业存在着无形资产和有形资产两种形式

（B）人是有形资产，人作为资产通过劳动产生价值
（C）人是企业发展的决定性因素
（D）企业的无形资产是一种神秘的物质

6. 员工处理与领导的关系时，正确的做法是____。
（A）即使知道领导的决策是错误的，也要不折不扣地执行
（B）对于领导含糊交办的任务，要含糊执行
（C）如果不同意领导的意见，要敢于随时说出自己的想法
（D）一般不越级汇报工作

7. 科学发展观指的是____。
（A）科学发展，高效发展，健康发展　（B）以科学为本，科学、平稳、顺利发展
（C）以人为本，全面、协调、可持续发展　（D）以人为本，科学、高效、健康发展

8. 关于职业劳动，正确的说法是____。
（A）职业劳动是人们无奈的选择
（B）职业劳动是人们谋生的手段
（C）职业劳动是市场经济条件下就业竞争加剧的结果
（D）职业劳动是人生的全部内涵

（二）多项选择题（9~16 题）

9. 下列言语中，属于职业忌语的是____。
（A）“有完没完”　（B）“我就这态度”
（C）“我解决不了，愿意找谁找谁去”　（D）“后边等着去”

10. 关于职业责任，正确的说法是____。
（A）职业责任属于道德范畴，而不属于法律范畴
（B）凡是社会职业，都有明确的职业责任规定
（C）只有明文规定的职业责任，才必须履行
（D）职业责任具有一定的强制性

11. 一般情况下，人的职业理想实现的条件是____。
（A）个人内在条件　（B）社会需要　（C）后天努力程度　（D）领导赏识

12. 诚信的内涵包括____。
（A）真实　（B）信任　（C）不欺骗对方　（D）不欺骗自己

13. 下列做法中，属于不诚实劳动的是____。
（A）某员工利用因特网技术成功下载了竞争对手的设计软件
（B）某电脑供应商在消费者购买的电脑上安装了盗版的操作软件
（C）某员工完成某项工作原计划需要 8 天，实际上用了 18 天
（D）某员工在参考别人软件的基础上，制作了本公司的财务软件

14. 从业人员保守企业秘密，正确的做法是____。
（A）闲谈莫涉及企业的核心技术
（B）制作所谓的假秘密散发出去，迷惑竞争对手
（C）向亲朋好友讲述企业内幕时，要控制在很小的范围内
（D）企业有危害社会和国家的“秘密”，要敢于揭露

15. 关于坚持真理，正确的观念是____。
（A）真理往往掌握在少数人手中，要树立相信少数人的观念
（B）书本知识往往是错误的，破除本本主义，不再相信书本知识
（C）老师的话往往不一定正确，要敢于对老师得出的结论提出质疑
（D）树立实践观点，坚持实践是检验真理的唯一标准
16. 关于节俭，正确的说法是____。
（A）节俭纯属个人之事，不适宜作为普遍性的要求
（B）节俭是物质短缺时代的特殊要求，在物质产品充裕情况下无须节俭
（C）节俭是安邦定国的法宝，因为国家的发展进步时时需要节俭
（D）节俭作为一种美德，不应以财富多寡作为评价的前提

二、职业道德个人表现部分(17~25题)

答题指导：

1. 该部分均为选择题，每题均有四个备选项，您只能根据自己的实际状况选择其中一个选项作为您的答案。
2. 请在答题卡上将所选择答案的相应字母涂黑。

17. 你路遇熟人，与之打招呼，结果对方"视而不见"没有回应，你会____。
（A）感到没有面子，下次不再主动打招呼了
（B）感到这人突然有了变化，心想，他不是升官了，就是发财了
（C）心想，他走路时真专注
（D）心想，他遇到了什么不愉快的事情了
18. 在单位工作时，你会____。
（A）怕有的人说三道四，不敢多与异性同事交往
（B）怕领导挑剔自己的工作，总是躲避与同事说话
（C）怕信息传导错误，不在背地对人评头论足
（D）怕影响工作，即使对要好的同事，说话也会注意分寸
19. 假如你在某个问题上与其他同事存在意见分歧，彼此争论激烈，但你相信你自己的观点是正确的，在争论结束时，你会____。
（A）直截了当告诉对方"你肯定错了"
（B）规劝对方"做人不要固执，为什么要死死抱着错误的东西当真理呢"
（C）邀请对方"我不相信说服不了你，我们找时间再讨论"
（D）和对方讲"尽管我们彼此没有同意对方的观点，但我从你那里学到许多"
20. 在与同事们闲聊时，你通常会____。
（A）说说学习、工作的感受　　（B）聊聊自己家里的事情
（C）聊聊新闻　　（D）传播小道消息
21. 你与同事交往时，常用的方式是____。
（A）时不时地搞个小型聚餐
（B）基本没有什么来往
（C）经常利用午餐时间或工作间隙，找人聊聊天

（D）等同事来找自己

22. 你把一瓶家乡老酒放在办公室，一次，你的一位朋友无意间发现了这瓶酒，这时只剩下半瓶，你会____。

（A）怀疑酒被人偷偷喝掉了　　（B）心想可能逐渐挥发了

（C）心想幸好剩下半瓶，可以招待朋友　　（D）怀疑自己记忆不准确了

23. 一次，你的一位很健谈、很有学识的朋友不请自到，来你家做客，这位朋友穿戴邋遢、坐卧随意。你的妻子(丈夫)是一位爱洁净的人，你朋友的这些举动惹得你的妻子(丈夫)怒形于色。你会____。

（A）告诉妻子(丈夫)，自己并没有请他来做家里

（B）委婉地告诉朋友，你自己一会儿有事情要做，不能多陪朋友说话

（C）耐心听朋友聊下去，因为他很有学识

（D）示意妻子(丈夫)回避一下

24. 办公室的张小姐体态肥胖，今天上班时穿了一件在你看来很不得体的衣服。张小姐征求你对她的服装的意见，你会____。

（A）告诉张小姐，她穿这件衣服，显得更难看

（B）对张小姐说，穿衣服只是形式，保持良好的心态更重要

（C）对张小姐说，你自己觉得好是最重要的

（D）告诉张小姐，自己的看法是不准确的，征求别人意见吧

25. 在日常工作和生活中，对于自己所接触的那些人，你一般会____。

（A）接触一次就能够记住对方的姓名、容貌

（B）只有多接触几次，才能记住对方

（C）总也记不住对方是谁，经常会弄混淆

（D）不管能不能记住对方，但总能够通过交谈回忆起来过去的一些事情

第二部分　理论知识

(第 26~125 题，共 100 道题，满分为 100 分)

一、单项选择题(26~85 题，每题 1 分，共 60 分。每小题只有一个最恰当的答案，请在答题卡上将所选答案的相应字母涂黑)

26. 动物心理发展经历了____阶段。

（A）感觉、知觉、思维三个　　（B）感觉、知觉和思维萌芽三个

（C）感觉、知觉、情感和思维四个　　（D）感知觉、思维萌芽、思维和意识四个

27. 机能主义心理学的主要特点是____。

（A）强调心理在适应环境中的机能作用

（B）认为心理学的任务是探讨意识经验由什么元素构成

（C）认为心理学的任务就在于查明刺激与反应之间的规律性关系

（D）主张从整体上研究心理现象

28. 外周神经系统是把____联系起来的神经结构。

（A）躯体神经系统与植物神经系统
（B）中枢神经系统与周围神经系统
（C）交感神经系统与副交感神经系统
（D）中枢神经系统与感觉器官、运动器官、内脏器官

29. 巴甫洛夫研究的条件反射叫____。
（A）高级条件反射 （B）操作条件反射 （C）经典条件反射 （D）工具条件反射

30. 杆体细胞能分辨物体的____。
（A）细节和颜色 （B）明暗和颜色 （C）轮廓和明暗 （D）彩色和非彩色

31. 老年人听觉感受性降低的特点是首先丧失对____。
（A）低频声音的听觉 （B）中频声音的听觉
（C）高频声音的听觉 （D）低频和高频两端声音的听觉

32. 从种族发展的角度看，最古老的感觉是____。
（A）视觉 （B）听觉 （C）嗅觉 （D）味觉

33. 内脏器官的活动处于正常状态时____。
（A）引不起内脏感觉 （B）引起不太强的内脏感觉
（C）引起节律性的内脏感觉 （D）引起不规律的内脏感觉

34. 和一个人的愿望相联系并指向未来的想象叫____。
（A）梦境 （B）无意想象 （C）幻想 （D）有意想象

35. 亲密的朋友之间容易产生____。
（A）首因效应 （B）刻板印象 （C）近因效应 （D）晕轮效应

36. 属于荣格提出来的概念是____。
（A）最近发展区 （B）观察学习 （C）集体潜意识 （D）自我实现

37. 有利于个体提高自尊水平的是____。
（A）遭遇失败 （B）接受挫折教育 （C）扬长避短 （D）做事追求完美

38. “一白遮百丑”属于____。
（A）首因效应 （B）近因效应 （C）光环效应 （D）刻板印象

39. 在竞争的条件下，个体倾向于把他人的成功____。
（A）内归因 （B）归因为智力 （C）外归因 （D）归因为能力

40. 用“习性学”理论来解释人类侵犯行为的学者是____。
（A）伯克威兹 （B）洛伦兹 （C）弗洛伊德 （D）多拉德

41. 去个性化和侵犯行为的关系是____。
（A）负相关 （B）零相关 （C）正相关 （D）无相关

42. 个体态度接近核心价值观的程度昴态度的____。
（A）强度 （B）向中度 （C）深度 （D）外显度

43. “磨洋工”是一种____现象。
（A）社会感染 （B）社会懈怠 （C）社会暗示 （D）社会干扰

44. 个体心理发展的第二加速期是____。
（A）青春期 （B）婴幼儿期 （C）儿童期 （D）出生后第一年

45. 下列概念中属于“社会学习理论”的是____。

（A）最近发展期　（B）顺应　（C）替代性强化　（D）社会化

46. 皮亚杰认为心理起源于____。

（A）成熟　（B）经验　（C）模仿　（D）动作

47. 按皮亚杰的理论，具体运算阶段儿童的认知特点不包括____。

（A）守恒性　（B）脱自我中心性　（C）泛灵论　（D）可逆性

48. 幼儿期儿童的主导活动是____。

（A）学习　（B）吃喝睡眠　（C）游戏　（D）观察模仿

49. 安静顺从的儿童在同伴群体中的人气特点是____。

（A）受尊重　（B）受欢迎　（C）受忽视　（D）受排斥

50. 患者对他所熟悉的环境突然感觉气氛不对，觉得周围环境已经发生了某种对他不利的变化，这种症状是____。

（A）非真实感　（B）被害妄想　（C）妄想心境　（D）影响妄想

51. 对脑外伤性精神障碍的诊断有参考价值的症状是____。

（A）顺行性遗忘　（B）逆行性遗忘　（C）心因性遗忘　（D）选择性遗忘

52. 内心被揭露感属于____。

（A）知觉障碍　（B）感知综合障碍　（C）思维形式障碍　（D）思维内容障碍

53. 患者不但正常情绪反应量减少，并且劳动感、荣誉感、责任感等逐渐受损，这种症状是____。

（A）情绪低落　（B）情绪迟钝　（C）情绪淡漠　（D）情绪倒错

54. 噪音、气温变化属于____。

（A）生物性压力源　（B）社会环境性压力源

（C）精神性压力源　（D）破坏性压力源

55. 偏执性精神障碍又称____。

（A）急性应激障碍　（B）分高性障碍　（C）偏执型人格障碍　（D）妄想性障碍

56. 首先倡导科学心理测验的学者是____。

（A）高尔顿　（B）比内　（C）卡特尔　（D）瑞文

57. 在常模样本中低于某个分数的人数百分比，被称为____。

（A）百分点　（B）百分等级　（C）十分位数　（D）百分位数

58. 以 5 为平均数除以 2 为标准差的标准分数是____。

（A）T 分数　（B）标准九分　（C）标准十分　（D）标准二十分

59. 测验能够测量到理论上的特质的程度，被称为____。

（A）内容效度　（B）表面效度　（C）构想效度　（D）效标效度

60. 在为编排合成测验而审定题目时，应注意题目数量要比最后所需数目____。

（A）多一些　（B）多一倍　（C）多几倍　（D）多一倍至几倍

61. 实施心理测验时主测者的职责是____。

（A）测验前不讲太多无关的话　（B）主测者应时刻保持严肃的态度

（C）出现特殊问题时可以忽略　（D）可以按个人理解来解释指导语

62. 根据弗洛伊德的理论，在性心理的发展过程中，生殖器期的年龄阶段大致是____。

（A）1~ 3 岁　（B）2~ 3 岁　（C）3~5 岁　（D）5~ 12 岁

63. 咨询结束，咨询关系也就终止，心理咨询师和求助者不能以“朋友关系”的名义继续进行往来，这是心理咨询的____。

（A）职责限制　（B）关系限制　（C）感情限制　（D）目标限制

64. 初诊接待中心理咨询师的主要工作是为求助者____。

（A）确定咨询目标　（B）提供释放压抑的空间

（C）整理临床资料　（D）提高心理活动耐受力

65. 咨询师有意识地刺激一下求助者并借此控制会谈方向，这种方法是____。

（A）中断　（B）情感反射　（C）释义　（D）情感指导

66. 如果心理测量结果与临床观察和会谈得到的结论不一致，心理咨询师应该____。

（A）以观察和会谈的结果为准　（B）以心理测验结果为准

（C）以上级咨询师的判断为准　（D）重新进行会谈和测量

67. 心理咨询师针对健康人的发展问题所进行的会谈属于____。

（A）治疗性会谈　（B）咨询性会谈　（C）危机性会谈　（D）鉴别性会谈

68. 给临床资料赋予意义的方法不包括____。

（A）就事论事　（B）分析迹象　（C）相关分析　（D）补充提问

69. 咨询师提出诸如“您知道，一个人怎么能发现真理呢?”这类问题，会把会谈内容引向空洞和抽象的评价，这类不恰当的问题属于____。

（A）责备性问题　（B）修饰性反问　（C）解释性问题　（D）多重性提问

70. 向咨询师提供与心理问题有关的真实资料是____。

（A）求助者的责任　（B）求助者的义务　（C）求助者的权利　（D）求助者的愿望

71. “帮助求助者觉察此时此刻的经验，激励他们承担责任，以内在的支持来对抗对外在支持的依赖”是____的咨询目标。

（A）人本主义学派　（B）完形学派　（C）理性情绪学派　（D）精神分析学派

72. 咨询师把求助者的言语和非言语行为包括情感等综合整理后，以提纲的方式再对求助者表达出来，这种技术是____。

（A）影响性概述　（B）内容反应技术　（C）参与性概述　（D）内容表达技术

73. 心理咨询过程中，各项影响性技术都是通过____技术起作用。

（A）指导　（B）内容反应　（C）解释　（D）内容表达

74. 在咨询过程中，当求助者对咨询师感到气愤，对咨询师瞪眼或是气呼呼地看着周围，同时出现沉默，这最可能是____沉默。

（A）怀疑型　（B）茫然型　（C）情绪型　（D）反抗型

75. 以下属于讲话内容上的阻抗是____。

（A）情绪发泄　（B）控制话题　（C）最终暴露　（D）请客送礼

76. 心理咨询过程中，无论求助者出现哪种类型的多话，咨询师均可利用____技术加提出新问题的方式处理。

（A）倾听　（B）内容表达　（C）解释　（D）内容反应

77. 面谈技巧中最复杂的是____技术。

（A）释义　（B）解释　（C）指导　（D）面质

78. 对咨询效果的评估应围绕____展开。

（A）咨询目标　　（B）求助者的要求　　（C）心理诊断　　（D）咨询师的评定

79. 联合型瑞文测验的受测者的年龄适用范围是____。

（A）2~18岁　　（B）14岁以上　　（C）5~75岁　　（D）16岁以上

80. 中国比内测验____版本。

（A）只有城市　　（B）分为城市和农村两个

（C）只有农村　　（D）农村和城市共用一个

81. MMPI实际的题日数量是____个。

（A）399　　（B）550　　（C）566　　（D）567

82. EPQ测查的人格维度有____个。

（A）3　　（B）4　　（C）5　　（D）6

83. SAS的测验记分是____。

（A）查表将总粗分转换为标准分

（B）总和分乘以1.25后四舍五入取整数部分

（C）直接用总扣分按中国常模解释

（D）总私分乘以I.25后去掉小数点后面部分

84. 根据其他因子与“解决问题”因子的相关分析结果，应对方式问卷各因子的关系序列图是____。

（A）退避→自责→幻想→求助→合理化→解决问题

（B）退避→幻想→求助→自责→合理化→解决问题

（C）退避→幻想→自责→求助→合理化→解决问题

（D）退避→求助→幻想→白费→合理化→解决问题

85. 对3岁以前的婴儿来说，心理发展的最大威胁是____。

（A）缺乏营养　　（B）爱的需要得不到满足

（C）缺乏教育　　（D）安全感得不到满足

二、多项选择题（86~125题，每题1分，共40分。每题有多个答案正确，请在答题卡上将所选答案的相应字母涂黑。错选、少选、多选，均不得分）

86. 人本主义心理学____。

（A）重视人自身的价值　　（B）提倡充分发挥人的潜能

（C）认为人都有自我实现的需要　　（D）认为可以通过控制环境来塑造人的心理和行为

87. 大脑顶叶靠近中央沟的部位是____。

（A）中央前回　　（B）中央后回　　（C）躯体感觉中枢　　（D）躯体运动中枢

88. 决定声音特性的是____。

（A）声波的频率决定了声音的音调　　（B）声波的振幅决定了声音的响度

（C）声波的波形决定了声音的音色　　（D）声波的频率和波形决定了声音的音色

89. 痛觉____。

（A）难于适应　　（B）感受性和一个人的胖瘦有关

（C）感受性和一个人对痛的认识有关　　（D）感受性和一个人的性格特点有关

90. 下列属于似动现象的包括____。

（A）行驶的火车　（B）活动的电影画面

（C）手表上分针的运动　（D）霓虹灯的动感变化

91. 奥尔波特将人格特质中的个人特质分为____ 等几类。

（A）首要特质　（B）关键特质　（C）中心特质　（D）次要特质

92. 人类婚姻行为的主要动机包括____。

（A）爱情　（B）经济　（C）繁衍　（D）娱乐

93. 根据斯坦伯格的理论，爱情的组成要素包括____。

（A）友谊　（B）承诺　（C）激情　（D）亲密

94. 影响暗示效果的因素包括____。

（A）年龄　（B）知识水平　（C）性别　（D）自尊水平

95. 人际关系的特点包括____。

（A）个体性　（B）直接性　（C）情感性　（D）易变性

96. 关于身体语言，正确的说法包括____。

（A）目光比画部表情更能反映人的真实态度

（B）任何情况下，身体越接近，反映双方关系越好

（C）一般情况下，个体与他人在身体接触时，情感体验最为深刻

（D）语调的变化也是一种身体语言

97. 关于说服与态度转变，正确的说法包括____。

（A）高吸引力的传递者说服力强

（B）恐惧情绪总是能够提高说服效果

（C）分心不利于说服

（D）沟通信息的重复频率与说服效果之间的关系是倒 U 型关系

98. 根据艾里克森的理论，童年期的主要发展任务包括____。

（A）获得自主感　（B）获得勤奋感　（C）克服自卑感　（D）克服内疚感

99. 一岁以前，婴儿的记忆主要包括____。

（A）表象记忆　（B）情绪记忆　（C）动作记忆　（D）词语记忆

100. 关于成人与婴儿的言语交往，正确的说法包括____。

（A）语速要慢　（B）诱导注意　（C）话语多重复　（D）句子要简单

101. 根据安斯沃斯的说法，婴儿的依恋包括____。

（A）安全型依恋　（B）道德型依恋　（C）回避型依恋　（D）反抗型依恋

102. 关于急性短暂性精神障碍，正确的说法包括____。

（A）起病前有相应心因　（B）病前人格多固执、猜疑

（C）两天内急性起病　（D）2~3 个月内可完全恢复

103. 内感性不适症状多见于____患者。

（A）抑郁状态　（B）脑外伤后综合征

（C）精神分裂症　（D）神经症

104. 目前，健康心理学的工作领域大致包括____。

（A）躯体疾病患者的心理学问题　（B）促进和维护健康的心理学问题

（C）躯体疾病的预防、治疗和康复　　　　（D）促进健康服务和健康服务政策的制定

105. "灾难症候群"的阶段包括____。

（A）警觉期　　（B）惊吓期　　（C）恢复期　　（D）康复期

106. 对于心理测量，正确的说法包括____。

（A）测量大脑形态　　　　（B）心理测量是间接测量

（C）测量人的行为　　　　（D）心理测量有绝对标准

107. 信度是指一个测验的____。

（A）稳定性　　（B）准确性　　（C）一致性　　（D）有效性

108. 项目区分度的计算方法包括____。

（A）通过率计算　　（B）点二列相关　　（C）鉴别指数计算　　（D）二列相关

109. 心理测验按照测验的用途可分为____测验。

（A）文字　　（B）显示性　　（C）操作　　（D）预测性

110. 健康心理咨询的对象应具备的特征包括____。

（A）心理正常　　（B）心理不正常　　（C）心理健康　　（D）心理不健康

111. 就亲子关系的本质来看，其内涵包括____。

（A）人伦道德关系　　　　（B）法定的监护关系

（C）自然的血缘关系　　　　（D）法定的赡养关系

112. 关于引发心理问题的关键点的描述，正确的是，该因素____。

（A）在个体发展中持久地存在

（B）与多数临床表现有内在联系

（C）自身的性质随着个体生活环境的变化而改变

（D）自身的形式不随个体生活环境的变化而改变

113. 心理咨询师在进行摄入性会谈中提问过多，容易使求助者____。

（A）转移责任　　（B）减少自我探索　　（C）形成依赖　　（D）社会交往下降

114. 验证临床资料可靠性的办法包括____。

（A）补充提问　　（B）相关分析　　（C）心理测验　　（D）分析迹象

115. 进行摄入性会谈时，选择会谈内容的原则包括____。

（A）求助者可接受　　（B）有效　　（C）可以量化评估　　（D）积极

116. 心理咨询师的____对咨询关系的建立与维护有至关重要的影响。

（A）咨询理念　　（B）咨询理论　　（C）个性特征　　（D）咨询态度

117. 有效的咨询目标应该具备的特征包括____。

（A）积极、可行的　　　　（B）双方接受的

（C）具体、量化的　　　　（D）属于医学范畴的

118. 关于阳性强化法，正确的说法包括____。

（A）奖励正常行为，惩罚异常行为

（B）阳性强化使用正强化

（C）阳性强化应该适时、适当

（D）目标行为固化为习惯后，最终可以撤销强化物

119. 在个体咨询方案的实施过程中，咨询师对求助者进行支持和鼓励，正确的说法包

括____。

(A) 支持、鼓励可以提高求助者解决自身问题的信心

(B) 支持和鼓励本身就是助人的过程

(C) 咨询师掌握的心理学理论可以起到支持、鼓励作用

(D) 咨询师掌握的心理咨询技术可以起到支持、鼓励作用

120. 求助者对心理咨询师产生依赖的可能原因包括____。

(A) 求助者不理解心理咨询的实质　(B) 求助者对心理咨询师产生移情

(C) 求助者养成依赖的个性特征　(D) 求助者不愿承受抉择的痛苦

121. 心理咨询的效果可视为____三者的函数。

(A) 咨询师　(B) 咨询方法　(C) 求助者　(D) 咨询目标

122. 龚耀先修订的 WALS-RC 的言语部分有代表性的分测验是____。

(A) 词汇　(B) 知识　(C) 领悟　(D) 相似性

123. 16PF 的适用范围是____。

(A) 小学以上文化程度的受测者　(B) 可用于个别施测

(C) 初中以上文化程度的受测者　(D) 可用于团体施测

124. SCL-90 可以作为了解____的评定工具。

(A) 求助者心理问题　(B) 躯体疾病患者的精神症状

(C) 群体心理健康水平　(D) 求助者出现哪方面心理症状

125. 社会支持评定量表可以用来测查求助者的____。

(A) 心理健康状况　(B) 客观支持和主观体验的情况

(C) 社会支持的特点　(D) 社会支持与心理状态的关系

(卷册二：技能选择与案例问答部分)

第一部分　技能选择题

(第 1~100 题，共 100 道题)

本部分由十二案例组成。请分别根据案例回答 1~100 题，共 100 道题。每题 1 分，满分 100 分。每小题有一个或多个答案正确，请在答题卡上将所选答案的相应字母涂黑。错选、少选、多选，则该题均不得分。

案例一

一般资料：求助者，女性，50 岁，工人。

案例介绍：两个月前，求助者的邻居在清理求助者遗弃在楼道中的大镜子时，镜子破碎，邻居手腕肌腱被划断，邻居要求求助者赔偿医药费、误工费等共计三万余元。双方协商未果，邻居将求助者告上法庭。求助者每想到此事就愤怒、紧张、烦躁，越临近开庭越是担

忧，为此吃不下饭、睡不着觉，有时感觉心慌、头痛。

心理咨询师了解观察到的情况：求助者认为自己家的镜子根本不影响邻居出行。邻居未经同意擅自挪动镜子并损坏，自己也是受害者，自己没有追究他的责任已经很不错了，而邻居居然将自己告上法庭，求助者对此愤怒不已。

多选：1. 该求助者的情绪症状包括____。

（A）烦躁　（B）恐惧　（C）愤怒　（D）焦虑

多选：2. 该求助者躯体方面的主要症状包括____。

（A）失眠　（B）心情烦躁　（C）头痛　（D）紧张不安

单选：3. 对该求助不适宜使用的心理测验是____。

（A）SAS　（B）SCL-90　（C）SDS　（D）CRT

多选：4. 对该求助者，心理咨询师还需要了解的资料包括____。

（A）既往身体情况　（B）社会支持系统　（C）家庭经济状况　（D）对邻居的看法

单选：5. 对该求助者的初步诊断是____。

（A）一般心理问题　（B）焦虑性精神症　（C）严重心理问题　（D）可疑神经症

多选：6. 心理咨询师对该求助者可采用的咨询方法包括____。

（A）系统药物治疗　（B）放松训练　（C）合理情绪疗法　（D）阳性强化疗法

多选：7. 与该求助者协商确定的咨询方案的内容应该包括____。

（A）咨询时间　（B）咨询方法　（C）咨询地点　（D）咨询费用

多选：8. 评估本案例咨询效果的指标包括____。

（A）情绪症状的改善程度　（B）心理测量结果的改变

（C）生理症状的改善程度　（D）咨询师的观察与评定

多选：9. 制约心理咨询有效性的一般性因素包括____。

（A）求助者本身的复愈能力　（B）求助者对咨询师的信心

（C）咨询师对求助者的尊重　（D）咨询产生的实际效果

多选：10. 对求助者临床资料的可靠性进行验证的方法包括____。

（A）就事论事　（B）补充提问　（C）分析迹象　（D）心理测验

单选：11. 该求助者产生心理问题的最主要原因是____。

（A）邻居要求赔偿　（B）认为邻居不该向自己提出要求

（C）烦躁愤怒不已　（D）认为邻居受伤不是自己的责任

单选：12. 在本案例中，咨询师最主要是帮助求助者____。

（A）舒缓负性情绪　（B）提供应对对策　（C）尽快接纳现实　（D）矫正错误认知

案例二

一般资料：求助者，女性，45 岁，儿科主任医生

案例介绍：求助者的父亲半年前因癌症动了手术，两个月前发现多处转移，医生建议立即化疗。求助者一方面担心父亲手术后身体虚弱，不能承受化疗所带来的痛苦，另一方面又怕不做化疗延误病情，为此陷入两难境地。在此期间求助者经常整夜查阅医学资料，并多方咨询，但仍然不能做最后决定。求助者感觉自己作为一名医生，在父亲患病时却无能为力，恨自己没用，为此情绪低落、茶饭不思，经常头晕头痛。求助者以往态度温和，但现在经常

因下级医生的一点失误便大发雷霆。医院领导对求助者很关心，建议其寻求心理帮助。

心理咨询师观察了解到的情况：求助者从小受到当小学教师的母亲的严格要求，做事严谨认真，追求完美。咨询时衣着整洁，面容憔悴。虽然希望得到心理方面的帮助，但对咨询师信奉的理论和方法持不信任态度。

多选：13. 该求助者目前的情绪症状包括____。

（A）恐惧　（B）悲伤　（C）焦虑　（D）抑郁

多选：14. 该求助者的躯体症状包括____。

（A）头痛　（B）失眠　（C）头晕　（D）食欲下降

单选：15. 引发该求助者心理问题的最根本原因是____。

（A）父亲癌症转移　（B）父亲得不到治疗

（C）无法作出决定　（D）不信任咨询师

单选：16. 求助者关于父亲是否进行化疗问题所面临的冲突是____。

（A）双趋冲突　（B）趋避冲突　（C）双避冲突　（D）双重趋避冲突

单选：17. 该求助者“经常因下级医生的一点失误便大发雷霆”，其背后的心理防御机制是____。

（A）否认　（B）转移　（C）退行　（D）升华

多选：18. 对该求助者还需要重点了解的资料包括____。

（A）经济状况　（B）性格特点　（C）婚姻状况　（D）既往病史

单选：19. 对该求助者的初步诊断是____。

（A）焦虑神经症　（B）严重心理问题　（C）疑病神经症　（D）一般心理问题

多选：20. 对该求助者恰当的近期咨询目标包括____。

（A）改善情绪　（B）帮其决定是否化疗

（C）改变认知　（D）缓解头痛头晕症状

单选：21. 该求助者心理问题的最主要特点是____。

（A）属于变形冲突　（B）人格障碍明显　（C）负性情绪明显　（D）社会功能受损

单选：22. 如果该求助者对咨询师信奉的理论和方法持不信任态度，那么咨询双方不相适宜的类型属于____。

（A）匹配型　（B）欠缺型　（C）忌讳型　（D）冲突型

多选：23. 对咨询关系匹配的正确理解包____。

（A）咨询师主动适应求助者

（B）让求助者适应咨询师

（C）及时请上级咨询师对双方进行调节

（D）不能匹配的情况下转介给合适的咨询师

多选：24. 心理咨询师的效果受____的影响。

（A）咨询师　（B）咨询方法　（C）求助者　（D）咨询目标

案例三

一般资料：求助者，男性，43岁，公务员。

案例介绍：求助者的女儿今年15岁，两个月前参加中考，成绩很不理想。该求助者一年前曾因女儿的学习问题来咨询过。

下面是心理咨询师与该求助者的一段咨询对话。

心理咨询师：你在电话里说这次还是因为女儿的问题来咨询，为什么没带女儿来呀？她中考的成绩怎么样？被哪所学校录取了？

求助者：唉！别提了。我现在都快烦死了。

心理咨询师：那你详细说说是怎么一回事吧。

求助者：去年咨询的时候您让我带女儿去专科医院做个检查，医生说她的智力和社交能力确实比一般孩子差。但我不甘心，这一年我请家教，带她去补习班，陪着她一起学习……可最终中考成绩还是那么差！

心理咨询师：我上一次就是提醒你不要对女儿抱太大希望。希望越大，失望也越大，你说是不是？

求助者：是啊，我现在更担心的是，她刚被一所财务中专录取了，就她那脑子学财务一定跟不上，以后肯定毕不了业，毕不了业就没法找工作，没工作就得啃老……我和我爱人不能养她一辈子啊！等我们死了她可怎么办啊？而且我爱人对孩子的事情根本不关心，从来不接送孩子，不……

心理咨询师：是呀。我现在理解你的心情了，孩子考得不好，专业又不对口，我都替你着急。

求助者：我这次找您还有个原因：我最近总是不由自主地想一些过去的事情，在家、在单位都想，明知道想这些没用，但就是控制不住。上班的时候因为发愣，被同事提醒过好多次，不过好在没耽误工作。为这事自己也挺痛苦，有时我就做做深呼吸，可以暂时忘记痛苦。您说说我这事怎么回事啊？

多选：25. 该案例中求助者出现的症状包括____。

（A）强制性思维　（B）焦虑　（C）强迫性思维　（D）恐惧

多选：26. 心理咨询师在对话开始时不恰当的提问形式包括____。

（A）“为什么……”的问题　（B）多重问题

（C）多重选择性问题　（D）责备性问题

多选：27. 心理咨询师说“那你详细说说是怎么一回事吧”用到的技术属于____。

（A）摄入性会谈　（B）具体化技术　（C）参与性技术　（D）影响性技术

单选：28.“那你详细说说是怎么一回事吧”这句话针对的是求助者的____。

（A）问题模糊　（B）过分概况　（C）概念不清　（D）假提问题

单选：29. 该求助者在咨询过程中大量谈论自己爱人的不是，表明其出现了多话题现象，这种多话类型最可能是____。

（A）宣泄型　（B）掩饰型　（C）表白型　（D）表现型

单选：30. 对该求助者的初步诊断是____。

（A）强迫神经症　（B）神经症性心理问题

（C）焦虑神经症　（D）可疑神经症

多选：31. 心理咨询师对该求助者可以进行的工作包括____。

（A）整理临床资料　（B）心理测验　（C）制定咨询方案　（D）摄入性会谈

多选：32.“我现在理解你的心情了，孩子考得不好，专业又不对口，我都替你着急”，心理咨询师在这里使用的技术包括____。

（A）内容反应　（B）情感反应　（C）内容表达　（D）情感表达

单选：33. 心理咨询师对求助者的热情，最主要的体现是____。

（A）对该求助者积极提问　（B）认真、耐心、不厌其烦

（C）出诊阶段嘘寒问暖　（D）咨询全过程都热情

单选：34. 心理咨询师说“希望越大，失望越大，你说是不是?”，这属于____。

（A）责备性问题　（B）解释性问题　（C）修饰性反问　（D）多重性问题

多选：35. 心理咨询师说“我上一次就提醒过你……你说是不是?”体现出咨询师没有对求助者____。

（A）尊重　（B）真诚　（C）共情　（D）积极关注

多选：36. 本案例中，该咨询师出现的失误包括____。

（A）提问错误　（B）内容反应使用错误

（C）理念错误　（D）情感表达使用错误

案例四

一般资料：求助者，男性，38岁，公司部门经理。

案例介绍：求助者半年前在外地开会期间与一名女下属发生了性关系。事后求助者非常后悔，觉得对不起自己的妻子和孩子。三个多月前，该女下属提出加薪，求助者在自己的职权范围内满足了她的要求。此后求助者经常担心女下属会进一步提出要求，担心自己在公司的地位不保，甚至被开除；担心妻子知道后和自己离婚，担心儿子在别人面前抬不起头。经常胸闷，心悸，头晕，失眠，手脚不自主地颤抖。曾经到医院检查，未发现器质性疾病。求助者精神痛苦却又不能对其他人诉说，主动前来心理咨询。

心理咨询师观察了解到的情况：求助者家教严格，从小循规蹈矩，做事严谨刻板。为了避免自己可能再次犯错误，求助者推掉了公司所有外出学习和开会的安排。

单选：37. 该求助者目前最主要的情绪症状是____。

（A）烦恼　（B）恐惧　（C）愤怒　（D）焦虑

多选：38. 该求助者躯体方面的主要症状包括____。

（A）失眠　（B）紧张焦虑　（C）头晕　（D）手脚颤抖

多选：39. 该求助者产生心理问题的原因包括____。

（A）发生婚外性关系　（B）家教严格

（C）女下属提出无理要求　（D）循规蹈矩

多选：40. 求助者事后后悔，说明求助者____。

（A）自我觉察准确　（B）有道德感　（C）自尊心强　（D）想控制行为

单选：41. 对该求助者的初步诊断是____。

（A）一般心理问题　（B）严重心理问题　（C）可疑神经症　（D）焦虑神经症

单选：42. 从求助者的行为，判断其社会功能是____。

（A）没有损害　（B）轻度损害　（C）中度损害　（D）重度损害

单选：43. 对该求助者进行初步诊断，首先必须排除的是____。

（A）可疑神经症　（B）器质性疾病　（C）恐惧神经症　（D）焦虑神经症

多选：44. 对于该求助者需要保密的内容包括____。

（A）诊断结果　　（B）会谈内容　　（C）测验结果　　（D）保密原则

多选：45. 给求助者的临床资料赋予意义的方法包括____。

（A）就事论事　　（B）补充提问　　（C）分析迹象　　（D）心理测验痛苦

多选：46. 该求助者心理问题的最主要特点包括____。

（A）存在常形冲突　（B）内心持久痛苦　（C）存在变形冲突　（D）行为明显异常

多选：47. 心理咨询师对该求助者的无条件接纳应该体现在接纳其____。

（A）有婚外性行为　　（B）能主动寻求心理帮助

（C）道德观念薄弱　　（D）拒绝外出学习、开会

案例五

一般资料：求助者，女性，35 岁，全职妈妈。

案例介绍：求助者的儿子今年上小学一年级，求助者为儿子的学习问题前来咨询。

下面是心理咨询师与求助者的一段咨询对话：

心理咨询师：请问，您有什么问题需要我的帮助？

求助者：我儿子今年刚上小学，他的学习问题让我非常担忧。

心理咨询师：您能说说他有哪些具体问题吗？

求助者：有很多，比如上课不认真听讲、做小动作，回家后先看电视，不写作业……

心理咨询师：针对这些问题，您做过哪些尝试呢？

求助者：学校里的问题我一个人解决不了，所以我是从让他回家后先写作业入手的。

心理咨询师：您是怎么做的呢？

求助者：我主要是督促他。他每天一回家我就催他写作业。但是孩子并不听我的话，所以有时急了我就会打他几巴掌。

心理咨询师：既然您来咨询，说明您的方法效果不太理想。我现在教给您一个方法：您先制作一张带日历的表格，贴在孩子书桌前的墙上；孩子放学回家后只要做到先完成作业，就奖励他一面小红旗，并贴在相应的日期下面。等攒够五面小红旗，就奖给他一颗金五星；集齐四颗金五星，就满足他一个事先商量好的愿望或他希望得到的物品。

求助者：好的，我今天回去马上就做。

心理咨询师：如果某一天他没有做到回家先写作业，就不贴小红旗，但是也一定不要责骂他或是打他。另外，我感觉您现在非常焦虑，我再教您一些放松训练的方法，缓解您的焦虑情绪。

求助者：谢谢您！

单选：48. 本案例中求助者对孩子使用的方法是____。

（A）增强法　　（B）消退法　　（C）惩罚法　　（D）饱和法

单选：49. 咨询师建议求助者使用的方法属于____ 。

（A）消退法　　（B）行为渐隐技术　（C）代币管制法　　（D）饱和策略

单选：50. 阳性强化法的基本原理是____。

（A）经典条件反射　（B）社会学习理论　（C）操作条件反射　（D）认知行为理论

多选：51. 阳性强化法的基本原理是____。

（A）明确目标行为　（B）监控目标行为　（C）实施强化　（D）追踪评估

多选：52. 行为治疗的基础理论包括____。

（A）经典条件反射　（B）认知行为理论　（C）操作条件反射　（D）社会学习论

单选：53. 惩罚法中的一般性惩罚不包括____。

（A）批评　（B）隔离　（C）罚款　（D）劳动改造

单选：54. 放松训练是____中使用最广的技术之一。

（A）行为疗法　（B）精神分析理论　（C）完型学派　（D）人本主义治疗

单选：55. 关于放松训练的描述，错误的是____。

（A）简便易行，实用有效

（B）是解决紧张焦虑等级等情绪及躯体症状的方法

（C）基本假设是改变主观体验，生理反应也随着改变

（D）在训练开始时，口头引导比录音更便于求助者接受

多选：56. 呼吸放松疗法包括____。

（A）鼻腔呼吸放松法　（B）胸式呼吸放松法

（C）腹式呼吸放松法　（D）控制呼吸放松法

单选：57. 使用想象放松法，应由____找出带来最愉悦感觉、有美好回忆的场景。

（A）咨询师　（B）咨询师和求助者共同协商

（C）求助者　（D）求助者及家人共同协商

单选：58. 心理咨询师说“我现在教给您一个方法……就满足他一个事先商量好的愿望或他希望得到的物品”，这段话中咨询师使用的主要技术是____。

（A）释义　（B）指导　（C）解释　（D）鼓励

多选：59. 所谓求助者的“主要问题”，指的是求助者____的问题。

（A）最关心　（B）最先提出　（C）最困扰　（D）最迫切需要解决

案例六

一般资料：郭某，女性，32 岁，无业。

案例介绍：郭某由母亲强行带来咨询。郭某在高中二年级时因为与老师发生激烈冲突，逐渐不敢出门见人，至今已有十几年未曾迈出家门一步，在家里也只和母亲比较亲密。但最近一段时间出现了新的情况：郭某看新闻联播节目时会指着电视说男播音员在向她表达爱慕之意。如果不是该播音员，郭某便说他在楼下等她，她还能听到该播音员在楼下喊她的名字。母亲怕她出意外，阻止她下楼，她便大声冲母亲叫喊，还砸坏了家里很多物品。她还每天定时打开收音机，听“该播音员”和她说悄悄话。母亲觉得她精神方面出了问题，想带她去精神病院治疗，但她坚决不去。此次母亲骗她说去见播音员男友，才把她带到咨询室。

心理咨询师观察了解到的情况：郭某体型偏胖，面色晦暗。起先用怀疑的眼神打量咨询师，随后又故作神秘地告诉咨询师，母亲因为嫉妒自己有一个英俊的播音员男友，就在她的饭菜里下毒，她都能闻到饭菜里有腐臭的气味，她最初曾拒绝吃饭，但是后来男朋友每天在收音机里教她练习特异功能，所以饭菜里的毒根本毒不死她。

单选：60. 郭某目前的心理状态属于____。

（A）心理健康　（B）心里不正常　（C）心理正常　（D）心里不健康

多选：61. 郭某的行为症状包括____。

（A）回避行为　　（B）精神运动性兴奋

（C）冲动行为　　（D）精神运动性抑制

多选：62. 郭某出现的感知障碍症状包括____。

（A）幻嗅　　（B）钟情妄想　　（C）幻听　　（D）被害妄想

多选：63. 郭某出现的思维内容障碍包括____。

（A）幻嗅　　（B）钟情妄想　　（C）幻听　　（D）被害妄想

单选：64. 目前郭某最可能的诊断是____。

（A）焦虑性神经症　　（B）精神病性障碍　　（C）严重心理问题　　（D）恐惧神经症

多选：65. 郭某的特点包括____。

（A）主动求治　　（B）被动求治　　（C）无自知力　　（D）自知力完整

多选：66. 心理咨询师对郭某可以进行的工作包括____。

（A）进行心理测验　　（B）尝试进行咨询　　（C）转诊至精神科　　（D）整理临床资料

多选：67. 判断正常与异常心理活动的心理学原则包括____。

（A）主客观世界统一性原则　　（B）心理活动的周期性原则

（C）精神活动的内在协调一致性原则　　（D）人格的相对稳定性原则

单选：68. 郭某认为母亲因为嫉妒她有英俊的播音员男友便在她的饭菜里下毒，这属于____。

（A）夸大妄想　　（B）关系妄想　　（C）被害妄想　　（D）嫉妒妄想

单选：69. 郭某说听到播音员男友在收音机里教她特异功能，这属于____。

（A）非真实感　　（B）假性幻觉　　（C）思维回响　　（D）功能性幻觉

案例七

一般资料：求助者，女性，36 岁，部门经理。

案例介绍：求助者 5 岁时父母离异，她和母亲一起生活，母亲没有再婚。求助者与丈夫同在一单位工作，十年前结婚，女儿 7 岁。一个多月前，丈夫升职，即被派往外地担任分公司总经理。得知此消息后，求助者紧张、烦躁，忧心忡忡，开始挑剔丈夫的言行，频繁与丈夫争吵。上班时能够勉强控制情绪，但经常出现胸闷、心慌、气短等症状。到医院检查未发现有明显器质性疾病。主动前来寻求心理帮助。

下面是心理咨询师与该求助者的一段咨询对话：

……

心理咨询师：按常理说，丈夫的事业蒸蒸日上，您应该高兴才对。

求助者：他升职我高兴，但去外地任职我接受不了。

心理咨询师：现在交通便利，他去的城市飞机、高铁 3 个小时就能到达，你们两人的收入都不低，经常团聚不是问题。

求助者：您没有我这样的经历，当然不能理解我的心情。

心理咨询师：抱歉！我有些想当然了，没有从您的角度考虑。您和我详细说说您的情况吧！

求助者：我5岁前和父母一起生活，他们俩人婚前、婚后感情一直都很好，直到父亲被派去外地常驻。原本母亲不同意父亲去外地，但父亲说难得在事业上有发展的机会，能够多挣些钱让我们母女过得更好。但谁知道没过半年，他就在当地和另一个女人好上了。我母亲曾再三恳求，并且表示愿意带着我去和他一起生活，但他最终还是和母亲离了婚。近十年的感情竟然抵不过半年的相处，您说男人是不是没有一个好东西！

心理咨询师：我理解您的心情。那您感觉您的丈夫也不是个好东西？

求助者：到目前为止还不算，但说不定过几个月就是了。我当初就是他的下属，因为肯为他卖力工作，他的业绩上升很快，他欣赏我，于是我们就走到一起了。如果他今后在外地工作也遇到一个能干的女下属，说不定也会爱上她。即便不是因为工作，我丈夫高大英俊，又比较有钱，难免会有异性主动追求他。到那时我一定会落得和我母亲一样的下场，女儿也会像我一样没有父亲疼爱。

心理咨询师：除了您刚才所说的恋爱经历，您还有其他证据能证明您的丈夫是一个见异思迁或是喜欢沾花惹草的人吗？

求助者：那倒没有。但是现在他对我的态度和以前完全不一样了，过去他对我百般呵护，不让我受一点委屈；现在只要我一跟他埋怨，他就躲开我，甚至还指责我无事生非，说我对他态度不好……都怨领导要派他出去！

心理咨询师：您认为您和丈夫之间的矛盾是领导要派他外出这件事造成的？

求助者：难道不是吗？如果没有这件事，我们之间也不会闹矛盾，我也不会有那么多的担心，我们可以像过去一样平平静静地生活一辈子。

心理咨询师：从你们恋爱开始到现在，你们俩人从没有发生过矛盾吗？您从来没担心过他会喜欢别的女人吗？

求助者：(沉默)……好像也不是，我们以前也有过争吵，他和其他女性关系稍微近一点，我都会莫名其妙地担心。但这次和以往的情况不一样啊！

心理咨询师：其实您和您丈夫吵不吵架，对他担不担心与这次的事件没有关系。合理情绪疗法认为，引起人们情绪困扰的并不是外界发生的事情，而是人们对事件的态度、看法、评价等认知内容，因此要改变情绪困扰不是致力于改变外界事件，而是应该改变认知，通过改变认知，进而改变情绪。比如说，您认为其他女性与您丈夫接触的目的是为工作而不是为了勾引他，那么你的感受会完全不同。

求助者：您说的好像有道理。您让我再想想……

多选：70. 心理咨询师说“按常理说，丈夫事业蒸蒸日上，妻子应该高兴才对”，说明咨询师没有做到____。

(A) 尊重　(B) 共情　(C) 真诚　(D) 积极关注

单选：71. 心理咨询师说“抱歉！我有些想当然了，没有从您的角度考虑”，最主要体现了咨询师的____。

(A) 尊重　(B) 热情　(C) 真诚　(D) 共情

多选：72. 该求助者产生心理问题的原因包括____。

(A) 父母早年离异　(B) 夫妻产生矛盾　(C) 丈夫被派外驻　(D) 多婚姻的看法

多选：73. 根据合理情绪疗法的理论，本案例中 B 包括____。

（A）丈夫被派出外驻　　（B）男人没一个好东西

（C）自己会重蹈母亲的覆辙　　（D）丈夫外驻必然变心

多选：74. 根据合理情绪疗法的理论，本案例中 C 包括____。

（A）丈夫指责自己　　（B）心慌胸闷

（C）与丈夫吵架　　（D）忧心忡忡

多选：75. 根据案例分析，求助者符合“过分概括化”特点的不合理包括____。

（A）男人每一个好东西　　（B）丈夫肯定会变心

（C）自己的婚姻会与母亲有同样结果　　（D）女儿也会像自己一样没有父亲疼爱

多选：76. 根据案例分析，求助者符合“糟糕至极”特点的不合理信念包括____。

（A）男人没一个好东西　　（B）丈夫到外地常驻后会和父亲一样变心

（C）自己的婚姻会与母亲有同样结果　　（D）女儿也会像自己一样没有父亲疼爱

单选：77. 根据案例分析，本段对话处于合理情绪疗法的____。

（A）心理诊断阶段　（B）领悟阶段　（C）修通阶段　（D）再教育阶段

单选：78. 根据案例分析，心理咨询师下一步要进行的工作是____。

（A）解说合理情绪疗法理论　　（B）分析求助者不合理信念

（C）改变求助者不合理信念　　（D）巩固强化新观念

多选：79. 合理情绪疗法中，与不合理信念辩论的方法包括____。

（A）“产婆术式”辩论技术　　（B）RET 自助表

（C）问题解决训练　　（D）合理自我分析报告

多选：80. 合理情绪疗法中应用的行为技术包括____。

（A）放松训练　（B）自我管理程序　（C）系统脱敏　（D）合理自我分析

多选：81. 合理情绪疗法的再教育阶段可以使用的方法和技术包括____。

（A）“产婆术式”辩论技术　　（B）问题解决训练

（C）放松训练　　（D）社交技能训练

多选：82. 通过合理情绪疗法，心理咨询师可以帮助求助者____。

（A）改变不合理信念　　（B）建立适应性行为

（C）与不合理信念辩论　　（D）宣泄负面情绪

多选：83. 如果求助者说：“我对我丈夫忠诚，我丈夫也必须对我忠诚”，这句话符合____。

（A）黄金规则　（B）反黄金规则　（C）绝对化要求　（D）过分概况化

单选：84. 合理情绪疗法 ABCDE 理论中，D 指的是____。

（A）对事件的看法、解释及评价　　（B）个体的情绪反应及行为结果

（C）与不合理信念进行辩论　　（D）咨询的效果

多选：85. 埃利斯等人认为合理情绪疗法可以帮助人实现的目标包括____。

（A）自我开放　（B）自我接受　（C）自我关怀　（D）敢于尝试

案例八

下面是某求助者的 WAIS-RC 的测验结果：

	言语测验							操作测验							言语	操作	总分
	知识	领悟	算术	相似	数广	词汇	合计	数符	填图	积木	图排	拼图	合计				
原始分	23	25	9	16	11	54		41	15	34	28	33		量表分	66	59	125
量表分	13	16	7	10	9	11	66	10	12	11	13	13	59	智商	101	113	107

多选：86. 根据以上测验得分，可以判断该求助者____。

（A）知识范围广　（B）主动注意能力强

（C）解决新问题的能力强　（D）短时记忆能力强

单选：87. 根据测验结果，该求助者百分等级为 50 的项目是____。

（A）知识　（B）相似　（C）数广　（D）词汇

多选：88. 该求助者的测验结果显示____。

（A）观察因果关系的能力比较强　（B）处理局部与整体关系的能力比较强

（C）PIQ 的智力等级属于高于平常水平　（D）3 项分测验成绩恰好高于全国常模平均数一个标准差

多选：89. 施测 WAIS-RC 时，正确的做法包括____。

（A）应与求助者建立良好的关系

（B）对无时限的项目可以耐心等待

（C）可以用语言鼓励求助者回答

（D）主测者必须受过个别和团体测验的训练

案例九

量表	Q	l	F	K	Hs	D	Hy	Pd	Mf	Pa	Pt	Sc	Ma	Si
原始分	3	3	27	8	16	31	24	28	32	20	27	47	28	40
K 校正分						?			?			?	?	?
T 分	43	39	80	40	58	55	59	67	50	68	56	76	72	54

单选：90. 该求助者疑病量表的 K 校正分应当是____。

（A）18　（B）20　（C）21　（D）26

多选：91. 从测验结果来看，该求助者可能存在____。

（A）转移性癔症　（B）性格偏离，人格异常

（C）不恰当的情感反应　（D）思维飘忽，活动过多

多选：92. 关于该测验，正确说法包括____。

（A）该测验属于人格测验　（B）可作为精神障碍临床诊断的辅助手段

（C）Pt 量表经 K 分校正后变成了标准分　（D）具有小学毕业以上文化程度者可施测

案例十

以下是一求助者做 SCL-90 的测验结果，请据此回答问题：

因子名	躯体化	强迫症状	人际关系敏感度	抑郁	焦虑	敌对	恐怖	偏执	精神病性	其他
因子分	1.7	2.2	2.3	1.8	2.3	3.3	2.0	3.0	2.7	1.7

阳性项目数：56，总分：201。

多选：93. 测验结果显示该求助者可能存在____。

(A) 精神分裂样症状　　(B) 思维方面的异常

(C) 饮食或睡眠问题　　(D) 不可抑制的冲动

单选：94. 该求助者的阳性项目均分是____。

(A) 2.3　　(B) 2.4　　(C) 3.0　　(D) 4.3

多选：95. 对该测验的正确说法包括____。

(A) 采用 4 级评分　　(B) 又名“症状自评量表”

(C) 采用 5 级评分　　(D) 结果有 7 个因子筛查阳性

案例十一

下面是某求助者的 EPQ 和 SDS 测验结果：

	粗分	T 分		粗分	T 分
P	5	70	N	12	76
E	11	62	L	3	40

多选：96. 根据测验结果，可以判断该求助者为____。

(A) 内外向为典型型　　(B) 气质类型为胆汁质

(C) 内外向为倾向型　　(D) 气质类型为多血质

多选：97. 根据测验结果，该求助者____。

(A) 回答的比较真实　　(B) 属于态度温和，不粗暴的类型

(C) 可能会出现不够理智的行为　　(D) 神经质量表的百分等级在 98 以上

案例十二

下面是某求助者 16PF 的测验结果：

因素	标准分数	因素	标准分数	因素	标准分数	因素	标准分数
乐群性	7	兴奋性	4	怀疑性	2	实验性	3
聪慧性	8	有恒性	5	幻想性	3	独立性	4
稳定性	7	敢为性	6	世故性	3	自律性	8
恃强性	2	敏感性	7	忧虑性	5	紧张性	2

单选：98. 根据测验结果，该求助者的人格特征可能是____。

(A) 容易紧张困扰　　(B) 严肃、审慎、寡言

(C) 抽象思维能力弱　　(D) 谦虚、顺从、通融

多选：99. 关于 16PF，正确说法包括____。

（A）用于人才选拔　　　　　　　　　　（B）作为辅助诊断心理疾病的手段
（C）更改测题语句　　　　　　　　　　（D）用于了解心理障碍的个性原因

单选：100. 某求助者 SDS 测验结果的标准分为 70 分，属于____。
（A）中度抑郁　　（B）中度焦虑　　（C）重度抑郁　　（D）重度焦虑

第二部分　案例问答题

本部分采取专家阅卷，1~4 题，满分 100 分。请在答题纸上写明题号，用钢笔、圆珠笔按要求作答。

一般资料：求助者，男性，32 岁，网店店主。

求助者自述：我是家中独子，因为家境好，从小就有优越感。我和前妻是读研究生时的同学，确定恋爱关系不到一个月便同居，然后奉子成婚。毕业后我先后换了几家工作单位，都觉得不太理想。虽然父母帮我买了房子，家里经济也不是问题，但妻子总是指责我不求上进，说对我失去信心，还提出再不找工作就跟我离婚。为了顺应她，我在家开了个网店，也改掉了一些她认为不好的毛病，今年年初还用开网店挣的钱给她买了辆车。没想到她还是不满意。网店生意不好做，她说是我不努力、不勤奋。家务都是我做，她却经常借口说工作应酬，很晚才回家。我为了维护这个家，为了儿子一直忍让，但我的全部付出仍没能挽留住她，最终在两个多月前离了婚。我想她那么绝情肯定有婚外情。我查了她的通信记录，发现确实有一个经常和她联系的电话。我质问她这是怎么回事，她辩解说那人只是业务上的朋友，跟我们离婚没有任何关系。我不相信，偷偷跟踪，调查过几回。您说一个女人如果外边没有第三者，这怎么可能那么坚决地抛弃丈夫和孩子！以她过去和我婚前就敢同居这件事情来看，她现在表面上只不过是在装样子，暗地里指不定有多少个情人呢！我现在一想起她就生气，我当初对她那么好，她却以各种方式伤害我。我因为这件事吃不下饭、睡不好觉，网店生意做不了了，孩子也只能放在爷爷奶奶家。

请根据案例回答以下问题：

一、对该求助者的初步诊断及诊断依据是什么？(25 分)

二、该求助者不合理信念的特征及具体表现是什么？(25 分)

三、心理咨询师与求助者进行面质时需要注意什么？(25 分)

四、请简述卡瓦纳分析总结出的心理咨询过程中产生阻抗的原因及讲话方式的阻抗的几种具体表现形式。(25 分)

参考答案

卷册一：职业道德与理论知识部分

题号	1	2	3	4	5	6	7	8		
答案	A	B	A	C	C	D	D	B		

题号	9	10	11	12	13	14	15	16		
答案	ABCD	ABD	ABCD	BCD	AB	AC	AD	CD		
题号	17	18	19	20	21	22	23	24	25	
答案	——									
题号	26	27	28	29	30	31	32	33	34	35
答案	B	A	A	C	C	C	C	A	C	C
题号	36	37	38	39	40	41	42	43	44	45
答案	C	C	C	C	B	C	B	B	A	C
题号	46	47	48	49	50	51	52	53	54	55
答案	D	C	C	C	C	B	D	B	A	D
题号	56	57	58	59	60	61	62	63	64	65
答案	A	B	B	C	D	A	C	C	B	B
题号	66	67	68	69	70	71	72	73	74	75
答案	D	B	D	A	A	B	C	D	C	A
题号	76	77	78	79	80	81	82	83	84	85
答案	D	B	A	C	D	B	A	D	C	D
题号	86	87	88	89	90	91	92	93	94	95
答案	ABC	AD	ABC	ACD	BD	ACD	ABC	BCD	ABCD	ABC
题号	96	97	98	99	100	101	102	103	104	105
答案	AC	AD	BC	ABCD	ABCD	ACD	AD	ABCD	ABCD	BCD
题号	106	107	108	109	110	111	112	113	114	115
答案	BC	AC	ABCD	BD	AC	ABCD	BC	ABC	AC	ABD
题号	116	117	118	119	120	121	122	123	124	125
答案	ACD	ABC	BCD	ABCD	ACD	ACD	ABCD	BCD	AD	BC

卷册二：技能选择与案例问答部分

题号	1	2	3	4	5	6	7	8	9	10
答案	ACD	AC	D	ABC	A	BC	ABD	ABCD	BC	BD

题号	11	12	13	14	15	16	17	18	19	20
答案	B	D	CD	ABCD	C	D	B	ACD	B	ACD
题号	21	22	23	24	25	26	27	28	29	30
答案	D	D	AD	AC	BC	AB	BC	A	C	A
题号	31	32	33	34	35	36	37	38	39	40
答案	ABD	AD	B	C	BC	AB	D	ACD	ABD	BD
题号	41	42	43	44	45	46	47	48	49	50
答案	B	C	B	AC	AC	AB	ABD	C	C	A
题号	51	52	53	54	55	56	57	58	59	60
答案	ABCD	ABC	B	A	C	ACD	C	B	ACD	B
题号	61	62	63	64	65	66	67	68	69	70
答案	BC	AB	CD	B	BC	CD	ACD	BC	D	AB
题号	71	72	73	74	75	76	77	78	79	80
答案	A	BC	CD	CD	AB	BCD	A	B	ABD	ABC
题号	81	82	83	84	85	86	87	88	89	90
答案	ABCD	ABC	BC	CD	BCD	AC	B	ABCD	CD	B
题号	91	92	93	94	95	96	97	98	99	100
答案	BCD	ABCD	ABD	B	BCD	AB	ACD	D	AD	A

一、(25 分)

诊断为严重心理问题。依据如下：

(1) 该求助者未见器质性病变的症状，可排除器质性疾病；

(2) 根据判断心理正常与异常三原则，求助者主客观世界统一，精神活动协调一致，人格相对稳定，无幻觉、妄想等精神病性症状，自知力完整，故排除精神病性障碍；

(3) 求助者的心理冲突属于常形冲突(或不属于变形冲突)，故排除神经症性障碍；

(4) 求助者心理问题由现实因素引发，病程 2 个多月，体验着痛苦情绪，社会功能明显受损，故诊断为严重心理问题。

二、(25 分)

(1) 绝对化要求。具体表现：我当初对她那么好，她却以各种方式伤害我。

(2) 过分概括化(或：以偏概全)。具体表现：求助者偷偷跟踪、调查前妻，极力寻找其离婚前出轨证据。

三、(25 分)

(1) 以事实根据为前提；

（2）避免个人发泄；

（3）避免无情攻击；

（4）要以良好的咨询关系为基础；

（5）可用尝试性面质。

四、（25 分）

（1）阻抗产生的原因：①阻抗来自于成长的痛苦；②阻抗来自功能性的行为失调；③阻抗来自于对抗咨询或咨询师的心理动机。

（2）讲话方式上的阻抗包括：心理外归因、健忘、顺从、控制话题、最终暴露。

2016年5月三级心理咨询师鉴定真题

（卷册一：职业道德与理论知识部分）

第一部分　职业道德

（第1~25题，共25道题）

一、职业道德基础理论与知识部分(1~16题)

答题指导：

1. 该部分均为选择题，每题均有四个备选项。其中，单项选择题只有一个选项是正确的，多项选择题有两个或两个以上选项是正确的。

2. 请根据题意的内容和要求答题，并在答题卡上将所选答案的相应字母涂黑。

3. 错选、少选、多选，则该题均不得分。

（一）单项选择题(1~8题)

1.《公民道德建设实施纲要》提出的从业人员应遵循的五项要求是____。

（A）爱岗敬业、诚实守信、办事公道、服务群众、奉献社会

（B）爱国守法、诚实敬业、尊重科学、开拓创新、服务人民

（C）爱国为民、忠实集体、尊重科学、热爱劳动、积极创造

（D）爱国敬业、诚信敬业、办事公道、持续发展、为民服务

2. 职业活动内在的道德准则是____。

（A）自警、自省、自律　　（B）忠诚、自律、勤奋

（C）谨慎、慎独、创新　　（D）忠诚、审慎、勤勉

3. 关于道德与法律的关系，正确的说法是____。

（A）建设法制社会，需要弱化道德同时强化法律

（B）虽然道德与法律之间的关系是相辅相成的，但二者目标截然不同

（C）道德与法律在内容上存在部分重叠

（D）在调节范围上，法律的适用范围比道德广

4. 关于“职业良心”，正确的理解是____。

（A）职业良心的根本要求是不挑肥拣瘦、朝秦暮楚

（B）职业良心的价值取向是对老板负责

（C）职业良心的核心使命是尽职尽责、服务社会、诚信无欺

（D）职业良心的基本尺度是拿多少钱干多少事

5. 我国社会主义职业道德的基本原则是____。

（A）人道主义　（B）集体主义　（C）实用主义　（D）社会主义

6. 在从业人员职业技能的素质体系中，除了职业知识、职业技术外，还包括____。

（A）职业环境　（B）职业态度　（C）职业薪酬　（D）职业能力

7. 关于“敬业”的说法中，正确的是____。

（A）敬业意味着从业人员对工作和生活享有乐趣

（B）敬业要求从业人员更多地付出而无相应的回报

（C）敬业就是埋头苦干、加班加点工作

（D）敬业是劳动者与生俱来的素质

8. 作业职业道德规范，诚信的特征包括通识性、智慧性、止损性和____。

（A）资源性　（B）资质性　（C）资本性　（D）资历性

（二）多项选择题（9~16 题）

9. 关于“平等待人”，正确的理解有____。

（A）尊重是平等待人的精髓

（B）平等待人要求在人格层面实现平等

（C）平等待人就是对任何顾客给予无差别的服务

（D）按德才谋取职位也是平等待人的具体体现

10. 关于职业纪律与员工个人之间的关系，正确的说法有____。

（A）职业纪律是约束员工行为的“红线”

（B）只有员工广泛参与制定的纪律才能真正称得上有意义的职业纪律

（C）职业纪律只对员工有效，具有适用范围上的有限性

（D）职业纪律是对员工素质和职业活动表现的一种评价体系

11. 在操作规程环节上，要求一般员工做到____。

（A）牢记操作规程　（B）演练操作规程

（C）坚持操作规程　（D）革新操作规程

12. 践行“节约”规范的具体要求包括____。

（A）团结协作　（B）节约能源　（C）艰苦奋斗　（D）爱护公物

13. 从业人员在处理个人与团队的关系时，要做到的有____。

（A）端正态度，树立大局意识　（B）善于沟通，提高合作能力

（C）律己宽人，融入团队之中　（D）洁身自好，努力划清界限

14. 关于奉献，正确的认识有____。

（A）不以追求报酬为最终目的

（B）埋头苦干、精益求精并获得适量报酬

（C）奉献是对职业道德素质很高的人的要求

（D）只有达到雷锋或者见义勇为者的境界，才能够配得上奉献

15. 在 IBM 公司，选人用人的标准包括____。

（A）拥有团队协作精神和创新能力　（B）具有敢于对企业上司说“不”的勇气

（C）把敬业精神作为雇佣的先决条件　（D）具有逻辑分析能力和适应环境能力

16. 从业人员加强职业道德修养的途径和办法有____。

（A）己所不欲，勿施于人　　（B）勿以恶小而为之，勿以善小而不为

（C）见利思义　　（D）吾日三省吾身

二、职业道德个人表现部分（17~25题）

答题指导：

1. 该部分均为选择题，每题均有四个备选项，您只能根据自己的实际状况选择其中一个选项作为您的答案。

2. 请在答题卡上将所选答案的相应字母涂黑。

17. 单位通过公开选拔的方式选派一批人员出国进修，你很想去，但对照条件，你觉得自己希望不大，你会____。

（A）不会刻意争取，但会试一试运气

（B）觉得条件不成熟，不会浪费时间去参与

（C）犹豫，但还是会报名

（D）积极努力参与

18. 虽然单位有上下班的明确规定，但由于单位工作性质特殊，员工晚上加班的情况时有发生，继而也会常常遇到员工迟到早退的事情，且无人严格管理。总之，员工上下班一般要靠自觉，这时你会____。

（A）不管别人怎么样，自己还是会按时上下班

（B）如果别人迟到早退，自己也会随大流

（C）既然没有人管，那么就随意一些

（D）建议单位改革作息制度

19. 你因疏忽大意，导致所负责的一批产品存在质量瑕疵，质检员在检查过程中并未发现这一问题，你会____。

（A）赶紧研究是否有机会改正　　（B）如实向质检员汇报

（C）把这批产品作为合格品对待　　（D）以后就按照这个标准生产产品

20. 对你目前所在的单位，你可以把它比作____。

（A）一间沉寂而冷漠的囚房　　（B）一所阳光灿烂、蝶飞凤舞的花园

（C）一处闹哄哄的集市　　（D）一片骏马驰骋的牧场

21. 你按照公司上司的要求接受一项任务，但你发现上司对任务性质的理解存在严重偏差，如果按照上司的要求开展工作，肯定会导致质量问题，你会____。

（A）反复核查后找上司交换意见

（B）按照自己的理解去做，不会指出上司的失误

（C）找其他同事商量此事

（D）等待一段时间，等上司过问此事时说明自己的看法

22. 在你看来，工作是____。

（A）维持生计的手段　　（B）满足个人兴趣的舞台

（C）寻求人生意义的平台　　（D）打发时间的方式

23. 如果你在车间工作，那么工作中有同事请求你帮助时，你会____。

（A）立即放下自己手头的工作去帮助对方

（B）告诉对方，让主管帮助解决

（C）告诉对方，自己可以帮助对方，但目前不能离开岗位

（D）不离开岗位，告诉对方处理的办法

24. 世界级富商盖茨和巴菲特决定到中国举办慈善活动，据说中国的亿万富豪很少有响应者。有人认为盖茨、巴菲特在“作秀”，也有人说中国的富豪缺乏爱心。对于中国富豪不愿意参加盖茨和巴菲特慈善活动这一情况，你认为主要原因是____。

（A）中国富豪缺乏爱心　（B）中国慈善事业体制不健全

（C）应该对中国富豪课以重税　（D）中国富豪的财富来源有问题

25. 城市里有许多沿街摆摊卖货的小贩、城管人员严厉监管打击，但小摊贩却如割韭菜般层出不穷，无法根绝。对于这种现象，你的看法是____。

（A）支持城管，对小摊贩的监管措施要进一步加强

（B）同情小摊贩，厌恶城管

（C）城市应该多建一些经营网点，让小摊贩正当经营

（D）城管应为小摊贩合法经营考虑，小摊贩要配合城管工作。

第二部分　理论知识

（第 26~125 题，共 100 道题，满分为 100 分）

一、单项选择题（26~85 题，每题 1 分，共 60 分。每小题只有一个最恰当的答案，请在答题卡上将所选答案的相应字母涂黑）

26. 世界上第一个心理学实验室的创办者是____。

（A）铁钦纳　（B）冯特　（C）詹姆士　（D）华生

27. 大脑两半球的解剖结构基本上是对称的，但功能不对称，这种功能不对称被称为____现象。

（A）布洛卡　（B）割裂脑　（C）双侧化　（D）单侧化

28. 声音的音色主要决定于声波的____。

（A）强度　（B）频率　（C）波形　（D）振幅

29. 从艾宾浩斯的保持曲线来看，遗忘的进程是____的。

（A）匀速下降　（B）忽快忽慢　（C）先慢后快　（D）先快后慢

30. 以词为中介反映现实的过程属于____。

（A）抽象思维　（B）动作思维　（C）形象思维　（D）辐合思维

31. 科学家一般用____的变化作为观察脑活动的客观指标

（A）梦境　（B）脑电波　（C）睡眠　（D）脑图像

32. 中枢神经系统最低级的部位是____。

（A）延髓　（B）上丘脑　（C）脊髓　（D）下丘脑

33. 有意识地确定目的，调节和支配行动，并通过克服困难和挫折，实现预定目的的心理过程是____。

（A）激情　（B）注意　（C）应激　（D）意志

34. 气质主要体现了人格的____。

（A）生物属性　（B）社会属性　（C）心理属性　（D）精神属性

35. 美国心理学家 G. W. 奥尔波特认为，社会心理学试图了解和解释个体的思想、情感和行为怎样受他人现实的、想象的和____存在所影响。

（A）真实的　（B）虚构的　（C）推理的　（D）隐含的

36. 用来描述社会对男女在态度和行为方式方面的期待的概念是____。

（A）性　（B）性别角色　（C）性别　（D）性别差异

37. 个体对认知对象的某些品质一旦形成倾向性印象，就会带着这种倾向去评价认知对象的其他品质，这种现象是____。

（A）首因效应　（B）近因效应　（C）光环效应　（D）刻板印象

38. 侵犯行为是习得的，这是____的观点

（A）社会学习理论　（B）本能论　（C）挫折-侵犯学说　（D）侵犯论

39. 某种态度在个体态度体系及相关价值体系中，接近核心价值的程度，反映了态度____属性。

（A）向中度　（B）深度　（C）外显度　（D）强度

40. 一般来说，态度的 ABC 三个成分是协调一致的，如果出现不一致，____往往起主导作用。

（A）认知成分　（B）情感成分　（C）行为成分　（D）行为倾向

41. 在海德的 P-O-X 模式图中，最重要的是____。

（A）P 对 X 的态度　（B）P-O 关系　（C）O 对 X 的态度　（D）O-X 关系

42. 影响个体吸引力最稳定的因素是____。

（A）熟悉　（B）外貌特点　（C）才能　（D）人格品质

43. 在心理咨询过程中心理咨询师与求助者之间的人际距离是____。

（A）公众距离　（B）个人距离　（C）社交距离　（D）亲密距离

44. 心理起源于动作，动作是心理发展的源泉，这是____的观点。

（A）班杜拉　（B）维果茨基　（C）皮亚杰　（D）巴甫洛夫

45. 三岁幼儿掌握的词汇量一般在____个左右。

（A）1500　（B）60　（C）1000　（D）30

46. 婴儿在离开母亲，遭遇陌生人和陌生环境的情况下，会产生惊恐，躲避反应，这是____。

（A）社交焦虑　（B）社会性恐惧　（C）分离焦虑　（D）生理性恐惧

47. 个体自我意识发展的第一次飞跃出现在____左右。

（A）半岁　（B）一岁　（C）二岁　（D）四岁

48. 精神分裂症多起病于____。

（A）少年期　（B）婴幼儿期　（C）儿童期　（D）青壮年期

49. 在意识障碍的情况下出现语词杂拌属于____。

（A）思维松弛　（B）思维不连贯　（C）思维散漫　（D）破裂性思维

50. 某一种观念或概念反复出现在脑海中，个体知道这种想法是不必要的甚至是荒谬的，并力图加以摆脱，这种症状属于____。

（A）思维云集　　（B）强制性思维　　（C）强迫观念　　（D）思维插入

51. 焦虑、紧张、失眠、注意力下降等症状一般出现在“灾害症候群”的____。

（A）惊吓期　　（B）康复期　　（C）恢复期　　（D）衰竭期

52. 以观念、行为、外貌装饰奇特情绪、冷漠、人际关系明显缺陷为特点的是____人格障碍。

（A）偏执性　　（B）分裂样　　（C）冲动性　　（D）表演性

53. 根据许又新教授神经症的评分标准，病程____评2分。

（A）2个月到半年　　（B）2个月到1年　　（C）3个月到半年　　（D）3个月到1年

54. 测量的定义中不包括的元素是____。

（A）属性　　（B）事物　　（C）数字　　（D）法则

55. 发展常模，也可以被称为____。

（A）智力商数　　（B）智力年龄　　（C）年龄量表　　（D）年级当量

56. 标准十分的平均分是____。

（A）5　　（B）50　　（C）10　　（D）5.5

57. 比率智商被定义为____。

（A）心理年龄除以实足年龄　　（B）心理年龄乘以实足年龄

（C）实足年龄除以心理年龄　　（D）实足年龄减去心理年龄

58. 重测信度的再测时距一般是____。

（A）2~4周　　（B）2~6周　　（C）3~5周　　（D）4~8周

59. 如果一个测验项目的鉴别指数为0.29，则该项目可评价为____。

（A）良好，修改后更佳　　（B）尚可，但需修改

（C）差，必须淘汰　　（D）很好，无须修改

60. 弗洛伊德认为性心理发展的第三个阶段是____。

（A）肛欲期　　（B）潜伏期　　（C）生殖器期　　（D）生殖期

61. 社会学理论中，“观察学习”又称为____。

（A）直接学习　　（B）内隐学习　　（C）替代学习　　（D）实践学习

62. 最基本的心理咨询形式是____。

（A）面询　　（B）电话咨询　　（C）网络咨询　　（D）书信咨询

63. 针对心理问题和行为问题所进行的会谈属于____。

（A）治疗性会谈　　（B）鉴别性会谈　　（C）咨询性会谈　　（D）危机性会谈

64. 在咨询过程中，心理咨询师提出如“您只谈学生学习不好，可当今的教师水平和学校纪律又是个什么情况呢”之类的问题，属于____。

（A）责备性问题　　（B）修饰性反问　　（C）解释性问题　　（D）多重提问

65. 区别常形与变形心理冲突最主要的依据之一是____。

（A）心理冲突持续的时间　　（B）是否有明显的道德色彩

（C）诱发冲突的刺激的强弱　　（D）精神痛苦的程度

66. 初诊接待中对心理咨询师的错误要求是____。

（A）不可直接逼问求助者　　（B）避免使用影响交流的方言

（C）不可使用封闭式提问　　（D）说明心理咨询的保密原则

67. 心理咨询时，咨询师恰当的做法是____。
(A) 尽量使用方言 (B) 尽量使会谈有风趣
(C) 尽量使用术语 (D) 尽量使会谈职业化
68. 心理咨询师给临床资料赋予意义的方法不包括____。
(A) 补充提问 (B) 就事论事 (C) 分析迹象 (D) 相关分析
69. 良好的____是开展心理咨询的前提条件。
(A) 悟性水平 (B) 行为方式 (C) 咨询技术 (D) 咨询关系
70. 心理咨询师对求助者内心世界的理解、体验及表达，被称为____。
(A) 尊重 (B) 真诚 (C) 共情 (D) 移情
71. 人本主义学派把____作为心理咨询目标。
(A) 自我实现 (B) 人格重组 (C) 经验觉察 (D) 理性思维
72. 心理咨询过程中，____是最重要的实质性阶段
(A) 诊断阶段 (B) 咨询阶段 (C) 巩固阶段 (D) 提高阶段
73. 在影响性技术中，____技术对求助者的影响力最为明显
(A) 面质 (B) 解释 (C) 指导 (D) 释义
74. 面质技术是指咨询师指出求助者的____，最终促成求助者的统一。
(A) 错误认知 (B) 负性情绪 (C) 存在的矛盾 (D) 不良行为
75. 合理情绪疗法属于____。
(A) 认知行为疗法 (B) 行为疗法 (C) 精神分析疗法 (D) 完形疗法
76. 阻抗在本质上是求助者对心理咨询过程中自我暴露与自我变化的____与抵抗。
(A) 心理动力 (B) 心理依赖 (C) 行为执拗 (D) 精神防御
77. 只有实现____，才是咨询效果的直接体现。
(A) 咨询技术 (B) 咨询目标 (C) 咨询理念 (D) 咨询关系
78. 斯皮尔曼的智力结构理论是____。
(A) 群因素论 (B) 三维结构理论 (C) 二因素论 (D) 认知成分理论
79. EPQ 成人问卷的适用范围是____。
(A) 用于小学以上文化程度 (B) 用于 18 岁以上的成人
(C) 用于初中以上文化程度 (D) 用于 16 岁以上的成人
80. SDS 对每个项目的评分是____。
(A) 按症状的严重程度分为四级 (B) 按症状出现的频度分为四级
(C) 按症状的严重程度分为五级 (D) 按症状出现的频度分为五级
81. 施测应对方式问卷(CSQ)，可以了解受测者____。
(A) 人格特质 (B) 解决问题的迫切程度
(C) 健康水平 (D) 心理发展的成熟程度
82. 社会支持评定量表(SSRS)共有____。
(A) 10 个条目 (B) 48 个条目 (C) 20 个条目 (D) 62 个条目
83. SCL-90 评定的时间范围是____的实际感觉。
(A) 现在或最近一个月 (B) 近两周以来
(C) 现在或最近一周 (D) 近三个月以来

84. 舌面的不同部位对不同味觉刺激的感受性是不一样的，对苦味最敏感的区域是____。

(A) 舌尖 (B) 舌边前部 (C) 舌根 (D) 舌边后部

85. 一般情况下，个体在不同的时间地点会表现出行为的稳定性与一致性，这是因为____。

(A) 角色领悟 (B) 自我概念的作用

(C) 角色期待 (D) 印象管理的需要

二、多项选择题(86~125 题，每题 1 分，共 40 分。每题有多个答案正确，请在答题卡上将所选答案的相应字母涂黑。错选、少选、多选，均不得分)

86. 色觉异常包括____。

(A) 全色盲 (B) 弱视 (C) 部分色盲 (D) 色弱

87. 关于错觉，下列说法中正确的包括____。

(A) 错觉是一种歪曲的知觉

(B) 错觉的产生是有条件的

(C) 只要具备了产生错觉的条件，错觉必然会产生

(D) 错觉有固定的倾向

88. 思维的特征包括____。

(A) 外显性 (B) 直观性 (C) 间接性 (D) 概括性

89. 梦境的特点包括____。

(A) 不连续性 (B) 不协调性 (C) 不一致性 (D) 认知的不确定性

90. 关于需要，下列说法正确的包括____。

(A) 需要都有对象 (B) 需要是不断发展的

(C) 需要是永远不会被彻底满足的 (D) 需要是在动机的基础上产生的

91. 记忆过程中的干扰形式包括____。

(A) 前摄抑制 (B) 中摄抑制 (C) 倒摄抑制 (D) 后摄抑制

92. 嫉妒情绪的特点包括____。

(A) 针对性 (B) 系统性 (C) 普遍性 (D) 内隐性

93. 社会化的主要载体包括____。

(A) 家庭 (B) 大众传媒 (C) 学校 (D) 参照群体

94. 根据凯利的归因三维理论，个体在归因时需要同时考虑的信息包括____。

(A) 环境性信息 (B) 特异性信息 (C) 共同性信息 (D) 一致性信息

95. 态度的形成过程包括____阶段。

(A) 依从 (B) 转变 (C) 认同 (D) 内化

96. 塔尔德提出的模仿律包括____。

(A) 下降律 (B) 几何级数律 (C) 先外后内律 (D) 先内后外律

97. 斯坦伯格认为构成爱情的因素包括____。

(A) 亲密 (B) 激情 (C) 承诺 (D) 喜欢

98. 关于儿童的记忆策略，正确的说法包括____。

(A) 3 岁的儿童已经能使用记忆策略

（B）5 岁以前的儿童很难使用记忆策略
（C）5~8、9 岁的儿童在成人的帮助下可以较好地使用记忆策略
（D）10 岁以后的儿童能自觉地应用记忆策略
99. 安斯沃斯认为婴儿依恋的类型包括____。
（A）反抗性依恋　（B）安全型依恋　（C）回避型依恋　（D）恐惧型依恋
100. 同伴交往中受忽视的儿童人气特点包括____。
（A）热情　（B）好斗　（C）退缩　（D）安静
101. 关于少年逆反期的表现，正确的说法包括____。
（A）为独立自主受阻而抗争　（B）为争取平等的社会地位而抗争
（C）反抗的对象具有迁移性　（D）逆反期表明少年心理发展受阻
102. 命令性幻听属于____。
（A）假性幻觉　（B）非言语性幻听　（C）真性幻觉　（D）言语性幻听
103. 抑郁发作的特点包括____。
（A）情绪低落　（B）言语减少　（C）思维贫乏　（D）动作迟缓
104. 急性应激障碍的症状包括____。
（A）选择性遗忘　（B）定向障碍　（C）意识范围狭窄　（D）精神运动性兴奋
105. 以下关于神经症特点的描述，正确的包括____。
（A）患者感到精神痛苦　（B）持续时间较长
（C）不能意识到心理冲突　（D）社会功能出现损害
106. 一个好的测量单位应具备的条件包括____。
（A）有确定的意义　（B）有明确的依据
（C）有相同的价值　（D）有公认的计算方法
107. 按测验材料的性质，心理测验可以分为____。
（A）客观测验　（B）文字测验　（C）操作测验　（D）投射测验
108. 编写心理测验的测题时，题目的来源可以是____。
（A）临床观察和记录　（B）理论和专家的经验
（C）文学作品的语言　（D）已经出版的标准测验
109. 心理测验前的准备工作包括____。
（A）预告测验　（B）熟悉测验指导语
（C）准备测验材料　（D）熟悉测验的具体程序
110. 弗洛伊德认为，人格结构包括____。
（A）本我　（B）自我　（C）超我　（D）镜我
111. 针对儿童的性心理咨询的内容一般包括____。
（A）性法律　（B）性冲动　（C）性别认同　（D）性好奇
112. 在初诊接待工作中，心理咨询师应该做到____。
（A）确保求助者了解什么是心理咨询　（B）为求助者提供一个释放压抑的空间
（C）向求助者说明保密原则　（D）与求助者协商确定咨询目标
113. 心理咨询师确定与求助者的会谈内容和范围所依据的参照点包括____。
（A）心理咨询师在初诊接待中观察到的疑点

（B）求助者主动提出的求助内容
（C）心理咨询师认为此类求助者身上必然出现的问题
（D）依据心理测评结果的初步分析发现的问题
114. 初诊接待中心理咨询师提问过多可能带来的消极作用包括____。
（A）造成求助者的依赖　（B）减少咨询师的自我探索
（C）产生不准确的信息　（D）解决问题的责任转移给了求助者
115. 心理咨询保密例外的情况包括____。
（A）针对心理咨询师的法律诉讼　（B）求助者同意将信息透露给他人
（C）求助者虐待老人、儿童　（D）求助者患有传染性疾病
116. 心理咨询师应持有的正确咨询态度包括____。
（A）尊重　（B）通情达理　（C）真诚　（D）积极关注
117. 有效的咨询目标应该具备的特征包括____。
（A）积极　（B）简单　（C）具体　（D）可行
118. 实施咨询方案时，应遵循的思路包括____。
（A）调动求助者的积极性　（B）启发、引导、支持、鼓励求助者
（C）克服阻碍咨询进行的因素　（D）严格按照咨询方案进行，不得调整
119. 放松训练的方法主要包括____。
（A）脑电放松法　（B）呼吸放松法　（C）肌肉放松法　（D）想象放松法
120. 关于阳性强化法，下列说法正确的包括____。
（A）又称正强化法　（B）靶行为要单一具体
（C）原理是奖励积极行为，惩罚消极行为　（D）阳性强化应该适时、恰当
121. 有些求助者对特定的心理咨询师来说是不适宜的，不适宜的情况主要包括____。
（A）欠缺型　（B）忌讳型　（C）冲突型　（D）沉默型
122. 关于韦氏成人智力测验（WAIS-RC）的记分，以下说法正确的包括____。
（A）所有项目均按 0、1、2 记分
（B）有时间限制的项目以反应速度和正确性记分
（C）超过规定时间的即使通过也记 0 分
（D）有的项目按 0、1 记分，有的按 0、1、2 记分
123. 联合型瑞文测验（CRT）施测的具体要求包括____。
（A）智力低下者可个别施测　（B）不能书写的老年人可个别施测
（C）所有受测者均可团体施测　（D）正常三年级以上的儿童可团体施测
124. 自陈量表的编制方法包括____。
（A）综合法　（B）专家判断法　（C）经验效标法　（D）逻辑分析法
125. 生活事件量表（LES）的受测者包括____。
（A）初中以上文化程度的人　（B）16 岁以上的神经症患者
（C）16 岁以上的正常人　（D）16 岁以上的心身疾病患者

（卷册二：技能选择题与案例问答题）

第一部分　技能选择题

（第 1~100 题，共 100 道题）

本部分由十个案例组成。请分别根据案例回答第 1~100 题，共 100 道题。每题 1 分，满分 100 分。每小题有一个或多个答案正确，请在答题卡上将所选答案的相应字母涂黑。错选、少选、多选，该题不得分。

案例一

一般资料：求助者，女性，61 岁，退休干部。

初诊时间：2016 年 1 月 5 日

案例介绍：求助者的丈夫退休后情绪比较低落，每天在家里长吁短叹，饮食、睡眠变差。求助者担心丈夫会出问题，便教他使用微信，让他与朋友多联系，没想到丈夫学会微信后，与一位初中女同学建立了密切的关系，由此引发了家庭矛盾。几个月来求助者非常痛苦，由儿子、儿媳陪同前来咨询。

第一次咨询：2016 年 1 月 5 日

咨询过程：

心理咨询师：您好！请坐！请问您需要我帮助您解决什么心理问题呢？

求助者：刚过新年就来跟您添麻烦，真是不好意思！本来觉得是自己的事自己能解决，但没想到事情越来越麻烦，连儿子、儿媳也帮不了我。我真是不知道该怎么办了。

心理咨询师：别着急，您先坐下，我给您倒杯水，咱们慢慢谈。您是希望单独和我谈，还是愿意让儿子、儿媳在这里陪您一起谈？

多选：1. 在以上谈话中，心理咨询师使用了（　　）。

（A）直接逼问　　（B）开放式提问　　（C）间接询问　　（D）封闭式提问

多选：2. 以上谈话中可以反映出心理咨询师对求助者的（　　）。

（A）尊重　　（B）热情　　（C）真诚　　（D）共情

求助者：……（沉默）……

心理咨询师：这样吧，先请他们在外边等您，如果需要再请他们进来一起谈。

求助者：好吧。谢谢您！

（儿子、儿媳离开咨询室）

单选：3. 求助者上述的沉默最有可能是（　　）。

（A）情绪型　　（B）怀疑型　　（C）反抗型　　（D）茫然型

求助者：我近来感觉特别难受，特别不舒服。

心理咨询师：那您具体说说，是身体不舒服还是心里不舒服？

单选：4. 心理咨询师在这里用到了具体化技术，目的是针对求助者的(　　)

(A) 问题模糊　　(B) 过分概括　　(C) 概念不清　　(D) 言行不一

求助者：都有。胃里堵，还经常胸闷，心里烦，夜里睡不着觉。

心理咨询师：您到医院检查过吗？

求助者：去过好几家医院了，医生说没什么大毛病，建议我做心理咨询，儿子就带我过来了。

心理咨询师：那您觉得这些不舒服是什么原因引起的呢？

求助者：还不是我那个死老头子！我早晚被他气出胃癌、心脏病，我死了他就称心了，他就……

心理咨询师：您别生气，再喝点水。看来是您和老伴之间出了点问题。他的某些行为让您很气愤，也给您造成了身体上的不舒服，那您就把事情的起因经过详细地谈谈吧。

多选：5. 以上谈话中，心理咨询师控制会谈和转换话题用到的方法包括(　　)。

(A) 释义　　(B) 中断　　(C) 引导　　(D) 情感反射

多选：6. 以上谈话中，心理咨询师用到的技术包括(　　)。

(A) 指导　　(B) 情感反应　　(C) 解释　　(D) 内容反应

求助者：我丈夫去年6月份退休了，退休前是党委书记。以前在单位时大家都围着他转，但退休以后身边的人好像一下子就都消失了，去单位办事，以前的下属对他的态度也冷冰冰的。他特别失落，每天都宅在家里，吃饭没胃口，睡觉也不踏实。我们曾建议他发挥文艺特长帮助社区开展一些活动，可他不愿意。看着他每天浑浑噩噩的样子，我们怕他出问题，就教他学会用微信，让他多关注以前的朋友。去年"十一"，他和几个初中同学联系上了，其中的一个女同学小时候还和他住一个院子。自从他们联系上以后，他就隔三岔五往外跑，西服革履的，说是和大伙聚会。回家后就抱着手机聊微信，一边聊还一边乐，有时候夜里还藏在被窝里聊。最初他还让我看看聊什么，后来就不再让我们动他的手机了。

心理咨询师：您知道他在微信里都和谁聊天，聊的都是什么内容吗？

求助者：我偷偷看过他的微信，最初是和几个人聊，到后来基本上都是和那个"狐狸精"聊。

心理咨询师：哪个"狐狸精"？

求助者：就是那个住一个院子的女同学。聊的内容简直肉麻死了，我们从结婚到现在，他从没对我说过这样的话。

心理咨询师：您是不是觉得他一定是出轨了呢？对这件事您是怎么处理的？您的儿子、儿媳知道这个情况吗？您还对其他人谈过这件事情吗？

单选：7. 心理咨询师在上述最后一句谈话中的提问属于(　　)。

(A) 多重性问题　　(B) 选择性问题　　(C) 解释性问题　　(D) 修饰性反问

多选：8. 以上谈话反映出心理咨询师(　　)。

(A) 没有做到价值中立　　(B) 没有对求助者积极关注

(C) 急躁和没有耐心　　(D) 没有与求助者充分共情

求助者：我觉得他一定出轨了，但他死不承认，说是男女间的正常交往。我每天被这个事情搞得心力交瘁，怕一个和睦的家庭被外人给毁了。

心理咨询师：我明白您的意思了。如果您愿意，我想与您的儿子和儿媳单独谈谈，您看可以吗？

求助者：可以。

心理咨询师：谢谢！我和您今天就谈到这儿，我们下周还是这个时间继续咨询。您先休息一会儿，我向您的儿子、儿媳再了解点情况。

以下是求助者儿子、儿媳提供的信息：

我父亲相貌英俊，身材也保持得很好。从微信的内容看，父亲和他那个女同学的关系确实比较暧昧，我们觉得至少算是精神出轨。我母亲有能力，为人也比较强势。父亲虽然在单位是一把手，但非常软弱，在家里没有地位，又加上刚刚退休，有很强的失落感，现在有另外一个女人崇拜他、哄着他、捧着他，他当然很喜欢这种感觉。

父亲不承认有出轨的行为，说如果我们再逼他，他就有可能和母亲离婚。我们目前没有直接证据证明父亲出轨，但是母亲为此每天处在愤怒的情绪里，头疼、失眠、胸闷、胃堵，而且后悔教会父亲用微信。如果他们的问题不能及时解决，时间久了她们一定会出现更大的问题。

多选：9. 在本次咨询中，心理咨询师验证临床资料可靠性的方法包括(　　)。

(A) 相关分析　　(B) 补充提问

(C) 分析迹象　　(D) 比较同一资料的不同来源

多选：10. 初诊接待中，心理咨询师出现的失误包括(　　)。

(A) 没有进行评估诊断　　(B) 没有说明保密原则

(C) 没有说明心理咨询的性质　　(D) 没有遵守保密原则

第二次咨询，2016 年 1 月 12 日，求助者单独前来咨询

咨询过程：

心理咨询师：您好！上次咨询中我对您的问题及基本情况有了初步了解，对您的问题我也进行了评估诊断。下一步我想和您一起制定咨询目标。

求助者：您说的咨询目标就是我要解决的问题吧？我现在就是想请您帮我分析分析我丈夫现在究竟是怎么想的，他现在跟着了魔似的，每天往外跑，说是自己去公园散心。大冬天的一个人去公园，一待就是大半天……这话谁能信呢！但无论我们怎么问，他就是不承认是跟那个“狐狸精”约会。他知道我到您这儿来咨询后特别生气，说我们每天像审犯人一样审他，现在还寻找外援一起整他，让他感觉没有一点儿尊严，如果把他逼急了，他就敢净身出户。我们明明是在帮他，怕他晚节不保，他反而觉得我们是在害他，您说他是不是越老越不懂事了。我是个要面子的人，家里这点事除了您我谁都没敢告诉，怕这事传出去被人笑话，怕亲戚朋友知道了说我没本事，说我连自己家的老头儿都管不住，我不能让他把这个家毁了……

单选：11. 以下关于心理咨询目标的描述，错误的是(　　)。

(A) 咨询目标要由双方共同商定　　(B) 咨询目标是双方共同的目标

(C) 每个人的近期目标可以不同　　(D) 制定目标要去诊断同时进行

多选：12. 求助者在本段对话中出现的多话现象属于(　　)。

(A) 宣泄型　　(B) 倾吐型　　(C) 表现型　　(D) 表白型

心理咨询师：我能理解您极力想维护这个家的完整，想让外人感觉您的家庭是个美满和睦的家庭的心情。

求助者：是。我就是不能让别人破坏我的家庭。

多选：13. 心理咨询师在上述谈话中主要表现出了对求助者的(　　)。

(A) 尊重　　(B) 真诚　　(C) 共情　　(D) 积极关注

单选：14. 心理咨询师在这段谈话中所使用的影响性技术是(　　)。

(A) 内容反应　　(B) 内容表达　　(D) 自我开放　　(D) 情感反应

心理咨询师：但从目前的情况看，确实没有直接证据表明您丈夫有出轨的行为。

求助者：怎么没有？我跟您再说个事儿，这事儿连我儿子都不知道，您一定替我保密。

心理咨询师：好。

求助者：那老头子上个月自己偷偷到医院做了包皮手术，您说这算不算证据？这么多年他都没想着做这个，现在突然给做了，为什么？您说他怎么就不觉得害臊呢？

心理咨询师：您能跟我说说您和您丈夫的夫妻生活怎么样吗？您和他有多久没有过亲密接触了？

求助者：这个重要吗？

心理咨询师：正常的夫妻生活对维护夫妻关系至关重要，它同时也是反映你们夫妻真正关系的一个重要指征。

求助者：(沉默)……我们两年前就分开睡了，他没有这方面的要求呀！

心理咨询师：您前边提到您的家庭非常和睦，但您又谈到……您能说说这是怎么一回事吗？

求助者：(沉默)……

单选：15. 求助者在这段对话中出现的两次沉默，最有可能是(　　)。

(A) 茫然型　　(B) 怀疑型　　(C) 情绪型　　(D) 反抗型

多选：16. 心理咨询师在求助者两次沉默之间的谈话使用到的影响性技术包括(　　)。

(A) 画质　　(B) 内容反应　　(C) 解释　　(D) 内容表达

心理咨询师：家庭真正和睦与让外人感觉和睦是两回事。您丈夫现在的问题除了他自身以及外来因素的影响，您觉得与平日您对他的行为和态度有没有关系呢？

求助者：他出轨难道是我的错吗？我结婚后是家里家外一把手，他不但在家里什么都不用做，连单位的事情，包括他几次升职都是我帮他弄的。他不但不感激我，反而觉得我处处压制他，让他抬不起头来，没有做男人的尊严。现在又在外边乱搞男女关系。过去有好多男人明里暗里追过我，我都没做过出格的事儿。他这个窝囊废现在反而敢做出轨的事儿，您说这跟我有什么关系。

单选：17. 求助者此刻出现的阻抗属于(　　)。

(A) 讲话程度上的阻抗　　(B) 讲话方式上的阻抗

（C）讲话内容上的阻抗　　　　　　（D）咨询关系上的阻抗

心理咨询师：您的意思是对自己没有先于他出轨感到有些遗憾？继而才是对他的行为感到愤怒，而愤怒的背后是因为嫉妒？

求助者：您让我想想……好像真是，我真正生气的原因是一贯俯首帖耳的人竟然敢反抗我。

心理咨询师：夫妻之间应该是平等的关系，而在您的家里，您总是高高在上。

求助者：是，我在家里是有些强势，不过无论怎么说，我都是个比较传统的人，没有做过对不起他的事，我对他忠诚，他难道不应该对我忠诚吗？并且，他如果是被一个年轻貌美或家财万贯的女人吸引，我还觉得可以接受，而那个女人岁数和我一般大，相貌、身材都比我差远了，如果败在她手里，我会窝囊死，我上半辈子全都白干了。

心理咨询师：我明白您的意思。您说的这些问题，是我们以后要进行讨论的。我们现在还是要先确定咨询目标。

求助者：我刚才不是已经说过了吗，还需要补充吗？

心理咨询师：心理咨询是解决您的情绪问题、认知问题、行为问题、以及胃疼、胸闷等身体上的问题，而不是直接解决您丈夫的问题。

求助者：您不帮我解决我丈夫的问题？可我来您这里就是为了解决我丈夫问题的。

心理咨询师：咨询目标是由心理咨询的性质和任务所决定的。如果您不能接受，说明我们咨询关系不匹配，您有权选择其他的咨询师。对于您丈夫的问题，我们以后可以在征得他本人同意的情况下，请他和您一起进行家庭治疗。但我觉得更好的结果是，您通过心理咨询，不但情绪、行为、认知得到改善，更可以把在咨询中学到的知识应用到日后的生活里，通过自己的努力改善家庭关系，与丈夫和谐相处，避免家庭危机的出现。

求助者：您说得有道理，我愿意在您这儿接着做咨询。我从小就想有个哥哥。虽然您的年龄比我小，但我觉得您就像我理想中的哥哥的样子，我相信您！

心理咨询师：谢谢您对我的认可。咨询目标分为远期目标和近期目标，我们的近期目标包括四个方面：改善情绪、调整认知、改变行为和缓解躯体症状。您看可以吗？

求助者：好，我听您的。

单选：18. 在以上对话中，求助者可能已经出现了对心理咨询师的（　　）。

（A）依赖　　（B）移情　　（C）热情　　（D）投情

多选：19. 以上对话可以反映出心理咨询师（　　）。

（A）对心理咨询的性质和任务理解正确

（B）对咨询目标的内容理解正确

（C）对求助者与咨询师关系匹配问题理解错误

（D）对咨询目标的来源理解错误

多选：20. 适宜的求助者应具备的条件包括（　　）。

（A）动机强烈　　（B）人格正常　　（C）信任度高　　（D）匹配性好

多选：21. 心理咨询师与求助者不相匹配的情况包括（　　）。

（A）欠缺型　　（B）冲突型　　（C）掩饰型　　（D）忌讳型

心理咨询师：咨询目标确定了，接下来我和您一起制定咨询方案。

求助者：您自己制定咨询方案就可以了，我完全信任您，您让我怎么做我就怎么做。

心理咨询师：谢谢您的信任！但咨询方案必须我们两人共同制定，这样可以使我们双方都明确咨询的方向和目标，咨询方案中包括我们双方各自特定的责任、权利和义务，具体的心理学方法、技术的原理和过程，咨询的效果及评价手段，咨询的相关费用。

求助者：这么多内容啊！

心理咨询师：是的。我们现在根据刚才所说的内容一条一条地制定。

单选：22. 求助者在制定咨询方案时所说的话，表明其可能出现了(　　)。

(A) 移情　　(B) 依赖　　(C) 投情　　(D) 神入

多选：23. 心理咨询师在介绍咨询方案的内容时，遗漏了(　　).

(A) 咨询时间　　(B) 咨询目标　　(C) 咨询地点　　(D) 咨询方式

多选：24. 评估该案例咨询效果的维度(或指标)可以包括(　　)。

(A) 求助者不良情绪的改善　　(B) 求助者与丈夫关系的改善

(C) 求助者睡眠状况的改善　　(D) 求助者儿子、儿媳对其的评价

单选：25. 制约心理咨询有效性的一般性有效因素不包括(　　)。

(A) 针对性的咨询所产生的效果　　(B) 求助者改善自身状况的动机

(C) 求助者对咨询师的信心　　(D) 咨询师的尊重、关切

第三次咨询：2016 年 1 月 19 日。

咨询过程

心理咨询师：上次我曾给您留了作业，请您回家后仔细想一想，您这几个月以来的主要情绪是什么，这些情绪又是什么引起来的。不知道您仔细思考了没有？

求助者：我想过了，主要是对我丈夫的愤怒，还有紧张和担忧。当然这都是我丈夫出轨引起来的。

心理咨询师：您的丈夫确实有出轨的行为吗？到目前为止，这只是您及家人的推测。

求助者：但他现在的行为已经足以引起我的愤怒和担忧了。自从发现他和那个女人的事后，我吃不下饭，睡不着觉，家务懒得做，舞蹈队的活动也没心思参加。他出门，我就在后面偷偷跟着他，看他是不是跟那个女人在一起，有好几次我在大街上把牵着手的男女看成了他们。晚上我担心他和那个女人聊天，就经常光着脚到他的房间门口查看，看是不是有手机的亮光。我觉得我都快被他折磨疯了，我真担心我苦心经营了三十几年的家庭毁于一旦。到那时别人都会来看我的笑话。

单选：26. 求助者把牵手的男女看成丈夫和其女同学，说明她可能出现了(　　)。

(A) 幻觉　　(B) 妄想　　(C) 错觉　　(D) 直觉

单选：27. 对求助者白天跟踪丈夫、晚上查看丈夫的行为，需要与(　　)相鉴别。

(A) 关系妄想　　(B) 嫉妒妄想　　(C) 被害妄想　　(D) 钟情妄想

单选：28. 求助者的愤怒情绪和极力搜寻丈夫出轨证据的行为所反映出的不合理信念的特征是(　　)。

(A) 绝对化要求　　(B) 过分概括化　　(C) 糟糕至极　　(D) 夸大与缩小

心理咨询师：我能理解您说的意思，也能体会您的情绪。但我希望您能耐心听完下面的

话，您现在的困扰不是由您丈夫的行为本身引起的，与您丈夫白天外出，晚上微信聊天没有直接关系。合理情绪疗法认为，引起人们情绪困扰的并不是外界发生的事情……进而改变情绪。比如，您一直认为丈夫微信聊天时都是在与那个女人联系，是那个女人在用微信勾引您的丈夫，您丈夫做了对不起您和您家庭的事，甚至有可能与您离婚，但换个角度看，您丈夫由于退休之后处在困惑和无助的状态，情绪低，不愿活动，但您帮助他学会使用微信后，他和以前的女同学建立了联系，在她的支持和鼓励下，您丈夫开始重新关注自己的形象、愿意外出活动。如果您认为他们之间的微信联系不是女同学在勾引丈夫、而是在帮助他走出困境，您的感受是不是和刚才不一样了？

求助者：感觉好像好一些，可是我丈夫做包皮手术还不是为了她吗？

心理咨询师：如果真是为了那个女人，您丈夫完全可以和您离婚后再做手术，您为什么不能把您丈夫做手术理解成是要和您重新开始新的生活呢？

求助者：真是这样吗？我从来都没这么想过……(沉默)我感觉舒服一些了。

心理咨询师：您能够产生好的变化，我感到非常高兴。接下来我们一起分析您的不合理信念具体是什么。您以前对丈夫做包皮手术的看法是……您认为您对丈夫忠诚……

多选：29. 心理咨询师说“理解”，表明咨询师(　　)。

(A) 对求助者的非评判性的态度

(B) 支持求助者的所想所做

(C) 对求助者行为或情绪发生的必然性有了肯定的看法

(D) 对求助者行为或情绪的社会效应有肯定的看法

单选：30、该求助者对丈夫做手术的负面看法背后的不合理信念特征是(　　)。

(A) 绝对化要求　　(B) 过分概括化

(C) 糟糕至极　　(D) 个性化

多选：31. 求助者说“我对丈夫忠诚，难道他不应该对我忠诚吗?”反映的是求助者(　　)。

(A)绝对化要求　　(B)使用了黄金规则

(C)过分概括化　　(D)使用了反黄金规则

单选：32.“我能理解您说的意思……您的感受是不是和刚才不一样了?”，在这段话中心理咨询师运用的主要技术是(　　)。

(A)释义　　(B)解释　　(C)指导　　(D)面质

多选：33.“您能够产生好的变化我感觉非常高兴。”这句话中，咨询师运用的技术包括(　　)。

(A)内容反应　　(B)内容表达　　(C)情感表达　　(D)自我开放

多选：34. 根据合理情绪疗法的理论，本次咨询的主要工作是(　　)。

(A)解说合理情绪疗法理论　　(B)改变不合理信念

(C)分析求助者不合理信念　　(D)巩固强化新观念

第四次咨询：2016 年 1 月 26 日。

咨询过程：

求助者：上一次您说我的不合理信念使我产生了不良情绪，我也确实认识到我的情绪问题应该由我自己负责。但我还是想不通，为什么我的某些信念是不合理的，比如说，我认为我对我丈夫忠诚，他就必须也对我忠诚，这难道不对吗？

心理咨询师：这正是我们今天要做的工作。上一次咨询结束前，我对您进行了放松训练，并且请您回家自己进行练习，不知道您按要求做了没有？

求助者：您上次说这是个很重要的训练，所以我按您的要求每天练习，我感觉心情放松多了，睡眠也有改善。

心理咨询师：非常好！我们今天的工作是：首先，我们要与不合理信念辩论。按您刚才所说，您对您的丈夫忠诚，他就必须对您忠诚，因此……

求助者：……

多选：35. 合理情绪疗法中认知性的家庭作业包括(　　)。

(A) 自我管理程序　　(B) 合理自我分析报告

(C) RET 自助表　　(D) 问题解决训练

多选：36. 合理情绪疗法中与不合理信念辩论的主要方法包括(　　)。

(A)"产婆术式"辩论技术　　(B) 合理自我分析报告

(C) 问题解决训练　　(D) 合理情绪想象技术

多选：37. 心理咨询师在合理情绪疗法的再教育阶段可以采用的方法包括(　　)。

(A)"产婆术式"辩论技术　　(B) 问题解决训练

(C) 合理情绪想象技术　　(D) 合理自我分析报告

多选：38. 合理情绪疗法的再教育阶段使用的技能训练包括(　　)。

(A)自信训练　　(B)社交技能训练

(C)放松训练　　(D)问题解决训练

单选：39. 合理情绪疗法的 ABCDE 理论中的 D 指的是(　　)。

(A) 诱发事件　　(B) 对个体的不合理信念进行辩论

(C) 咨询效果　　(D) 个体的不合理信念

多选：40. 根据合理情绪疗法的 ABC 理论，本案例中求助者的 B 包括(　　)。

(A) 丈夫必须对我忠诚　　(B) 丈夫一定会和我离婚

(C) 丈夫不能使用微信　　(D) 如果被丈夫抛弃一定会被别人嘲笑

多选：41. 根据合理情绪疗法的 ABC 理论，本案例中求助者的 C 包括(　　)。

(A) 愤怒焦虑　　(B) 胸闷失眠　　(C) 跟踪丈夫　　(D) 丈夫经常外出

多选：42. 埃利斯等人认为合理情绪疗法可以帮助个体达到(　　)。

(A) 自我开放　　(B) 自我关怀　　(C) 自我中心　　(D) 自我接受

单选：43. 在合理情绪疗法中，心理咨询师的角色不包括(　　)。

(A) 监督者　　(B) 指导者　　(C) 分析者　　(D) 辩论者

单选：44. 关于放松训练，错误的说法是放松训练(　　)。

(A) 是行为疗法中使用最广的技术之一

(B) 又称松弛训练

(C) 基本假设是改变主观体验，生理反应会随着改变

(D) 简便易行、实用有效

多选：45. 呼吸放松法包括(　　)。

(A) 控制呼吸放松法　　(B) 胸式呼吸放松法

（C）鼻腔呼吸放松法　　　　　　（D）腹式呼吸放松法

多选：46. 本案例中，求助者的主要情绪症状包括(　　)。

（A）愤怒　　（B）抑郁　　（C）焦虑　　（D）后悔

多选：47. 本案例中，求助者的躯体症状包括(　　)。

（A）胸闷　　（B）心慌　　（C）失眠　　（D）头疼

单选：48. 对本案例中求助者的初步诊断是(　　)。

（A）精神病性障碍　　　　　　（B）一般心理问题

（C）严重心理问题　　　　　　（D）神经症性心理问题

多选：49. 本案例中求助者心理问题的特点包括(　　)。

（A）有常形冲突　　　　　　（B）具有人格障碍

（C）有变形冲突　　　　　　（D）社会功能受损

多选：50. 根据本案例的描述，推断求助者产生心理问题的可能原因包括(　　)。

（A）人格因素　　　　　　（B）缺乏有效社会支持系统

（C）不良认知　　　　　　（D）丈夫有出轨行为

案例二

一般资料：求助者，女性，已婚，40 岁，本科学历，公司职员。

案例介绍：求助者的儿子原本乖巧、听话，学习成绩也较好。但上初三后似有心事，显得有些郁郁寡欢，成绩下降明显，经常失眠。求助者和丈夫想了各种方法帮助孩子，但不见效。求助者为此非常着急，既愤怒又无奈，怪罪儿子不争气，害怕一旦中考失败孩子这辈子就完了；觉得自己无能，教育不好孩子；最近经常与孩子、丈夫争吵，有时觉得头晕、憋气、胸闷；也想放下不管了，但又于心不忍，为此非常烦恼，失眠加重，工作也受到影响。曾到医院检查，未见明显躯体疾病。医生建议其进行心理咨询。

多选：51. 该求助者出现的主要情绪症状包括(　　)。

（A）愤怒　　（B）憋气　　（C）烦恼　　（D）抑郁

单选：52. 引发该求助者心理问题的最主要的负性生活事件可能是(　　)。

（A）儿子参加中考　　　　　　（B）儿子成绩下降明显

（C）儿子郁郁寡欢　　　　　　（D）与儿子丈夫有矛盾

单选：53. 该求助者目前最主要的问题是(　　)。

（A）出现躯体症状　　　　　　（B）内心痛苦烦恼

（C）夫妻存在矛盾　　　　　　（D）担心孩子前途

多选：54. 心理咨询师在本案例中还应重点询问的内容包括(　　)。

（A）担心儿子考不好的理由　　　　　　（B）医院的检查结果

（C）与丈夫、儿子间有何矛盾　　　　　　（D）症状持续的时间

多选：55. 引发该求助者心理问题的原因包括(　　)。

（A）儿子成绩下降　（B）内心烦恼痛苦　（C）担心儿子前途　（D）社会功能受损

单选：56. 对该求助者社会功能的判定是(　　)。

（A）没有损害　　（B）轻度损害　　（C）中度损害　　（D）重度损害

单选：57. 对该求助者的初步诊断是(　　)。

（A）一般心理问题　（B）躯体性障碍　（C）严重心理问题　（D）精神病性问题

多选：58. 对该求助者的诊断依据是(　　)。

（A）内心痛苦程度　（B）病程时间长短　（C）社会功能损害　（D）心理问题性质

单选：59. 对心理咨询师而言，该咨询中最重要的工作是(　　)。

（A）帮助求助者找到儿子成绩下降的原因

（B）通过共情等构建良好的咨询关系

（C）与求助者商讨帮助儿子的具体方法

（D）利用理论技能有效解决情绪困扰

多选：60. 对本案例进行咨询效果评估时，应主要考虑的内容包括(　　)。

（A）求助者的内心体验　（B）丈夫、儿子对求助者的评价

（C）儿子成绩有何变化　（D）内心痛苦烦恼症状的变化

案例三

一般资料：求助者，女性，35 岁，本科学历，公务员，已婚。

案例介绍：求助者与丈夫是大学同学，婚前双方约定不要孩子，但后来丈夫受其母亲影响，多次要求生孩子，而求助者坚持不要，为此双方产生矛盾，影响了夫妻感情，赌气之下，于春节前离婚。求助者觉得丈夫与自己离婚是闹着玩的，用不了多长时间丈夫就会来求自己。但丈夫不但没有求她，反而对她很冷淡。求助者有复婚的想法，但对方没有响应。求助者觉得丈夫无情，竟然为了生孩子的事与自己离婚，恨婆婆愚昧，怪自己当时太冲动。面对骑虎难下的局面，求助者内心十分苦恼，不想吃饭，难以入睡，不愿与他人联系，工作也受到很大影响。

心理咨询师观察了解到的情况：求助者的丈夫是独生子，性格懦弱，离婚的事受母亲影响很大。求助者家境好，但早年丧母，任性，不愿意生孩子，离婚后想复婚，曾让父亲找到对方，但不见效果，认为自己不能低三下四求人，又不甘心就这样离婚了，内心很痛苦。

单选：61. 在本案例中属于求助者认知问题的是(　　)。

（A）觉得丈夫无情　（B）怪自己冲动

（C）认为自己愚昧　（D）不甘心离婚

多选：62. 该求助者产生心理问题的原因包括(　　)。

（A）存在认知错误　（B）丈夫收入较低

（C）行为草率冲动　（D）自己不愿生育

单选：63. 引发求助者心理问题的最主要原因可能是(　　)。

（A）性格因素　（B）身体因素　（C）年龄因素　（D）认知因素

单选：64. 对该求助者的诊断是(　　)。

（A）一般心理问题　（B）躯体性障碍　（C）严重心理问题　（D）精神病性障碍

单选：65. 该求助者的特点是(　　)。

（A）自我评价高　（B）情感淡漠　（C）他人评价高　（D）智力受损

单选：66. 本案例中最合理的近期咨询目标是帮助求助者(　　)。

（A）恢复婚姻　（B）解决内心冲突

（C）明确需求　　　　　　　　　　（D）缓解负性情绪

多选：67. 咨询师不一定认可求助者的行为，但为了建立良好的咨询关系，咨询师应尽量做到(　　)。

（A）充分共情　　（B）积极关注　　（C）实话实说　　（D）尽量接纳

单选：68. 在本案例中，最符合价值中立原则的做法是(　　)。

（A）支持求助者想办法复婚　　　　（B）对是否生孩子的事不予评价

（C）规劝求助者开始新生活　　　　（D）帮助其认识没有孩子的弊端

单选：69. 在本案例中，求助者讲出隐私后，根据保密原则，咨询师正确的做法是(　　)。

（A）与求助者商量是否可以告诉其丈夫

（B）避免多事，不告诉别人

（C）请示上级是否可以告诉求助者丈夫

（D）需要保密，不告诉别人

单选：70. 对该求助者恰当的咨询时间安排可以设定为(　　)。

（A）每天一次　　　　　　　　　　（B）每月一次

（C）每周一次　　　　　　　　　　（D）视双方时间而定

案例四

一般资料：求助者，女性，26岁，未婚，硕士研究生学历，公司职员。

案例介绍：求助者父亲在春节时突发心脏病去世，求助者非常痛苦，久久不能摆脱，近来经常有不安感，害怕自己或母亲也有什么不幸，为此生活中总是小心翼翼，就连乘车时都担心发生车祸。因担心安全，求助者多次婉拒公司的出差任务，借故不参加各类聚会。求助者不知道这样的日子什么时候才能熬到头，为此内心非常苦恼，情绪也有些低落，觉得浑身不舒服，没有胃口，经常失眠。求助者很想改变这种状况，主动前来寻求帮助。

心理咨询师观察了解到的情况：求助者出生在知识分子家庭，家教传统，母亲从小对她的卫生要求很严，她也因此养成了讲卫生的好习惯。求助者为人谨慎，内向，害怕生病，对医院、死亡等话题很敏感。

多选：71. 咨询师在与该求助者进行摄入性谈话时，最重要的是(　　)。

（A）不应该有反应　　　　　　　　（B）接纳其正性的求助动机

（C）尽量多地反应　　　　　　　　（D）接纳其负性的情绪表现

单选：72. 为明确诊断，心理咨询师还应重点收集的资料是(　　)。

（A）症状持续时间　　　　　　　　（B）是否已经出现泛化和回避

（C）对疾病的认知　　　　　　　　（D）情绪表现与现实是否相符

单选：73. 该求助者出现的最严重的情绪症状是(　　)。

（A）痛苦　　（B）担心　　（C）恐惧　　（D）抑郁

单选：74. 该求助者乘车时担心发生车祸，说明其出现了(　　)。

（A）回避行为　　（B）泛化　　（C）怪异行为　　（D）退缩

多选：75. 引发求助者心理问题的原因包括(　　)。

（A）为人谨慎　　　　　　　　　　（B）担心发生不幸

(C) 青年女性 (D) 父亲因病去世

单选：76. 对该求助者的诊断是(　　)。

(A) 一般心理问题 (B) 神经症性心理问题

(C) 严重心理问题 (D) 精神病性障碍

单选：77. 求助者自己不知如何是好，心理咨询师最合理的做法是(　　)。

(A) 先让求助者改变认知 (B) 先自己确定咨询方案

(C) 先对其进行放松训练 (D) 先与之商定咨询目标

多选：78. 针对该求助者产生心理问题的原因，心理咨询师合理的做法包括(　　)。

(A) 矫正主观推论 (B) 进行阳性强化

(C) 消除糟糕至极 (D) 进行放松训练

单选：79. 咨询后期该求助者对心理咨询师嘘寒问暖，并提出帮助咨询师完善咨询室建设，表明该求助者(　　)。

(A) 愿意帮助人 (B) 感谢咨询师的付出

(C) 出现了内疚 (D) 可能出现了正移情

单选：80. 咨询中该求助者要求与咨询师通过微信联系，咨询师合理的做法是(　　)。

(A) 欣然同意 (B) 言明咨询师的职业要求之后婉拒

(C) 直接拒绝 (D) 言明自己没有微信无法建立联系

案例五

一般资料：求助者，男性，47 岁，本科学历，公务员。

下面是咨询师和求助者的一段咨询谈话：

心理咨询师：你今天需要我帮助你解决什么问题呢?

求助者：我最近总是害怕、心神不宁，还头痛、失眠。

心理咨询师：你最想解决的是哪个问题呢?

求助者：最想解决害怕这个问题。

心理咨询师：你能详细地谈谈什么事情使你害怕吗?

求助者：大约两个月前，我父亲突发脑出血去世了，没几天我大哥也因脑梗住院了，突然间亲人的变故使我非常痛苦。一天晚上，我突然醒来，觉得浑身不舒服，头痛，心慌、气短、出冷汗，连忙到医院检查，医生说我心脏有点问题，但不严重。可我觉得我爸、我哥脑血管都出了问题，我可能也会出问题，所以我很害怕。我现在每天提心吊胆，考虑的都是自己的身体，无法集中精力去做事，现在基本不上班了。

心理咨询师：我明白了，你因为父亲、哥哥都得了脑血管病，所以担心自己也得脑血管病。

求助者：对咧!

心理咨询师：我很理解你的痛苦，也为你的情况感到着急，现在咱们来谈谈怎么解决你的问题吧，我针对你的问题制定了一个咨询方案，咨询方案就是……你按照咨询方案来做就行了。

求助者：那太好了，谢谢您!

单选：81. 咨询师“你能详细地谈谈什么事情使你害怕吗?”所使用的是(　　)。

（A）问题外化技术　　（B）概括化技术
（C）自我开放技术　　（D）具体化技术
单选：82. 咨询师“我很理解你的痛苦，也为你的情况感到着急”所表现的是(　　)。
（A）实话实说　（B）适度真诚　（C）通情达理　（D）积极关注
单选：83. 对该求助者的初步诊断是(　　)。
（A）一般心理问题　　（B）神经症性心理问题
（C）严重心理问题　　（D）精神病性障碍
多选：84. 该求助者出现心理问题的原因包括(　　)。
（A）提心吊胆，害怕生病　　（B）家人生病去世
（C）自己心脏出现问题　　（D）自己谨小慎微
单选：85. 本案例咨询中，最重要的是帮助求助者(　　)。
（A）改变人格特征　　（B）减轻负性情绪
（C）矫正错误认知　　（D）改变不良行为

案例六

下面是某求助者的 WAIS-RC 测验结果：

	言语测验							操作测验							言语	操作	总分
	知识	领悟	算术	相似	数广	词汇	合计	数符	填图	积木	图排	拼图	合计				
原始分	23	25	9	16	11	54		41	15	34	28	33		量表分	66	59	125
量表分	13	16	7	10	9	11	66	10	12	11	13	13	59	智商	101	113	107

多选：86. 根据该测验得分，可以判断该求助者(　　)。
（A）判断能力强　　（B）主动注意能力强
（C）综合分析能力强　　（D）知觉组织能力强
单选：87. 根据测验结果，该求助者低于平均数一个标准差的项目是(　　)。
（A）数符　（B）相似　（C）数广　（D）算术
多选：88. 该求助者的测验结果显示(　　)。
（A）观察因果关系的能力比较强
（B）处理局部与整体关系的能力比较强
（C）PIQ 的智力等级属于高于平常水平
（D）3 项分测验高于全国常模平均数一个标准差
多选：89. 对于 WAIS-RC，以下正确的说法包括(　　)。
（A）应与求助者建立良好关系
（B）可以用语言鼓励求助者回答
（C）对无时限的项目可以耐心等待
（D）主测者必须受过个别和团体测验的训练

案例七

下面是某求助者的 MMPI 的测验结果：

量表	Q	L	F	K	Hs	D	Hy	Pd	Mf	Pa	Pt	Sc	Ma	Si
原始分	3	3	27	8	16	31	28	28	32	20	27	47	28	40
K 校正分					?			?			?	?	?	
T 分	43	39	80	40	58	55	59	67	50	68	56	76	72	54

单选：90. 该求助者社会病态量表的 K 校正分应当是(　　)。

(A) 30　　(B) 31　　(C) 32　　(D) 33

多选：91. 从测验结果来看，该求助者可能存在(　　)。

(A) 躯体化障碍　　(B) 异乎寻常的生活方式

(C) 复仇攻击观念　　(D) 过分敏感等性格特征

多选：92. 关于 MMPI，正确说法包括(　　)。

(A) 该测验属于人格测验

(B) T 分是根据原始分查常模表得出的

(C) 具有小学毕业以上文化程度者均可施测

(D) 该测验根据因素分析法编制

案例八

下面是某求助者的 SCL-90 测验结果：

总分 201，阳性项目数 56。

因子名称	躯体化	强迫症状	人际关系敏感	抑郁	焦虑	敌对	恐怖	偏执	精神病性	其他
因子分	1.7	2.2	2.3	1.8	2.3	3.3	2.0	3.0	2.7	1.7

多选：93. 测验结果显示该求助者可能存在(　　)。

(A) 对生活的兴趣减退　　(B) 投射性思维

(C) 不自在感和自卑感　　(D) 不可抑制的冲动

单选：94. 该求助者的阳性项目平均分是(　　)。

(A) 2.3　　(B) 2.4　　(C) 3.0　　(D) 4.3

多选：95. 对于 SCL-90，正确的说法包括(　　)。

(A) 了解求助者出现了哪些心理问题

(B) 对文化程度较低者可以逐条给他解释

(C) 可作为群体心理健康水平的普查工具

(D) 评分为中度表示受测者常有此症状并有相当程度的影响

案例九

下面是某求助者的 EPQ 测验结果：

	粗分	T 分		粗分	T 分
P	5	60	N	12	76
E	11	62	L	3	40

多选：96. 根据测验结果，可以判断该求助者为(　　)。

(A) 典型外向类型　　(B) 喜欢做奇特的事情

(C) 情绪极不稳定　　(D) 胆汁质气质类型

多选：97. 关于 EPQ，以下说法正确的包括(　　)。

(A) 属于自陈式人格测验

(B) 艾森克是英国心理学家

(C) 由艾森克及其夫人编制

(D) 艾森克是美国心理学家

案例十

下面是某求助者 16PF 的测验结果：

因素	分数	因素	分数	因素	分数	因素	分数
乐群性	7	兴奋性	4	怀疑性	2	实验性	3
聪慧性	8	有恒性	5	幻想性	3	独立性	4
稳定性	7	敢为性	6	世故性	3	自律性	8
恃强性	2	敏感性	7	忧虑性	5	紧张性	2

单选：98. 根据测验结果，该求助者的人格特征可能是(　　)。

(A) 容易紧张困扰　　(B) 严肃、审慎、寡言

(C) 抽象思维能力弱　　(D) 谦虚、顺从、通融

多选：99. 关于 16PF 的正确说法包括(　　)。

(A) 尽量不选中性答案　　(B) 用于了解心理障碍的个性原因

(C) 可以更改测题语句　　(D) 都是有关个人兴趣和态度的问题

单选：100. 某求助者 SDS 测验结果总粗分为 52 分，则属于(　　)。

(A) 正常状态　　(B) 轻度抑郁　　(C) 中度抑郁　　(D) 重度抑郁

第二部分　案例问答题

本部分采取专家阅卷，1~4 题，满分 100 分。请在答题纸上写明题号，用钢笔、圆珠笔按要求作答。

一般资料：求助者，女性，62 岁，本科学历，退休公务员。

案例介绍：求助者是公务员，因年龄原因正常退休，退休后经常去旅游，参加各类聚会，做些自己感兴趣的事。最近几年不断有老同学去世，求助者每听到这种消息都很难过。几个月前，自己最要好的一位朋友因病去世了，求助者非常痛苦，感叹岁月的无情，觉得自己也是渐落夕阳，没用了，快完了，最近经常觉得头晕，感觉心慌，四肢发麻，多次到医院进行检查治疗，但效果不明显，近几个月不再外出旅游了，也不愿与人交往，聚会能推就推，经常不想吃东西，晚上久久不能入睡，虽然没有做什么事但觉得累。丈夫、儿子及朋友发现了她的问题，多次帮助她。但她觉得很无助，觉得没什么希望，内心苦恼。

心理咨询师观察了解到的情况：求助者的父母均在世，过去求助者给予他们很多照顾，但现在颇有怨言。儿子有先天疾病，但生活能自理。求助者外向，从小争强好胜，追求完美。丈夫反映近来求助者变得多愁善感，不愿多做家务，抱怨父母难伺候，经常唉声叹气。

根据案例请回答以下问题：

一、对该求助者的初步诊断及依据是什么？（30分）

二、请分析该求助者产生心理问题的原因。（30分）

三、与该求助者共同商定的咨询目标可以包括哪些？（20分）

四、本案例可以采用的心理测验有哪些？请说明理由。（20分）

参考答案

卷册一：职业道德与理论知识部分

题号	1	2	3	4	5	6	7	8		
答案	A	D	C	C	B	D	A	B		
题号	9	10	11	12	13	14	15	16		
答案	ABD	ABD	ABC	BCD	ABC	AB	ACD	ABCD		
题号	17	18	19	20	21	22	23	24	25	
答案	——									
题号	26	27	28	29	30	31	32	33	34	35
答案	B	D	C	D	A	B	C	D	A	D
题号	36	37	38	39	40	41	42	43	44	45
答案	B	C	A	A	B	B	D	C	C	C
题号	46	47	48	49	50	51	52	53	54	55
答案	C	C	D	B	C	C	B	D	A	C
题号	56	57	58	59	60	61	62	63	64	65
答案	D	A	A	B	C	C	A	A	B	B
题号	66	67	68	69	70	71	72	73	74	75
答案	C	D	A	D	C	A	B	C	C	A
题号	76	77	78	79	80	81	82	83	84	85
答案	D	B	C	D	B	D	A	C	C	B

题号	86	87	88	89	90	91	92	93	94	95
答案	ACD	ABCD	CD	ABD	ABC	AC	AC	ABCD	BCD	ACD
题号	96	97	98	99	100	101	102	103	104	105
答案	ABD	ABC	BCD	ABC	CD	ABC	CD	ABD	BCD	ABD
题号	106	107	108	109	110	111	112	113	114	115
答案	AC	BC	ABD	ABCD	ABC	BCD	ABC	ABD	AC	ABC
题号	116	117	118	119	120	121	122	123	124	125
答案	ABCD	ACD	ABC	BCD	ABD	ABC	BCD	ABD	ACD	BCD

卷册二：技能选择与案例问答部分

题号	1	2	3	4	5	6	7	8	9	10
答案	BC	AB	D	A	ABC	BD	A	ABCD	BD	ABCD
题号	11	12	13	14	15	16	17	18	19	20
答案	D	AB	ABC	B	C	AD	C	B	ABC	BCD
题号	21	22	23	24	25	26	27	28	29	30
答案	ABD	B	ACD	ABC	A	C	B	A	AC	B
题号	31	32	33	34	35	36	37	38	39	40
答案	AD	B	ACD	AC	BC	ABCD	ACD	ABCD	B	ACD
题号	41	42	43	44	45	46	47	48	49	50
答案	ABC	BD	A	C	ACD	ABCD	ABC	C	AD	ACD
题号	51	52	53	54	55	56	57	58	59	60
答案	ABCD	B	D	ACD	ABC	C	A	ABD	B	ABD
题号	61	62	63	64	65	66	67	68	69	70
答案	D	AC	A	C	A	D	ABD	B	A	C
题号	71	72	73	74	75	76	77	78	79	80
答案	BD	D	D	B	ABD	C	C	ACD	D	B
题号	81	82	83	84	85	86	87	88	89	90
答案	D	C	B	ABCD	B	ACD	D	ABCD	ABD	B
题号	91	92	93	94	95	96	97	98	99	100
答案	BCD	AB	BCD	C	ABC	ABCD	ABC	D	ABD	A

一、(30分)

诊断：严重心理问题。

诊断依据：

1）根据区分正常与异常心理的原则，求助者主客观世界统一，精神活动内在协调一致，人格相对稳定，可以排除精神病。

2）心理冲突为常形，由现实因素引起。

3）症状持续数月。

4）社会功能受损明显。

5）内心痛苦，情绪反应对象泛化。

二、(30分)

生理原因：女性，62岁，老年退休女性。

社会原因：最近几年不断有老同学去世，几个月前自己最要好的一位朋友因病去世。

心理原因：觉得自己也是渐落夕阳，没用了，快完了。

三、(20分)

近期目标：调整认知，改善情绪，改变不良行为，改善躯体症状。

远期目标：完善人格，提高一般心理健康水平。

四、(20分)

可选择以下测验：

MMPI：对求助者的人格特点进行评定。

EPQ：评定求助者的神经活动类型及气质类型。

SCL-90：对求助者焦虑、恐惧、睡眠、食欲等症状的程度进行评估。